Frontiers in Physics 27

第一原理計
基礎と応用

計算物質科学への誘い

大野かおる［著］

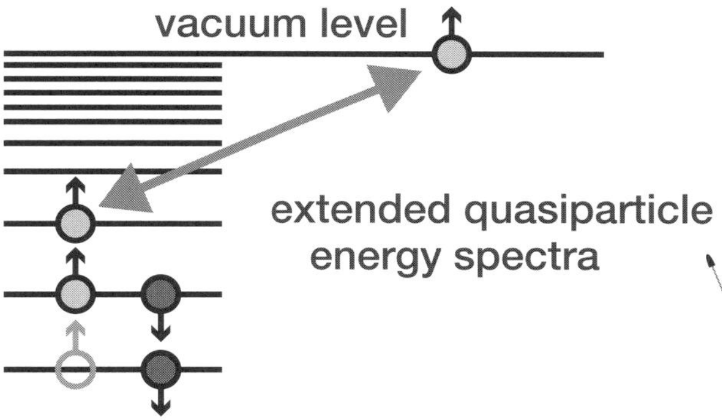

基本法則から読み解く **物理学最前線**

27

須藤彰三
岡　　真［監修］

共立出版

刊行の言葉

近年の物理学は著しく発展しています．私たちの住む宇宙の歴史と構造の解明も進んできました．また，私たちの身近にある最先端の科学技術の多くは物理学によって基礎づけられています．このように，人類に夢を与え，社会の基盤を支えている最先端の物理学の研究内容は，高校・大学で学んだ物理の知識だけではすぐには理解できないのではないでしょうか．

そこで本シリーズでは，大学初年度で学ぶ程度の物理の知識をもとに，基本法則から始めて，物理概念の発展を追いながら最新の研究成果を読み解きます．それぞれのテーマは研究成果が生まれる現場に立ち会って，新しい概念を創りだした最前線の研究者が丁寧に解説しています．日本語で書かれているので，初学者にも読みやすくなっています．

はじめに，この研究で何を知りたいのかを明確に示してあります．つまり，執筆した研究者の興味，研究を行った動機，そして目的が書いてあります．そこには，発展の鍵となる新しい概念や実験技術があります．次に，基本法則から最前線の研究に至るまでの考え方の発展過程を“飛び石”のように各ステップを提示して，研究の流れがわかるようにしました．読者は，自分の学んだ基礎知識と結び付けながら研究の発展過程を追うことができます．それを基に，テーマとなっている研究内容を紹介しています．最後に，この研究がどのような人類の夢につながっていく可能性があるかをまとめています．

私たちは，一歩一歩丁寧に概念を理解していけば，誰でも最前線の研究を理解することができると考えています．このシリーズは，大学入学から間もない学生には，「いま学んでいることがどのように発展していくのか？」という問いへの答えを示します．さらに，大学で基礎を学んだ大学院生・社会人には，「自分の興味や知識を発展して，最前線の研究テーマにおける“自然のしくみ”を理解するにはどのようにしたらよいのか？」という問いにも答えると考えます．

物理の世界は奥が深く，また楽しいものです。読者の皆さまも本シリーズを通じてぜひ，その深遠なる世界を楽しんでください．

須藤彰三
岡　真

はじめに

現実の物質の性質を解き明かすためには，物理の基本法則である多体系の量子力学に基づく複雑な方程式を解く必要がある．しかも，扱わなければならない原子数が増えると，この方程式はさらに複雑になり，簡単には解くことができない．そこで，何らかの近似を導入することが必要になる．近似を導入するにしても，計算結果を実験結果に合わせるようなパラメータの導入は極力避けたい．そのような一切のパラメータを必要としない精密理論計算のことを第一原理計算という．本書ではこの第一原理計算に話を限り，すべての物質現象を支配する根本的な理論方程式や計算手法とはどのようなものか，という壮大なテーマを掲げて，それについて紙数の許す限り詳細に紹介していくことを試みた．

複雑な方程式を何とかして取り扱いやすい見かけの粒子に対する有効方程式に焼き直すことも肝要である．このような独立粒子描像としての現象の捉え方は我々の考え方の基本をなし，限界にもなっている．独立粒子描像に基づく第一原理計算手法として Hartree–Fock 近似が有名であるが，今日では密度汎関数理論に基づく Kohn–Sham 理論が標準的計算手法として広く用いられている．量子化学分野では多体波動関数を直接求める配置間相互作用と呼ばれる計算手法も用いられているが，独立粒子描像にマップするために自然スピン軌道という概念が導入される．さらに，多体摂動論の Green 関数を用いた準粒子理論によれば，光電子分光の実験とタイアップして，始状態と終状態の 1 電子分の差が準粒子と定義され，その独立粒子描像の下でスペクトル計算が可能となる．

著者らは，この準粒子理論を任意の電子励起固有状態を初期状態とする一般の場合に拡張した「拡張準粒子理論」を提案し，その理論の有効性を実証してきた．さらに，この拡張準粒子理論と厳密な拡張 Kohn–Sham 理論の間に存在する関係を解き明かした．本書は，これらの研究成果を含め，多数の原子からなる現実の物質を量子多体系として，いかに正確に取り扱うかという問題に焦点を絞り，現実の物質材料の諸特性を予測するための第一原理計算の理論的基礎と方法論を解説する．紙数の関係で内容を絞ったため，それぞれの手法の計算量や $O(N)$ 法，群論，非線形応答，化学反応，経路積分，量子モンテカルロ法などについての記述は省略した．これらについては他書を参照して頂きたい．

対象とする読者は理工系の学部 3 年生以上で，大学院生はもちろんであるが，一般の研究者の方々にも是非読んで頂きたい．本書の内容を理解するには，量子力学の教科書レベルから固体物理の初歩レベルの知識が必要になる．そのために，第 1 章では，本書を読むための背景と導入を述べる．第 2 章では，Hartree–Fock 近似からスタートする量子化学的計算手法と密度汎関数理論の大きな 2 つの流れについて詳しく紹介する．第 3 章では周期系の取り扱い方や 1 電子波動関数の表現方法について解説し，第一原理分子動力学法や非断熱過程のダイナミクスの取り扱い方法について説明する．第 4 章では摂動論や線形応答理論により，電子の応答とスペクトルを計算する方法を紹介する．第 5 章では独立粒子描像として任意の電子励起固有状態に適用可能な拡張準粒子理論について紹介する．準粒子理論は一般的には多体摂動論の Green 関数法で定式化されるが，ここでは Brillouin–Wigner の摂動論を用いて重要な関係式を導く．第 6 章はまとめと展望とし，拡張準粒子理論の時間依存密度行列の満たす方程式から任意の励起固有状態を扱える厳密な拡張 Kohn–Sham 理論を導出する．付録 A に第 2 量子化の方法を，付録 B に入手可能ないくつかの第一原理計算ソフトを紹介する．

最後に，これまでお世話になった多くの方々へ感謝の意を表したい．特に，私の研究室で助教を勤めて頂いた小野頌太氏や博士課程を修了されていった方々を含む学生のみなさん，そして共同研究者のみなさまの貢献は，本書を執筆するうえで大変有益であった．彼らの貢献がなければ本書は書けなかったので，この場を借りてお礼を述べたい．本シリーズの編者である旧友の須藤彰三先生には本書の執筆を勧めて下さったうえにとても丁寧に査読をして頂き，本書の構成や内容に関するとても有意義なコメントを頂いた．須藤先生と共立出版編集部に厚く御礼申し上げたい．

2022 年 1 月　　大野かおる

目　次

第3章　第一原理計算の基本　45

第1章 背景と導入

1.1 背景

万物は何からできているかという問いは古代ギリシャ時代にさかのぼる．タレスは水からできているといい，ヘラクレイトスは変化し続ける火からできているといった．エンペドクレスは万物は火，水，土，空気の 4 つの元素でできていると考えた．アトム (atom) という言葉を初めて使ったのはレウキッポスであり，原子論を確立したのは彼の弟子のデモクリトスである．紀元前 5 世紀頃の話である．彼らは，唯一理解できる万物の変化の形は局所的な運動つまり場所の移動であると捉え，いかなる観測可能な変化も究極的にはこれ以上切断できない変化しない単位としての原子の局所的な運動に還元されると考えた．これらの原子は大きさ，形，運動性・静止性で特徴付けられ，それらは色，味，におい，熱いとか冷たいというような性質を持たず，観測される物質の性質は構成原子の複雑な配置と運動の結果であるとした．今から 2400 年以上も昔の話である．

周期表がメンデレーエフにより提案されたのは 1869 年で，1890 年のリュードベリによる原子スペクトルの整数公式の発見，1900 年のプランクによるエネルギー量子仮説，黒体輻射公式とプランク定数の発見，1901 年のペランと 1903 年の長岡半太郎による原子核の理論的予言，1913 年のボーアによる正に帯電した原子核の周りを負に帯電した電子が回っているという原子模型の解析，1911 年から 1919 年にかけてのラザフォードの散乱実験による原子核ならびに陽子と中性子の発見，1924 年のド・ブロイによる物質波の提案へと続き，1925 年から 1926 年にシュレディンガー (Schrödinger)，ハイゼンベルク (Heisenberg)，ディラック (Dirac) らにより量子力学が完成された．

1.2　導入

電子は非常に小さい負に帯電した粒子である．このような小さな粒子は，粒としての性質と波としての性質を兼ね備えている．この波を表すのが波動関数であり，その絶対値2乗が粒子の存在確率を表す．原子核を取り巻く電子の分布は雲のような分布なので電子雲と呼ばれる．電子は相対論的な Dirac 方程式に従い，その非相対論的極限で Pauli のスピン行列が現れる．このため，電子は $\hbar/2$ の大きさのスピン角運動量を持つ．電子は原子間の結合で糊のような重要な役割を果たす．電子がなければ原子は結合せず，原子核同士は Coulomb 相互作用で互いに反発するので Coulomb 爆発を起こす．したがって，電子分布を調べることはとても大切なことである．絶対零度ではエネルギーが最も低い状態が最安定であり，電子もこの法則に従う．よって，エネルギーが最低となる基底状態が実現する．一方，物質に光が照射すると電子が励起されて，よりエネルギーの高い励起状態に移る．この励起状態は電子が吸収した光のエネルギー分だけ高いエネルギーを持つ．光でなくても，熱や衝撃でも電子は励起状態に移ることがある．電場中では，電子は電場と逆の方向に力を受ける．その結果，電子は原子を飛び出して隣の原子に移動する．これを繰り返して電子が1方向に集団で移動するようになるのが電流である．あるいは，磁場中でも電子はローレンツ力を受けてサイクロトロン運動をする．物質中でも電子は同様な振る舞いをするため，物質の性質は磁場にも影響される．このように物質のほとんどの性質は電子が決めているといっても過言ではない．電子状態を正確に調べることは物質の性質を正確に予測するために必要不可欠なのである．

1.2.1　本書の学習方法

まずは，本書を読むのに必要な基礎知識を挙げながら，本書の学習方法について説明していきたい．本書で何よりも必要な知識は量子力学で，次のような知識が特に重要である．ハミルトニアンがエルミート演算子ならその固有値は実である．そして，異なる固有値に属する固有関数（固有ベクトル）は直交する．固有関数が1に規格化されているとき，これを正規直交性という．これに

加えて，固有関数の集合は完全系をなす．このような関数の集合を正規直交完全系という．完全系とは，この関数の線形結合でいかなる関数をも表現できることを意味する．本書では量子状態を Dirac のブラ，ケットでも表す．ケット $|\,\Psi_\lambda\,\rangle$ のエルミート共役 (†) がブラ $\langle\,\Psi_\lambda\,|$ である．ハミルトニアンを H とすると定常状態の Schrödinger 方程式は固有値問題 $H\,|\,\Psi_\lambda\,\rangle = E_\lambda\,|\,\Psi_\lambda\,\rangle$ と等価である．ブラケット $\langle\,\Psi_\lambda\,|\,\Psi_{\lambda'}\,\rangle$ は内積を表し，状態 $|\,\Psi_\lambda\,\rangle$ に占める 状態 $|\,\Psi_{\lambda'}\,\rangle$ の割合（確率振幅）の意味である．ブラ，ケットを用いた正規直交性の表現は

$$\langle\,\Psi_\lambda\,|\,\Psi_{\lambda'}\,\rangle = \delta_{\lambda\lambda'} \tag{1.1}$$

となる．ここで $\delta_{\lambda\lambda'}$ はクロネッカーのデルタであり，$\lambda = \lambda'$ のとき 1，$\lambda \neq \lambda'$ のとき 0 である．これに対して状態の完全性は次のように表現される．

$$\sum_\lambda^{\mathrm{all}} |\,\Psi_\lambda\,\rangle\langle\,\Psi_\lambda\,| = 1 \tag{1.2}$$

右から $|\,\Phi\,\rangle$ をかけると次式となるので，完全系で任意の状態を展開できる．

$$|\,\Phi\,\rangle = \sum_\lambda^{\mathrm{all}} |\,\Psi_\lambda\,\rangle\langle\,\Psi_\lambda\,|\,\Phi\,\rangle = \sum_\lambda^{\mathrm{all}} c_\lambda\,|\,\Psi_\lambda\,\rangle \tag{1.3}$$

展開係数 c_λ は内積 $\langle\,\Psi_\lambda\,|\,\Phi\,\rangle$ である．$\langle\,\Psi_\lambda\,|\,\Phi\,\rangle^* = \langle\,\Phi\,|\,\Psi_\lambda\,\rangle$ にも注意する．

関数の関数を汎関数といい，関数 $f(\boldsymbol{r})$ の汎関数を $F[f]$ と書く．汎関数微分 $\delta F/\delta f(\boldsymbol{r}')$ とは，$f(\boldsymbol{r})$ を $f(\boldsymbol{r}) \to f(\boldsymbol{r}) + \delta f(\boldsymbol{r}')\delta(\boldsymbol{r}-\boldsymbol{r}')$ と微小変化させたときの F の 1 次変化分 δF を $\delta f(\boldsymbol{r}')$ で割った量を表す．例えば $F = \int f^n(\boldsymbol{r})g(\boldsymbol{r})d\boldsymbol{r}$ なら，$\delta F/\delta f(\boldsymbol{r}') = nf^{n-1}(\boldsymbol{r}')g(\boldsymbol{r}')$ と計算される．$F = \int g(\boldsymbol{r})\nabla^2 f(\boldsymbol{r})d\boldsymbol{r}$ の場合には，x, y, z 各方向の積分で部分積分を 2 回行い，積分の上限，下限で $f(\boldsymbol{r}), g(\boldsymbol{r})$ などが 0 になることを利用し，$F = \int f(\boldsymbol{r})\nabla^2 g(\boldsymbol{r})d\boldsymbol{r}$ と書き換えてから汎関数微分すればよい．結果は $\delta F/\delta f(\boldsymbol{r}') = \nabla^2 g(\boldsymbol{r}')$ となる．基底状態の変分原理は

$$\frac{\langle\,\Phi\,|\,H\,|\,\Phi\,\rangle}{\langle\,\Phi\,|\,\Phi\,\rangle} = \frac{\sum_\lambda^{\mathrm{all}} |c_\lambda|^2 E_\lambda}{\sum_\lambda^{\mathrm{all}} |c_\lambda|^2} \geq E_{\mathrm{G}} \tag{1.4}$$

と表せる．E_{G} は最低固有値である．式 (1.4) は式 (1.3) から明らかである．

演算子 T とハミルトニアン H の交換関係 $[T, H] = TH - HT$ が 0 の場合，T と H は交換するといい，このとき T と H は同時固有状態を持つ．これは，

$$H\Big(T\,|\,\Psi_\lambda\,\rangle\Big) = TH\,|\,\Psi_\lambda\,\rangle = E_\lambda\Big(T\,|\,\Psi_\lambda\,\rangle\Big) \tag{1.5}$$

より，$T\,|\,\Psi_\lambda\,\rangle = \tau\,|\,\Psi_\lambda\,\rangle$ と書くことができ，τ を T の固有値とみなせることを言っている．つまり，このとき Ψ_λ は T と H の同時固有状態となる．

第3章を読むには Fourier 変換と固体物理学の知識が必要である．結晶は単位胞の繰り返しでできており，単位胞中で定義される関数（例えば電子密度とかポテンシャルエネルギーなど）は，その周期性から Fourier 変換が可能である．そのときの Fourier 変換は3次元 Fourier 変換で，しかも斜方格子系の Fourier 変換は xyz 直角座標系の Fourier 変換とは異なる．このときに登場するのが離散的な逆格子ベクトル $\boldsymbol{G}$ の集合である．単位胞の繰り返し周期を持つ関数は，どんな関数でも逆格子ベクトル $\boldsymbol{G}$ に関する和の形に展開される．これに対して，波数ベクトル $\boldsymbol{k}$ というのは，単位胞を超えて結晶全体にわたる Fourier 変換のインデックスである．Fourier 変換によれば，小さな実空間領域を表すためには大きな波数が必要なのに対して，大きな実空間領域を表すためには小さな波数が必要である．単位胞内は小さな実空間領域に相当し，大きな波数で展開される．この大きな波数が逆格子ベクトル $\boldsymbol{G}$ である．これに対して結晶全体は大きな実空間領域に相当し，小さな波数で展開される．そこで0を除く最小の逆格子ベクトルの垂直2等分面で囲まれた領域（第1 Brillouin 帯）の内側の波数の値のみをとるのが波数ベクトル $\boldsymbol{k}$ である．波数ベクトル $\boldsymbol{k}$ も結晶全体の周期的境界条件で離散化されるが，結晶が巨大なので，事実上連続値を持つと考えてよい．$\hbar\boldsymbol{k}$ は結晶中の電子（あるいはフォノン）の運動量を表す．

第4章を読むには，量子力学の2次摂動論の知識や簡単な電磁気学の知識が必要となるので，適宜，量子力学や電磁気学の教科書で補って頂きたい．

第2章の量子化学的計算手法の 2.2.3 項と第5章，第6章の拡張準粒子理論を読むには第2量子化の知識が必要になる．これについては，本書の付録 A を参考にして頂きたい．また，第一原理計算ソフトの公開されているもののいくつかについても本書の付録 B として掲載しているので，必要な場合にはこちらも参考にして頂きたい．ただし，著者の力量不足ですべてのソフトを網羅することは全くできていないことをお断りしておく．この点，切にお許し願いたい．

第2章 多電子系と独立粒子系

現実の物質は多数の電子と多数の原子核からなる．それらは互いに Coulomb 相互作用を及ぼし合いながら，量子力学の Schrödinger 方程式に従って非常に複雑な運動をする．この方程式の解を直接求めるのことは計算機を用いても難しい．本章では，まず多電子系の基本的な性質を論じた後，相互作用する多電子系の取り扱い方として，Hartree–Fock 近似を説明し，その解を重ね合わせて真の電子状態を求める配置間相互作用の方法，さらにそれを一歩進めた結合クラスター理論を紹介する．続いて，今日広く用いられている密度汎関数理論と Kohn–Sham 理論，そして密度汎関数の様々な近似について詳しく紹介する．

2.1 多電子系の基本的な性質

ここでは量子多体系としての電子の基本的な性質を議論する．原子同士の結びつきを考えるうえで電子は重要な役割を果たす．電子がなければ原子は結合することはできない．それどころか，原子核同士の Coulomb 反発によって Coulomb 爆発してしまう．室温または比較的低温の電子系は後に述べる Fermi 縮退のためにほとんど基底状態にあると考えてよい．したがって，基底状態の電子分布を調べることは極めて重要である．以下では，特に断らない限り cgs Gauss 単位系を用いることにし，さらに $m = \hbar = e = 1$ とする Hartree **原子単位 (atomic unit)** を用いる．これにより，1 Bohr = 0.52917721 Å が長さの単位，1 Hartree = 27.211386 eV がエネルギーの単位，0.024188843 fs = $2.4188843 \times 10^{-17}$ sec が時間の単位となる（fs はフェムト秒，つまり 1×10^{-15} sec である）．

2.1.1　同種粒子多体系

非相対論的な極限で N 個の同種粒子系を考える．粒子の座標は位置座標とスピン座標のセットであるが，これを $1,2,...,N$ と表し，波動関数を $\Psi_\Lambda(1,2,...,N;t)$ と書く．t は時刻である．2 つの粒子 i,j を交換する演算子 P_{ij} を演算すると，

$$P_{ij}\Psi_\Lambda(1,...,i,...,j,...,N;t) = \Psi_\Lambda(1,...,j,...,i,...,N;t) \tag{2.1}$$

となる．しかし，この波動関数は元の波動関数と区別できるはずがないので，波動関数は位相因子 (κ) 以外には変化しないはずである．このことは，P_{ij} がハミルトニアン H と交換し，同時固有状態を作ることからもわかる．つまり，

$$P_{ij}\Psi_\Lambda(1,...,i,...,j,...,N;t) = \kappa\Psi_\Lambda(1,...,i,...,j,...,N;t) \tag{2.2}$$

である．同じ置換演算子をさらにもう 1 回演算すると元の波動関数に戻る．

$$P_{ij}^2\Psi_\Lambda(1,2,...,N;t) = \kappa^2\Psi_\Lambda(1,2,...,N;t) = \Psi_\Lambda(1,2,...,N;t) \tag{2.3}$$

したがって，この位相因子 κ の 2 乗は 1 で，$\kappa = \pm 1$ である．$\kappa = 1$ で波動関数が符号を変えない粒子を Bose 粒子あるいはボソンと呼ぶ．一方，$\kappa = -1$ で波動関数が符号を変える粒子を Fermi 粒子あるいはフェルミオンと呼ぶ．相対論的量子力学によれば，整数 $(0,1,2,...)$ スピンを持つ粒子はボソンであり，半整数 $(\frac{1}{2},\frac{3}{2},...)$ スピンを持つ粒子はフェルミオンであることがわかる．

フェルミオンの波動関数の反対称性から，2 つのフェルミオンが同じ位置に来ると波動関数は常に 0 になる．つまり，同じ位置に来ることはできない．ボソンでは波動関数は対称的なので，そのような制約はなく，多数のボソンが同じ位置に来ることができる．これまで $1,2,...,N$ を粒子の座標と考えてきたが，ある種の独立粒子描像が成り立つ場合には，これを各粒子の 1 粒子状態を表すラベルとみなすこともできる．このような見方をすると，フェルミオンの波動関数の反対称性は，2 つのフェルミオンが同じ 1 粒子状態を占有することができないという Pauli の排他原理を表していることがわかる．同様に，ボソンでは波動関数の対称性から，多数のボソンが同一の 1 粒子状態を占有することができる．したがって，極低温の Bose 粒子系では，すべての Bose 粒子が運動エ

ネルギー 0 の 1 粒子状態を占有するようになり，Bose–Einstein 凝縮が起こる．

電子は互いに Coulomb 斥力相互作用で反発し，原子核とは Coulomb 引力相互作用で引き合う．厳密には，電子は相対論的 Dirac 方程式に従い，内部自由度としてスピン $\frac{1}{2}$ を持つ．スピンが半整数なので，電子はフェルミオンである．

2.1.2 Born–Oppenheimer 近似

1927 年の Born と Oppenheimer の論文 [1] に従い，$M_1, M_2, ..., M_f$ の質量を持つ f 個の原子核と質量 m の N 個の電子からなる現実の物質系を考える．これら原子核質量の何らかの平均値を $\mathcal{M}$ と書く．そして，パラメータ

$$\kappa = \left(\frac{m}{\mathcal{M}}\right)^{1/4} \tag{2.4}$$

を導入とすると，I 番目の原子核の質量は次のように表せる．

$$M_I = \frac{\mathcal{M}}{\mu_I} = \frac{m}{\kappa^4 \mu_I} \tag{2.5}$$

μ_I は 1 のオーダの無次元量である．電子の位置座標を $\boldsymbol{r}_1, \boldsymbol{r}_2, ..., \boldsymbol{r}_N$ とし，原子核の位置座標を $\boldsymbol{R}_1, \boldsymbol{R}_2, ..., \boldsymbol{R}_f$ とする．すると，電子の運動エネルギーは

$$T = -\frac{1}{2}\sum_{i=1}^{N} \nabla_i^2 \tag{2.6}$$

と書け，原子核の運動エネルギーは

$$T_{\mathrm{N}} = \kappa^4 H_1, \quad H_1 = -\frac{1}{2}\sum_{I=1}^{f} \mu_I \boldsymbol{\nabla}_I^2 \tag{2.7}$$

と書ける．一方，ポテンシャルエネルギーは一般に次のように書ける．

$$V_{\mathrm{total}}(\boldsymbol{r}_1, \boldsymbol{r}_2, ..., \boldsymbol{r}_N; \boldsymbol{R}_1, \boldsymbol{R}_2, ..., \boldsymbol{R}_f; t) = V_{\mathrm{total}}(\boldsymbol{r}, \boldsymbol{R}, t) \tag{2.8}$$

ここで $\boldsymbol{r}$ は全電子位置座標，$\boldsymbol{R}$ は全原子核位置座標，t は時間を表す．外場が存在しなければ，関数 V_{total} は粒子の相対位置座標にのみ依存するが，その形は問わない．Born–Oppenheimer を BO と略して，全ハミルトニアンを

$$H_{\mathrm{total}} = H_{\mathrm{BO}} + T_{\mathrm{N}}, \quad H_{\mathrm{BO}} = T + V_{\mathrm{total}} \tag{2.9}$$

とおくと，全系の波動関数 Υ に対する時間に依存する Schrödinger 方程式は

$$i\frac{\partial}{\partial t}\Upsilon(\boldsymbol{r}, \boldsymbol{R}, t) = H_{\mathrm{total}}\Upsilon(\boldsymbol{r}, \boldsymbol{R}, t) = (H_{\mathrm{BO}} + \kappa^4 H_1)\Upsilon(\boldsymbol{r}, \boldsymbol{R}, t) \tag{2.10}$$

となる．I 番目の原子核の運動量を $\boldsymbol{P}_I$ と書くと，$\boldsymbol{P}_I$ の期待値は

$$\frac{d}{dt}\langle \boldsymbol{P}_I \rangle = \frac{1}{i\hbar}\langle [\boldsymbol{P}_I, H] \rangle = -\langle [\boldsymbol{\nabla}_I, V_{\mathrm{total}}(\boldsymbol{r}, \boldsymbol{R}, t)] \rangle = -\langle \boldsymbol{\nabla}_I V_{\mathrm{total}}(\boldsymbol{r}, \boldsymbol{R}, t) \rangle \tag{2.11}$$

を満たす．左辺は原子核の加速度，右辺は原子核に働く古典的な力を表し，この式は古典的な Newton の運動方程式に相当する．式 (2.11) を **Ehrenfest 定理**という．V_{total} が時間に依存しない場合（あるいは時間に依存しても，その変化が十分ゆっくりであるとみなせる場合）には定常状態の Schrödinger 方程式

$$(H_{\mathrm{BO}} + \kappa^4 H_1)\Psi(\boldsymbol{r}, \boldsymbol{R}) = E\Psi(\boldsymbol{r}, \boldsymbol{R}) \tag{2.12}$$

を解けばよい．この固有エネルギー E と固有関数 $\Psi(\boldsymbol{r}, \boldsymbol{R})$ 用いて，

$$\Upsilon(\boldsymbol{r}, \boldsymbol{R}, t) = e^{-iEt}\Psi(\boldsymbol{r}, \boldsymbol{R}) \tag{2.13}$$

のように，式 (2.10) の波動関数 $\Upsilon(\boldsymbol{r}, \boldsymbol{R}, t)$ が与えられる．ただし，V_{total} が時間に依存する場合には，このように変数分離することはできない．

原子核の質量は電子の質量に比べて十分重く，$\kappa = 0$ とみなせれば，式 (2.10) は

$$i\frac{\partial}{\partial t}\Upsilon_\lambda(\boldsymbol{r}, \boldsymbol{R}, t) = H_{\mathrm{BO}}\Upsilon_\lambda(\boldsymbol{r}, \boldsymbol{R}, t) \tag{2.14}$$

となる．この方程式は原子核位置 $\boldsymbol{R}$ に関する微分演算子を含まないので，$\boldsymbol{R}$ は古典的な定数とみなせる．つまり，式 (2.14) は，空間に固定された古典的な原子核が存在する中での N 個の電子に対する Schrödinger 方程式である．この場合には $\Upsilon_\lambda(\boldsymbol{r}, \boldsymbol{R}, t)$ は電子の波動関数になり，これが **Born–Oppenheimer (BO) 近似**である．特に，V_{total} が時間に依存しない場合（あるいは十分ゆっく

りと時間に依存する場合）には，定常状態の Schrödinger 方程式

$$H_{\rm BO}\Psi(\boldsymbol{r},\boldsymbol{R}) = E(\boldsymbol{R})\Psi(\boldsymbol{r},\boldsymbol{R}) \tag{2.15}$$

を解けばよいことになる．$\Psi(\boldsymbol{r},\boldsymbol{R})$ は電子系の固有関数であり，H がエルミートなら正規直交完全系をなし，固有値 $E(\boldsymbol{R})$ は原子核位置の実関数となる．$\boldsymbol{R}$ が時間変化する場合でも，BO 近似が成り立つ範囲では Ehrenfest 定理 (2.11) は $E(\boldsymbol{R})$ を式 (2.15) の固有値として次の古典的な Newton の運動方程式になる．

$$\frac{d\boldsymbol{P}_I}{dt} = -\boldsymbol{\nabla}_I E(\boldsymbol{R}) \tag{2.16}$$

さらに，Born と Oppenheimer [1] は式 (2.12) を κ について 4 次まで摂動展開し，原子核の振動のエネルギーは κ^2 に比例し，原子核の回転のエネルギーは κ^4 に比例することを導いた．特に，振動エネルギーの κ^2 に比例する最低次の項は，式 (2.15) の固有値 $E_\lambda(\boldsymbol{R})$ を $\boldsymbol{R}$ の平衡位置からのずれの 2 次まで展開したときの微分係数をバネ定数とする量子調和振動子の固有エネルギーになっている．式 (2.15) の固有値 $E_\lambda(\boldsymbol{R})$ は原子核に対するポテンシャルエネルギー面を表し，Born–Oppenheimer 近似の**断熱（ポテンシャル）面**あるいは単に **BO 面**と呼ばれる．一般に，**断熱的 (adiabatic)** という言葉は固有状態の準位が交差しないか準位間の遷移が起こらないという意味で使われる．一方，準位が交差しても，そのまま乗り移らずにまっすぐ進むことを**透熱的 (diabatic)** と呼ぶ．次章の最終節で見るように，$\kappa \neq 0$ の式 (2.10) では一般に準位間の乗り移りが起こり得る．κ^2 に比例する最低次の項は，BO のポテンシャルエネルギー面を調和近似して得られる放物曲線型のポテンシャル中を振動する量子調和振動子の固有エネルギーである．そして，この量子調和振動子の固有関数として原子核の波動関数が与えられる．一般に，原子核と電子の自由度を分離して電子状態間の遷移を無視する近似を Born–Oppenheimer の断熱近似と呼ぶ．

Born–Oppenheimer 近似がどの程度正しいかは，κ の値を見ればわかる．例えば，2 原子分子に対して $1/\mathcal{M} = 1/M_1 + 1/M_2$ とおくと，水素分子 (H_2) の場合は $\kappa = 0.182$ ($\kappa^2 = 0.033$) となり，リチウム分子 (Li_2) の場合は $\kappa = 0.112$ ($\kappa^2 = 0.012$)，窒素分子 (N_2) の場合は $\kappa = 0.094$ ($\kappa^2 = 0.0088$) となる．した

がって，Born–Oppenheimer 近似はかなり良い近似であり，原子番号が大きくなると，精密に成り立つようになる．水素原子のような軽い元素を除けば，電子状態計算において原子核の位置は固定して考えてよいことが理解できる．一般に電子の運動は原子核の運動に比べて十分に速いので，電子は常に原子核の運動に完璧に追随できるという根拠で Born–Oppenheimer 近似が正当化されることが多いが，その数値的な根拠はこの議論に基づく．

2.1.3　ビリアル定理

ビリアル定理が古典多体系だけでなく量子多体系でも成り立つことは Ehrenfest 定理を用いて Fock により初めて示された [2]．量子系のハミルトニアンを

$$H\{X_i\} = T + V_{\mathrm{total}}\{X_i\}, \quad T = \sum_i \frac{P_i^2}{2M_i}, \quad P_i = -i\hbar\frac{\partial}{\partial X_i} \tag{2.17}$$

と書こう．運動エネルギー T は式 (2.6)，(2.7) の和である．座標と運動量の積 $Q = \sum_i X_i P_i$ を定義すると，Heisenberg の運動方程式と $\partial Q/\partial t = 0$ より

$$\frac{dQ}{dt} = \frac{i}{\hbar}[H, Q] + \frac{\partial Q}{\partial t} = 2T - \sum_i X_i \frac{\partial V_{\mathrm{total}}}{\partial X_i} \tag{2.18}$$

が成り立つ．系が電子についても原子核についても安定かつ平衡な定常状態にあるとすると，Q の期待値は時間的に変化せず，停留値をとるはずである．したがって，この場合には $\langle dQ/dt\rangle = 0$ としてよく，式 (2.18) の左辺は 0 になり，

$$2\langle T\rangle = \sum_i \left\langle X_i \frac{\partial V_{\mathrm{total}}}{\partial X_i} \right\rangle \tag{2.19}$$

が導かれる（古典的には $F_i = -\partial V_{\mathrm{total}}/\partial X_i$ は力を表す）．これが**ビリアル (virial) 定理**である．運動エネルギーに対するポテンシャルエネルギーの比

$$\text{ビリアル比} = \frac{\langle V_{\mathrm{total}}\rangle}{\langle T\rangle} \tag{2.20}$$

をビリアル (virial) 比という．Coulomb 系では電子間も原子核間も電子原子核間もポテンシャルエネルギーはすべて距離の逆数なので，

$$\sum_i \left\langle X_i \frac{\partial V_{\mathrm{total}}}{\partial X_i} \right\rangle = -\langle V_{\mathrm{total}}\{X_i\}\rangle \tag{2.21}$$

が成り立つ．Coulomb 相互作用（あるいは重力相互作用）のような $1/r$ の相互作用のみを持ついかなる系でも安定な定常状態ではビリアル比は -2 になる．この定理は原子核の量子性を考慮した場合でも成り立つ．$\kappa = 0$ として原子核の量子性を無視する場合には，原子核位置を固定して，電子系の固有状態を考えればよい．ただし，原子核位置は安定な平衡位置に置かれている必要がある．このような場合を含めて，ビリアル比が正確に -2 になることは，第一原理計算の計算精度を議論するときの重要な目安となる．ビリアル定理は基底状態に限らず，力学的平衡にあればハミルトニアンの任意の固有状態で成り立つ．

2.1.4 電子系のハミルトニアン

ここでは Born–Oppenheimer (BO) 近似の範囲で，電子の運動エネルギーが比較的小さく，相対論的効果が無視できる場合を考える．ただし，電子スピンだけは内部自由度として考慮する．さらに，原子核の質量は電子の質量に比べて非常に大きく，原子核の運動は電子の運動に比べて遅いので，水素のような軽い原子での例外を除き，通常の場合は原子核を動かない古典的な点電荷と仮定してよい．原子核の運動を扱う場合でも，電子は原子核の運動に十分速く追随でき，各時刻の原子核位置に対する定常状態を実現していると仮定してよい．

N 電子系のハミルトニアンを次のように分解する．

$$H = H^{(1)} + H^{(2)} \tag{2.22}$$

i が i 番目の電子の位置座標 $\boldsymbol{r}_i$ とスピン座標 s_i の組 $(\boldsymbol{r}_i, s_i)$ を表すとすると，

$$H^{(1)} = \sum_{i=1}^{N} h^{(1)}(i), \quad h^{(1)}(i) = -\frac{1}{2}\nabla_i^2 + v(i) \tag{2.23a}$$

は電子の運動エネルギーと原子核による Coulomb ポテンシャル

$$v(i) = -\sum_{I=1}^{f} \frac{Z_I}{|\boldsymbol{r}_i - \boldsymbol{R}_I|} \tag{2.23b}$$

（Z_I は原子核の電荷，つまり原子番号を表す）からなる 1 体部分であり，

$$H^{(2)} = \frac{1}{2}\sum_{i \neq j}^{N} V(i,j), \quad V(i,j) = \frac{1}{|\boldsymbol{r}_i - \boldsymbol{r}_j|} \tag{2.23c}$$

は電子間の斥力 Coulomb 相互作用を表す 2 体部分である．式 (2.22) のハミルトニアン H は式 (2.9) の BO ハミルトニアン H_{BO} と

$$H_{\mathrm{BO}} = H + E_{\mathrm{nn}}, \quad E_{\mathrm{nn}} = \frac{1}{2}\sum_{I \neq I'}^{f} \frac{Z_I Z_{I'}}{|\boldsymbol{R}_I - \boldsymbol{R}_{I'}|} \tag{2.24}$$

の関係にある．$Z_I, Z_{I'}$ は原子番号である．E_{nn} は原子核間の Coulomb ポテンシャルを表し，BO 近似の範囲では定数とみなせる．各電子は内部自由度として $+1/2$ か $-1/2$ のスピン座標を持つ．磁場と相対論的効果がなければハミルトニアンはスピンには依存せず，スピンはハミルトニアンと交換して同時固有状態を持ち，良い量子数となる．このとき，スピン関数 $\chi(+1/2)=1$，$\chi(-1/2)=0$ の $\uparrow$ スピン状態か，スピン関数 $\chi(+1/2)=0$，$\chi(-1/2)=1$ の $\downarrow$ スピン状態のどちらかになる．しかし，後に述べる交換相互作用により，状態のエネルギーなどにスピン依存性が自発的に生ずる場合がある．スピン依存性は磁場や核スピンとの相互作用，相対論的補正のスピン・軌道相互作用によっても生ずる．

2.1.5　1 電子近似

最も簡単な場合として，完全に独立に運動している N 電子系を考えよう．その全ハミルトニアンは，i 番目の電子に対するハミルトニアンを $\mathcal{H}_i$ とし，

$$H = \sum_{i=1}^{N} \mathcal{H}_i = \mathcal{H}_1 + \mathcal{H}_2 + \cdots + \mathcal{H}_N \tag{2.25}$$

となる．個々の $\mathcal{H}_i$ の固有値方程式

$$\mathcal{H}_i \phi_{\lambda_i}(i) = \varepsilon_{\lambda_i} \phi_{\lambda_i}(i) \tag{2.26}$$

は解くことができる．$\mathcal{H}_i$ は互いに交換するので，N 電子系の固有値方程式

$$H\Phi_{\lambda_1,\lambda_2,\cdots,\lambda_N}(1,2,\cdots,N) = E_{\lambda_1,\lambda_2,\cdots,\lambda_N}\Phi_{\lambda_1,\lambda_2,\cdots,\lambda_N}(1,2,\cdots,N) \tag{2.27}$$

の解である N 電子波動関数 $\Phi_{\lambda_1,\lambda_2,\cdots,\lambda_N}(1,2,\cdots,N)$ は N 個の 1 電子波動関数の積 $\phi_{\lambda_1}(1)\phi_{\lambda_2}(2)\cdots\phi_{\lambda_N}(N)$ となる．しかし，電子の座標 i と 1 電子状態の添字 λ_i の順番を任意に入れ替えることができ，1 電子状態の入れ替えについ

て反対称化することを考えると，次のようにしなければならない．

$$\Phi_{\lambda_1,\lambda_2,\cdots,\lambda_N}(1,2,\cdots,N)=\frac{1}{\sqrt{N!}}\sum_P(-1)^P\phi_{P\lambda_1}(1)\phi_{P\lambda_2}(2)\cdots\phi_{P\lambda_N}(N) \tag{2.28}$$

ここで P は $N!$ 通りの1電子状態の置換を表し，$(-1)^P$ は偶置換のとき $+1$ で奇置換のとき -1 である．式(2.28)の和は行列式の定義に他ならず，

$$\Phi_{\lambda_1,\lambda_2,\cdots,\lambda_N}(1,2,\cdots,N)=\frac{1}{\sqrt{N!}}\begin{vmatrix}\phi_{\lambda_1}(1) & \phi_{\lambda_2}(1) & \cdots & \phi_{\lambda_N}(1)\\ \phi_{\lambda_1}(2) & \phi_{\lambda_2}(2) & \cdots & \phi_{\lambda_N}(2)\\ \vdots & \vdots & & \vdots\\ \phi_{\lambda_1}(N) & \phi_{\lambda_2}(N) & \cdots & \phi_{\lambda_N}(N)\end{vmatrix} \tag{2.29}$$

と書け，これを **Slater 行列式**という．式(2.27)の固有値は1粒子固有値の和

$$E_{\lambda_1,\lambda_2,\cdots,\lambda_N}=\varepsilon_{\lambda_1}+\varepsilon_{\lambda_2}+\cdots+\varepsilon_{\lambda_N} \tag{2.30}$$

になる．2つの電子位置が一致すればSlater行列式の2つの行が一致するので，行列式の値は0になる．同様に，2つの電子状態が一致すれば2つの列が一致するので，やはり行列式の値は0になる．これはPauliの排他原理を表す．

エネルギー固有値 ε_{λ_i} の λ_i をエネルギー準位と呼ぶ．最低のエネルギー準位から下から順番に電子を1個ずつ詰めていき，すべての N 個の電子を詰め切った状態が基底状態となる．それよりもエネルギーの高い準位は非占有，つまり空である．このような状況を **Fermi 縮退**という．最高占有準位を **Fermi 準位**と呼び，そのエネルギーがFermiエネルギーである．**最高占有軌道 (highest occupied molecular orbital, HOMO)** のエネルギーと**最低非占有軌道 (lowest unoccupied molecular orbital, LUMO)** のエネルギーの差を**エネルギーギャップ**という．開殻原子の場合には，最外殻軌道が中途半端に占有されるので，エネルギーギャップは0になる．その場合は，**Hund 則**により，最大の電子スピン多重度を持つ状態が最安定になる．金属の場合にも，エネルギーギャップは0であり，無限小のエネルギーで占有軌道の電子が非占有軌道に励

起でき，伝導が可能となる．一方，深いエネルギー準位の電子は **Fermi 海**と呼ばれる電子の海の中に詰まっているので身動きできず，周囲の状況に応答することはない．応答できるのはあくまで Fermi エネルギー近傍の電子のみである．これが Fermi 縮退の重要な性質である．

最安定原子配置を求める問題においては，異なる原子配置の全エネルギー差を正確に計算しないと，安定性の比較ができない．エネルギー差として 0.001 eV = 1 meV 程度の計算精度が要求される．しかし，この計算精度はエネルギーの相対値に対して必要なのであり，絶対値が問題となることはほとんどない．

2.2　Hartree–Fock (HF) 近似

相互作用している多電子系の Hartree–Fock 理論は周りの電子との相互作用を平均場として取り入れる平均場近似に相当する．この近似は，スピンの向きの異なる 2 電子間の相関を無視するもので，半導体のエネルギーギャップを過大評価してしまうが，Pauli の排他原理を正確に満たす他，ビリアル定理を正確に満たす．そして，配置間相互作用のような高精度量子化学計算の出発点となる．

2.2.1　期待値の評価

多電子系の量子状態を扱う最も単純な近似は先に述べた 1 電子近似であるが，これは電子間相互作用 V を完全に無視してしまうため，使いものにならない．そこで，電子間の相互作用を平均場として取り入れる 1 電子近似を考える．量子力学の変分原理によれば，試行関数 $\Phi(1, 2, \cdots, N)$ が規格化されているとして

$$\begin{aligned}\langle \Phi \,|\, H \,|\, \Phi \rangle &= \sum_{s_1}\sum_{s_2}\cdots\sum_{s_N}\int \Phi^*(1, 2, \cdots, N) H \Phi(1, 2, \cdots, N) d\boldsymbol{r}_1 d\boldsymbol{r}_2 \cdots d\boldsymbol{r}_N \\ &= E_0 \to \text{最小}\end{aligned} \tag{2.31}$$

を最低にすることで基底状態が求まる．ここで，電子は独立であるとして試行関数を Slater 行列式 (2.29) の形に仮定する．1 電子軌道 $\phi_\lambda(i) = \phi_\lambda(\boldsymbol{r}_i, s_i)$ は

$$\langle \phi_\lambda \,|\, \phi_{\lambda'} \rangle = \sum_{s_i}\int \phi_\lambda^*(i)\phi_{\lambda'}(i) d\boldsymbol{r}_i = \delta_{\lambda\lambda'} \tag{2.32}$$

のように正規直交性を満たすものとすると，Slater 行列式も規格化される．

$$
\begin{aligned}
\langle \Phi \mid \Phi \rangle &= \sum_{s_1}\sum_{s_2}\cdots\sum_{s_N}\int \Phi^*(1,2,...,N)\Phi(1,2,...,N)\,d\boldsymbol{r}_1 d\boldsymbol{r}_2\cdots d\boldsymbol{r}_N \\
&= \frac{1}{N!}\sum_{P}\sum_{s_1}\sum_{s_2}\cdots\sum_{s_N}\int \phi^*_{\lambda_{P1}}(1)\phi^*_{\lambda_{P2}}(2)\cdots\phi^*_{\lambda_{PN}}(N) \\
&\qquad \times \phi_{\lambda_{P1}}(1)\phi_{\lambda_{P2}}(2)\cdots\phi_{\lambda_{PN}}(N)\,d\boldsymbol{r}_1 d\boldsymbol{r}_2\cdots d\boldsymbol{r}_N \\
&= \sum_{s_1}\int \phi^*_{\lambda_1}(1)\phi_{\lambda_1}(1)d\boldsymbol{r}_1\cdots\sum_{s_N}\int \phi^*_{\lambda_N}(N)\phi_{\lambda_N}(N)d\boldsymbol{r}_N = 1
\end{aligned} \tag{2.33}
$$

電子密度 $n(\boldsymbol{r})$ は密度演算子 $\sum_{i=1}^{N}\delta(\boldsymbol{r}-\boldsymbol{r}_i)$ の期待値として次式で与えられる．

$$
\begin{aligned}
n(\boldsymbol{r}) &= \sum_{s_1}\cdots\sum_{s_N}\int \Phi^*(1,2,\cdots,N)\sum_{i=1}^{N}\delta(\boldsymbol{r}-\boldsymbol{r}_i)\Phi(1,2,\cdots,N)d\boldsymbol{r}_1\cdots d\boldsymbol{r}_N \\
&= \frac{1}{N!}\sum_{P}\sum_{s_1}\sum_{s_2}\cdots\sum_{s_N}\int \phi^*_{\lambda_{P1}}(1)\phi^*_{\lambda_{P2}}(2)\cdots\phi^*_{\lambda_{PN}}(N)\sum_{i=1}^{N}\delta(\boldsymbol{r}-\boldsymbol{r}_i) \\
&\qquad \times \phi_{\lambda_{P1}}(1)\phi_{\lambda_{P2}}(2)\cdots\phi_{\lambda_{PN}}(N)d\boldsymbol{r}_1\cdots d\boldsymbol{r}_N \\
&= \sum_{i=1}^{N}\left(\sum_{s_i}\int \phi^*_{\lambda_i}(i)\delta(\boldsymbol{r}-\boldsymbol{r}_i)\phi_{\lambda_i}(i)d\boldsymbol{r}_i\right) = \sum_{i=1}^{N}\sum_{s}|\phi_{\lambda_i}(\boldsymbol{r},s)|^2
\end{aligned} \tag{2.34}
$$

電子スピン密度を $n_s(\boldsymbol{r}) = \sum_{i=1}^{N}|\phi_{\lambda_i}(\boldsymbol{r},s)|^2$ として導入すると $n(\boldsymbol{r}) = \sum_s n_s(\boldsymbol{r})$ である．さて，Slater 行列式 (2.29) を試行関数として，全エネルギー期待値

$$
E = \sum_{s_1}\sum_{s_2}\cdots\sum_{s_N}\int \Phi^*(1,2,...,N)H\Phi(1,2,...,N)\,d\boldsymbol{r}_1 d\boldsymbol{r}_2\cdots d\boldsymbol{r}_N \tag{2.35}
$$

を評価しよう．ハミルトニアン $H = H^{(1)} + H^{(2)}$ の 1 体部分 $H^{(1)} = \sum_{i=1}^{N}h^{(1)}(\boldsymbol{r}_i)$ の期待値は式 (2.34) と同様に評価できて，

$$
\langle \Phi \mid H^{(1)} \mid \Phi \rangle = \sum_{i=1}^{N}\sum_{s_1}\int \phi^*_{\lambda_i}(1)h^{(1)}(1)\phi_{\lambda_i}(1)d\boldsymbol{r}_1 \tag{2.36}
$$

となる．一方，ハミルトニアンの 2 体部分 $H^{(2)} = (1/2)\sum_{i\neq j}^{N}V(i,j)$ の期待値は次のように計算される．

$$
\begin{aligned}
\langle \Phi \,|\, H^{(2)} \,|\, \Phi \rangle &= \sum_{s_1} \sum_{s_2} \cdots \sum_{s_N} \int \Phi^*(1,2,...,N) H^{(2)} \Phi(1,2,...,N) d\boldsymbol{r}_1 \cdots d\boldsymbol{r}_N \\
&= \frac{1}{2N!} \sum_{P} \sum_{s_1} \cdots \sum_{s_N} \int \phi^*_{\lambda_{P1}}(1) \cdots \phi^*_{\lambda_{Pi}}(i) \cdots\cdots \phi^*_{\lambda_{Pj}}(j) \cdots \phi^*_{\lambda_{PN}}(N) \\
&\qquad \times \sum_{i \neq j}^{N} V(i,j) \Big[\phi_{\lambda_{P1}}(1) \cdots \phi_{\lambda_{Pi}}(i) \cdots \phi_{\lambda_{Pj}}(j) \cdots \phi_{\lambda_{PN}}(N) \\
&\qquad - \phi_{\lambda_{P1}}(1) \cdots \phi_{\lambda_{Pj}}(i) \cdots \phi_{\lambda_{Pi}}(j) \cdots \phi_{\lambda_{PN}}(N) \Big] d\boldsymbol{r}_1 \cdots d\boldsymbol{r}_N \\
&= \frac{1}{2N!} \sum_{P} \sum_{i \neq j}^{N} \left(\sum_{s_1} \int \phi^*_{\lambda_{P1}}(1) \phi_{\lambda_{P1}}(1) d\boldsymbol{r}_1 \right) \cdots \left(\sum_{s_i} \sum_{s_j} \int \phi^*_{\lambda_{Pi}}(i) \phi^*_{\lambda_{Pj}}(j) \right. \\
&\qquad \left. \times V(i,j) \Big[\phi_{\lambda_{Pi}}(i) \phi_{\lambda_{Pj}}(j) - \phi_{\lambda_{Pj}}(i) \phi_{\lambda_{Pi}}(j) \Big] d\boldsymbol{r}_i d\boldsymbol{r}_j \right) \cdots \\
&\qquad \times \left(\sum_{s_N} \int \phi^*_{\lambda_{PN}}(N) \phi_{\lambda_{PN}}(N) d\boldsymbol{r}_N \right) \\
&= \frac{1}{2} \sum_{i \neq j}^{N} \sum_{s_i} \sum_{s_j} \int \phi^*_{\lambda_i}(i) \phi^*_{\lambda_j}(j) V(i,j) \Big[\phi_{\lambda_i}(i) \phi_{\lambda_j}(j) - \phi_{\lambda_j}(i) \phi_{\lambda_i}(j) \Big] d\boldsymbol{r}_i d\boldsymbol{r}_j \\
&= \frac{1}{2} \sum_{i=1}^{N} \sum_{j=1}^{N} \sum_{s_1} \sum_{s_2} \int \phi^*_{\lambda_i}(1) \phi^*_{\lambda_j}(2) V(1,2) \phi_{\lambda_i}(1) \phi_{\lambda_j}(2) d\boldsymbol{r}_1 d\boldsymbol{r}_2 \\
&- \frac{1}{2} \sum_{i=1}^{N} \sum_{j=1}^{N} \sum_{s_1} \sum_{s_2} \int \phi^*_{\lambda_i}(1) \phi^*_{\lambda_j}(2) V(1,2) \phi_{\lambda_i}(2) \phi_{\lambda_j}(1) d\boldsymbol{r}_1 d\boldsymbol{r}_2
\end{aligned}
\tag{2.37}
$$

式 (2.37) の最後の式には $i = j$ の和も含まれるが，第 1 項，第 2 項で $i = j$ の項は同じであり，打ち消し合う．ここで，第 1 項は**直接項**あるいは **Hartree 項**，Coulomb 項などと呼ばれ，式 (2.34) の電子密度 $n(\boldsymbol{r})$ を用いて

$$
E_{\mathrm{H}} = \frac{1}{2} \int n(\boldsymbol{r}_1) n(\boldsymbol{r}_2)\, V(1,2)\, d\boldsymbol{r}_1 d\boldsymbol{r}_2 \tag{2.38}
$$

と書け，これは電子分布 $n(\boldsymbol{r})$ に対する古典的な静電エネルギーを表す．一方，第 2 項は波動関数の反対称化によって生ずる項であり，**交換項**あるいは **Fock 項**と呼ばれる．交換項では λ_i と λ_j の 1 電子波動関数を同じスピン座標で和をとるので，λ_i と λ_j のスピン状態が $\uparrow\uparrow, \downarrow\downarrow$ のように並行スピン状態でのみ値を持ち，$\uparrow\downarrow, \downarrow\uparrow$ のような反並行スピン状態では 0 になる．

2.2.2 Hartree–Fock (HF) 方程式

規格化条件式 (2.32) を満たすように Lagrange 未定乗数法を用いて，全エネルギーの式 (2.37) を $\delta\phi_\lambda^*(1)$ について変分すると，

$$\begin{aligned}
&\sum_{\lambda=1}^{N}\sum_{s_1}\int \delta\phi_\lambda^*(1)h^{(1)}(1)\phi_\lambda(1)d\boldsymbol{r}_1\\
&+\sum_{\lambda=1}^{N}\sum_{\mu=1}^{N}\sum_{s_1}\sum_{s_2}\int \delta\phi_\lambda^*(1)\phi_\mu^*(2)V(1,2)\phi_\lambda(1)\phi_\mu(2)d\boldsymbol{r}_1d\boldsymbol{r}_2\\
&-\sum_{\lambda=1}^{N}\sum_{\mu=1}^{N}\sum_{s_1}\sum_{s_2}\int \delta\phi_\lambda^*(1)\phi_\mu^*(2)V(1,2)\phi_\lambda(2)\phi_\mu(1)d\boldsymbol{r}_1d\boldsymbol{r}_2\\
&-\sum_{\lambda=1}^{N}\varepsilon_\lambda\sum_{s_1}\int \delta\phi_\lambda^*(1)\phi_\lambda(1)d\boldsymbol{r}_1=0 \qquad (2.39)
\end{aligned}$$

となる．ここで ε_λ $(\lambda=1,2,\cdots,N)$ は **Lagrange 未定乗数**である．任意の微小変化 $\delta\phi_\lambda^*(1)$ に対して式 (2.39) が成り立つので，1 電子波動関数 $\phi_\lambda(1)$ は

$$\begin{aligned}
&h^{(1)}(1)\phi_\lambda(1)+\left[\sum_{\mu=1}^{N}\sum_{s_2}\int \phi_\mu^*(2)V(1,2)\phi_\mu(2)d\boldsymbol{r}_2\right]\phi_\lambda(1)\\
&-\left[\sum_{\mu=1}^{N}\sum_{s_2}\int \phi_\mu^*(2)V(1,2)\phi_\lambda(2)d\boldsymbol{r}_2\right]\phi_\mu(1)=\varepsilon_\lambda\phi_\lambda(1) \qquad (2.40)
\end{aligned}$$

を満たす．これを **Hartree–Fock (HF) 方程式**といい，この理論を **Hartree–Fock (HF) 近似**または Hartree–Fock (HF) 理論という．これは，波動関数の反対称性を考慮して電子間相互作用を平均場として取り入れた近似である [3].

HF 理論の $\phi_\lambda(1)$ は **HF 軌道**と呼ばれる．これは $h^{(1)}(1)$ の固有関数ではなく，式 (2.42) の自己無撞着 (self-consistent) な解である．したがって HF 近似は自己無撞着場 (self-consistent field, SCF) とも呼ばれる [3]．**電子ガス**または **jellium モデル**と呼ばれる系では原子核の点電荷をまんべんなくならして，一様な正のバックグラウンド電荷とする．この場合の電子が互いに Coulomb 反発相互作用する系の HF 方程式を解くと，HF 軌道は $h^{(1)}(i)$ の固有関数と同じ平面波になる．これは HF 軌道に限らず，第 5 章で述べる拡張準粒子波動関数も平面波になる．しかし，エネルギー固有値は $h^{(1)}(i)$ の固有値とは異なる．

式 (2.40) において，直接項と交換項は $\mu = \lambda$ に対して厳密に打ち消し合う．つまり HF 近似は**自己相互作用**を含まず，μ についての和は λ を含めてよい．一方，交換項を無視する近似を Hartree 近似といい，その方程式を Hartree 方程式と呼ぶ．Hartree 近似では直接項の $\mu = \lambda$ の寄与は取り除くべきである．

式 (2.40) で V はスピンに依存しないので，直接項，交換項の式でスピン座標に関する和は簡単に評価できる．1 電子スピン関数 $\chi_\lambda(s_i)$ を導入して，$\phi_\lambda(i)$ は

$$\phi_\lambda(i) = \phi_\lambda(\boldsymbol{r}_i, s_i) = \varphi_\lambda(\boldsymbol{r}_i)\chi_\lambda(s_i) \tag{2.41}$$

のように書ける．$\boldsymbol{r}_i$ と $\boldsymbol{r}_j$ を $\boldsymbol{r}$ と $\boldsymbol{r}'$ と書けば，HF 方程式 (2.40) は

$$\begin{aligned} & h^{(1)}(\boldsymbol{r})\varphi_\lambda(\boldsymbol{r}) + \sum_{\mu=1}^{N} \int \varphi_\mu^*(\boldsymbol{r}')V(\boldsymbol{r}-\boldsymbol{r}')\varphi_\mu(\boldsymbol{r}')d\boldsymbol{r}'\varphi_\lambda(\boldsymbol{r}) \\ & - \sum_{\substack{\mu=1 \\ (\lambda,\mu\ \text{spin parallel})}}^{N} \int \varphi_\mu^*(\boldsymbol{r}')V(\boldsymbol{r}-\boldsymbol{r}')\varphi_\lambda(\boldsymbol{r}')d\boldsymbol{r}'\varphi_\mu(\boldsymbol{r}) = \varepsilon_\lambda\varphi_\lambda(\boldsymbol{r}) \end{aligned} \tag{2.42}$$

となる．$V(\boldsymbol{r}-\boldsymbol{r}') = 1/|\boldsymbol{r}-\boldsymbol{r}'|$ である．直接項は座標と準位の順番が同じなのでスピンについて和をとれるが，交換項は座標と準位の順番が異なるので同じ向きのスピンのみが寄与する．これが開殻原子や Fe, Co, Ni などの遷移金属で自発的なスピン偏極が起こる原因である．HF 近似で無視される項は相関項と呼ばれ，電子相関を表す．交換項と相関項をまとめて交換相関項という．

式 (2.42) の両辺に $\varphi_\lambda^*(\boldsymbol{r})$ をかけ，$\boldsymbol{r}$ について積分すると，次式となる．

$$\varepsilon_\lambda = \int \varphi_\lambda^*(\boldsymbol{r})h^{(1)}(\boldsymbol{r})\varphi_\lambda(\boldsymbol{r})d\boldsymbol{r} + I_\lambda + J_\lambda \tag{2.43}$$

I_λ と J_λ はそれぞれ次式で定義される Coulomb 積分と交換積分を表す．

$$I_\lambda = \sum_{\mu=1}^{N} \int\int \frac{\varphi_\lambda^*(\boldsymbol{r})\varphi_\mu^*(\boldsymbol{r}')\varphi_\lambda(\boldsymbol{r})\varphi_\mu(\boldsymbol{r}')}{|\boldsymbol{r}-\boldsymbol{r}'|}d\boldsymbol{r}d\boldsymbol{r}' \tag{2.44a}$$

$$J_\lambda = -\sum_{\mu=1(\lambda,\mu\ \text{spin}-\text{parallel})}^{N} \int\int \frac{\varphi_\lambda^*(\boldsymbol{r})\varphi_\mu^*(\boldsymbol{r}')\varphi_\lambda(\boldsymbol{r}')\varphi_\mu(\boldsymbol{r})}{|\boldsymbol{r}-\boldsymbol{r}'|}d\boldsymbol{r}d\boldsymbol{r}' \tag{2.44b}$$

これらは 1 電子状態 λ にある電子の感じる Coulomb 相互作用の効果を表す．

したがって，式 (2.43) は全エネルギーへの 1 電子状態 λ にある電子からの寄与を表す．これより，Lagrange の未定乗数として導入した ε_λ は HF 方程式の固有値であると同時に，全エネルギーへの 1 電子状態 λ にある電子からの寄与を与えていることがわかる．つまり，ε_λ は λ の電子が 1 個なくなった $N-1$ 電子系の全エネルギー E_λ^{N-1} と E_Λ^N の差を表している．これを **Koopmans の定理**という．しかし，実際には，1 電子がなくなることによって，残された $N-1$ 個の電子の配置が緩和して変化するので，Koopmans の定理は成り立たない．厳密な意味での Koopmans の定理は第 5 章の拡張準粒子理論でのみ成り立つ．

式 (2.43) の ε_λ をすべての占有状態について足しても，I_λ, J_λ のダブルカウントがあるため，式 (2.36)，(2.37) の和を与えない．HF 近似での全エネルギーは

$$E^{\mathrm{HF}} = \sum_{\lambda=1}^{N} \left[\varepsilon_\lambda - \frac{1}{2}(I_\lambda + J_\lambda) \right] \tag{2.45}$$

で与えられる．全ポテンシャル・エネルギーは

$$\langle \hat{V} \rangle = \sum_{\lambda}^{N} \left[\frac{1}{2}(I_\lambda + J_\lambda) + \int \varphi_\lambda^*(\boldsymbol{r}) v(\boldsymbol{r}) \varphi_\lambda(\boldsymbol{r}) d\boldsymbol{r} \right] \tag{2.46}$$

で与えられ，全運動エネルギーは

$$\langle \hat{T} \rangle = -\frac{1}{2} \sum_{\lambda}^{N} \int \varphi_\lambda^*(\boldsymbol{r}) \nabla^2 \varphi_\lambda(\boldsymbol{r}) d\boldsymbol{r} \tag{2.47}$$

で与えられる．2.1.3 項の一般論がこの場合にも当てはまるので，最安定な平衡原子配置に対して，これらは正確にビリアル定理 $2\langle \hat{T} \rangle + \langle \hat{V} \rangle = 0$ を満たす．

2.2.3 配置間相互作用 (CI)，結合クラスター (CC)

実際には，N 電子波動関数はこのような 1 個の Slater 行列式では表されず，いろいろな励起状態に対応する多数の Slater 行列式の線形結合となる．

$$\Psi(1,2,\cdots,N) = \sum_{\lambda_1 \neq \lambda_2 \neq \cdots \neq \lambda_N} c_{\lambda_1 \lambda_2 \cdots \lambda_N} \Phi_{\lambda_1,\lambda_2,\cdots,\lambda_N}(1,2,\cdots,N) \tag{2.48}$$

$c_{\lambda_1 \lambda_2 \cdots \lambda_N}$ は個々の励起状態に対する未知係数である．電子 1 個を基底状態の

占有軌道から取り除いて非占有軌道に付ける演算子を1電子励起演算子と呼び,

$$\hat{T}_1 = \sum_{\mu}^{\text{occ}} \sum_{\nu}^{\text{emp}} c_{\mu\nu} \hat{a}_{\nu}^{\dagger} \hat{a}_{\mu} \tag{2.49}$$

と書くことにする．ここで $c_{\mu\nu}$ は未知係数であり，$\hat{a}_{\nu}^{\dagger}$ は空電子軌道 ν に1電子を付加する**生成演算子**，$\hat{a}_{\mu}$ は占有電子軌道 μ から1電子を取り去る**消滅演算子**である（付録A参照）．同様に，2つの占有軌道から電子2個を取り除いて2つの非占有軌道にそれらを付け加える演算子を2電子励起演算子と呼び,

$$\hat{T}_2 = \sum_{\mu_1\mu_2}^{\text{occ}} \sum_{\nu_1\nu_2}^{\text{emp}} c_{\mu_1\mu_2\nu_1\nu_2} \hat{a}_{\nu_1}^{\dagger} \hat{a}_{\nu_2}^{\dagger} \hat{a}_{\mu_1} \hat{a}_{\mu_2} \tag{2.50}$$

と書く．$c_{\mu_1\mu_2;\nu_1\nu_2}$ は未知係数である．同様に3電子励起演算子以降を定義する．N 電子系では最大でも N 電子励起までしか存在しない．すると，Hartree–Fock 近似での基底状態の波動関数を $\Phi_G(1, 2, \cdots, N)$ と書き，式 (2.48) は

$$A\Psi(1, 2, \cdots, N) = \left(1 + \sum_{n=1}^{N} \hat{T}_n\right) \Phi_G(1, 2, \cdots, N) \tag{2.51}$$

と書ける．A は規格化因子を表し，$\Psi(1, 2, \cdots, N)$ は $\langle \Psi \,|\, \Psi \rangle = 1$ と規格化される．これが**配置間相互作用 (configuration interaction, CI)** である．式 (2.51) は**完全 (full) CI** の表現となる．$\hat{T}_n$ を $n = 1$ から N まで考慮するのは難しいので，低次の電子励起で近似することを考える．$n = 1, 2$ として,

$$A\Psi(1, 2, \cdots, N) \simeq (1 + \hat{T}_1 + \hat{T}_2)\Phi_G(1, 2, \cdots, N) \tag{2.52}$$

と近似する方法を CI single & double と呼び **CISD** と略す．$n = 1, 2, 3$ として,

$$A\Psi(1, 2, \cdots, N) \simeq (1 + \hat{T}_1 + \hat{T}_2 + \hat{T}_3)\Phi_G(1, 2, \cdots, N) \tag{2.53}$$

と近似する方法は CI single, double & triple であり，**CISDT** と略す．一般に，m 電子励起まで取り入れる近似が考えられる（$m \leq N$）.

$$A\Psi(1, 2, \cdots, N) \simeq \left(1 + \sum_{n=1}^{m} \hat{T}_n\right) \Phi_G(1, 2, \cdots, N) \tag{2.54}$$

規格化因子 A の 2 乗は

$$A^2 = A^2\langle\,\Psi\,|\,\Psi\,\rangle = 1 + \sum_{n=1}^{m}\sum_{\mu_1\mu_2\ldots\mu_n}^{\mathrm{occ}}\sum_{\nu_1\nu_2\ldots\nu_n}^{\mathrm{emp}} |c_{\mu_1\mu_2\ldots\nu_1\nu_2\ldots}|^2 \tag{2.55}$$

となる．係数 $c_{\mu_1\mu_2\ldots\nu_1\nu_2\ldots}$ を最適化するには，量子力学の変分原理を用いて，式 (2.55) の下で基底状態のエネルギーの期待値

$$E = \frac{1}{A^2}\langle\,\Phi_G\,|\left(1+\sum_{n=1}^{m}\hat{T}_n^\dagger\right)\hat{H}\left(1+\sum_{n=1}^{m}\hat{T}_n\right)|\,\Phi_G\,\rangle \tag{2.56}$$

を最小化するように係数を決めればよい．ここで $\hat{H}$ は第 2 量子化されたハミルトニアンであり，1 体部分は 2 個の生成消滅演算子の積で表され，2 体部分は 4 個の生成消滅演算子の積で表される．しかし，$m = N$ の完全 CI を除き，粒子数 N が増えた場合に全エネルギーが N に比例するという「大きさについての無矛盾性」が成り立たない．そこで，多参照 (multi-reference, MR) 配置間相互作用 (CI) を用いる．この方法では到達不可能ないくつかの異なる励起状態 Φ_Λ も参照する．例えば MR single & double CI (**MRDCI**) は，これら複数の参照状態に対して式 (2.52) を考え，これらの線形結合として，より正確な基底状態 Ψ を表す．あるエネルギー範囲内にあるすべての占有軌道・非占有軌道を**活性空間 (active space)** とし，その中のすべての多電子励起を考える方法もある．すべての価電子状態の励起を取り入れる活性空間の電子相関を静的相関といい，それより高いエネルギーを持つ準位への励起までも取り入れる電子相関を動的相関という．さらに，1 電子波動関数として HF 近似の波動関数を用いるのではなく，1 電子波動関数までを最適化する活性空間を完全活性空間 (complete active space, CAS) といい，そのような計算方法を **CAS SCF** という．

大きさについての無矛盾性に関する問題を解決する 1 つの処方箋を与えるのが**結合クラスター (coupled cluster, CC)** である．完全 CI を行う代わりに

$$\hat{T} = \sum_{n=1}^{m}\hat{T}_n = \hat{T}_1 + \cdots + \hat{T}_m$$
$$A\Psi(1,2,\cdots,N) \simeq e^{\hat{T}}\Phi_G(1,2,\cdots,N) \tag{2.57}$$

と仮定する．基底状態のエネルギー期待値は

$$E = \langle \Phi_G \,|\, e^{-\hat{T}} \hat{H} e^{\hat{T}} \,|\, \Phi_G \rangle \tag{2.58}$$

の最小化で求まるが，これは大きさについて無矛盾であることが証明できる．**Campbell–Baker–Hausdorff 公式**より，

$$\begin{aligned} e^{-\hat{T}} \hat{H} e^{\hat{T}} &= \hat{H} + [\hat{H}, \hat{T}] + \frac{1}{2!}[[\hat{H}, \hat{T}], \hat{T}] \\ &\quad + \frac{1}{3!}\Big[[[\hat{H}, \hat{T}], \hat{T}], \hat{T}\Big] + \frac{1}{4!}\Big[\Big[[[\hat{H}, \hat{T}], \hat{T}], \hat{T}\Big], \hat{T}\Big] \end{aligned} \tag{2.59}$$

となることがわかり，$\hat{H}$ が 4 個の生成消滅演算子しか含まないので，この展開は厳密に $\hat{T}$ の 4 次で打ち切られる（詳しくは別の書 [4,5] を見て頂きたい）．式 (2.59) の 4 回の交換関係の計算は，$\hat{H}$ と $\hat{T}_n$ の生成消滅演算子を 1 個ずつ含む縮約 $\langle \Phi_G \,|\, \hat{a}^\dagger_\lambda \hat{a}_\lambda \,|\, \Phi_G \rangle$ を少なくとも 1 個以上含む正規積（N 積）の和になることがわかる．ここで正規積（N 積）とは，必ず生成演算子が消滅演算子の左側にくるように並べ替えた積のことであり，その際に，生成消滅演算子の順番を隣どうし 1 回入れ替えるごとにマイナスの符号を付けるものと定義される．これを結合クラスター (coupled cluster, CC) と呼び，形式的に次のように書く．

$$e^{-\hat{T}} \hat{H} e^{\hat{T}} = \left(\hat{H} e^{\hat{T}}\right)_c, \quad \left(\hat{H} e^{\hat{T}} \,|\, \Phi_G \rangle\right)_c = E \,|\, \Phi_G \rangle \tag{2.60}$$

これを Hartree–Fock 基底状態 $\langle \Phi_G \,|$，励起状態 $\langle \Phi_\Lambda \,|$ で挟めば

$$\left(\langle \Phi_G \,|\, \hat{H} e^{\hat{T}} \,|\, \Phi_G \rangle\right)_c = E, \quad \left(\langle \Phi_\Lambda \,|\, \hat{H} e^{\hat{T}} \,|\, \Phi_G \rangle\right)_c = 0 \tag{2.61}$$

が得られる．この条件の下で，E を決めることができる．

EOM-CC 法は励起状態を求める方法である．$|\, \Phi_G \rangle$ に対して真の基底状態を作る演算子 $\hat{T}$ と同様に真の励起状態を作る演算子 $\hat{R}$ を導入すると，$\hat{T}$（あるいは $e^{\hat{T}}$）と $\hat{R}$ は交換する．$H\hat{R}e^{\hat{T}} \,|\, \Phi_G \rangle = E_\Lambda \hat{R} e^{\hat{T}} \,|\, \Phi_G \rangle$ より $\bar{H}\hat{R} \,|\, \Phi_G \rangle = E_\Lambda \hat{R} \,|\, \Phi_G \rangle$ が得られる．ここで $\bar{H} = e^{-\hat{T}} H e^{\hat{T}}$ とおいた．したがって，励起状態と基底状態のエネルギー差を $\Delta E_\Lambda = E_\Lambda - E_G$ と書くと，$[\bar{H}, \hat{R}] \,|\, \Phi_G \rangle = \Delta E_\Lambda \hat{R} \,|\, \Phi_G \rangle$ なる運動方程式（EOM）が成り立つ．これより，$\bar{H}_N = \bar{H} - \langle \Phi_G \,|\, H \,|\, \Phi_G \rangle$ とすると EOM-CC 法の基礎方程式 $\bar{H}_N \hat{R} \,|\, \Phi_G \rangle = \Delta E_\Lambda \hat{R} \,|\, \Phi_G \rangle$ が得られる．

2.3 密度汎関数理論 (DFT)

Walter Kohn は Harvard 大の Schwinger の下で Ph.D を取得し，1950 年に Carnegie Mellon 大に移り，合金の研究をするかたわら Kohn 異常を発見し，Bell 研でも Luttinger と机を並べて研究した．1960 年 California 大 San Diego に移り，1963 年夏の終わり 40 歳の Kohn はサバティカルでパリ Ecole Normale の Nozières 研究室に滞在した．31 歳の Nozières の部屋は広く天井も高く大きな机の両端に 2 人は座り，秘書用に作られた 2 階のバルコニーにポスドクの Pierre Hohenberg がいた．Hohenberg と Kohn はパリの喫茶店で議論し，封筒の裏の計算で密度汎関数理論の証明に気づいたそうである．1964 年の春，Kohn は San Diego に戻ると同時に Cambridge 大で Ph.D を取得した Lu Jeu Sham をポスドクに呼んだ．1964 年 11 月に Hohenberg–Kohn の論文が出版され，翌年には Kohn–Sham の論文が出版された．Hohenberg はその後，スピン系の臨界現象の理論的研究で多くの先駆的な貢献をし，電子状態の研究に戻ることはなかった．

2.3.1 Hohenberg–Kohn の定理

Hohenberg と Kohn は外部ポテンシャル $v(\boldsymbol{r})$ 中の電子ガスの基底状態を考え，次の 2 つの定理からなる**密度汎関数理論 (density functional theory, DFT)** が厳密に成り立つことを示した [6]．簡単のためにスピンは省略する．

1) （外部ポテンシャル $v(\boldsymbol{r})$ とは無縁の）電子密度分布 $n(\boldsymbol{r})$ のみの普遍な**密度汎関数** $F[n]$ が存在し，電子系の全エネルギーは次式で与えられる．

$$E[n] = \int v(\boldsymbol{r})n(\boldsymbol{r})d\boldsymbol{r} + F[n] \tag{2.62}$$

2) この全エネルギー $E[n]$ は電子密度が外部ポテンシャル $v(\boldsymbol{r})$ 中の基底状態の真の密度に一致したときに最低値をとる．

この定理は基底状態が縮退していないときに成立する．

電子密度 $n(\boldsymbol{r})$ や外部ポテンシャル $v(\boldsymbol{r})$ の期待値は

$$n(\boldsymbol{r}) = \int \Psi^*(\boldsymbol{r}_1, \boldsymbol{r}_2, \cdots, \boldsymbol{r}_N) \sum_{i=1}^{N} \delta(\boldsymbol{r} - \boldsymbol{r}_i) \Psi(\boldsymbol{r}_1, \boldsymbol{r}_2, \cdots, \boldsymbol{r}_N) d\boldsymbol{r}_1 d\boldsymbol{r}_2 \cdots d\boldsymbol{r}_N,$$

$$\int \Psi^*(\boldsymbol{r}_1, \boldsymbol{r}_2, \cdots, \boldsymbol{r}_N) \sum_{i=1}^{N} v(\boldsymbol{r}_i) \Psi(\boldsymbol{r}_1, \boldsymbol{r}_2, \cdots, \boldsymbol{r}_N) d\boldsymbol{r}_1 d\boldsymbol{r}_2 \cdots d\boldsymbol{r}_N$$
$$= \int n(\boldsymbol{r}) v(\boldsymbol{r}) d\boldsymbol{r} \tag{2.63}$$

で与えられる．これが式 (2.62) の右辺第 1 項である．原子核電荷 $+Ne$ を系全体に一様にならしめた正のバックグラウンド電荷中を運動する**電子ガス (electron gas)**（**jellium モデル**とも呼ばれる）のハミルトニアンは定数項を除き，

$$H_{\mathrm{eg}} = -\frac{1}{2} \sum_{i=1}^{N} \nabla_i^2 + \frac{1}{2} \sum_{i \neq j}^{N} V(\boldsymbol{r}_i - \boldsymbol{r}_j) \tag{2.64}$$

で与えられる．式 (2.62) の右辺第 2 項の $F[n]$ は H_{eg} の期待値である．

$$F[n] = \int \Psi^*(\boldsymbol{r}_1, \boldsymbol{r}_2, \cdots, \boldsymbol{r}_N) H_{\mathrm{eg}} \Psi(\boldsymbol{r}_1, \boldsymbol{r}_2, \cdots, \boldsymbol{r}_N) d\boldsymbol{r}_1 d\boldsymbol{r}_2 \cdots d\boldsymbol{r}_N \tag{2.65}$$

まず第 1 定理を証明しよう．それには，式 (2.65) の波動関数 $\Psi(\boldsymbol{r}_1, \boldsymbol{r}_2, \cdots, \boldsymbol{r}_N)$ が電子密度のユニークな汎関数であることを示せばよい．波動関数 Ψ はハミルトニアン (2.22) の Schrödinger 方程式 (2.15) の解なので，$v(\boldsymbol{r})$ の形が変わると解 Ψ の形も変わり，したがって電子密度 $n(\boldsymbol{r})$ の形も変わる．しかし，$v(\boldsymbol{r})$ と $n(\boldsymbol{r})$ が 1 対 1 の関係にあるかどうかはわからない．そこで，$v(\boldsymbol{r})$ とは異なる外部ポテンシャル $v'(\boldsymbol{r})$ が同じ電子密度 $n(\boldsymbol{r})$ を与えると仮定してみよう．外部ポテンシャルが $v(\boldsymbol{r})$ と $v'(\boldsymbol{r})$ で与えられるハミルトニアンをそれぞれ H と H' とする．それらの基底状態の固有値と固有関数を E，E'，Ψ，Ψ' とすると，$H\Psi = E\Psi$，$H'\Psi' = E'\Psi'$ が成り立つ．基底状態の変分原理から，

$$E' = \langle \Psi' | H' | \Psi' \rangle < \langle \Psi | H' | \Psi \rangle = \langle \Psi | H | \Psi \rangle + \int [v'(\boldsymbol{r}) - v(\boldsymbol{r})] n(\boldsymbol{r}) d\boldsymbol{r}$$
$$= E + \int [v'(\boldsymbol{r}) - v(\boldsymbol{r})] n(\boldsymbol{r}) d\boldsymbol{r} \tag{2.66a}$$

$$E = \langle \Psi | H | \Psi \rangle < \langle \Psi' | H | \Psi' \rangle = \langle \Psi' | H' | \Psi' \rangle + \int [v(\boldsymbol{r}) - v'(\boldsymbol{r})] n(\boldsymbol{r}) d\boldsymbol{r}$$
$$= E' - \int [v'(\boldsymbol{r}) - v(\boldsymbol{r})] n(\boldsymbol{r}) d\boldsymbol{r} \tag{2.66b}$$

となることがわかる．ここで $n(\boldsymbol{r}) = n'(\boldsymbol{r})$ を考慮した．すると，これらの 2 つの不等式（これら 2 式を加えたもの）は次の矛盾した結果に導く．

$$E + E' < E + E' \tag{2.67}$$

したがって，最初の仮定が間違っていたことがわかり，$v(\boldsymbol{r})$ と $n(\boldsymbol{r})$ は 1 対 1 の関係にあり，$v(\boldsymbol{r})$ は $n(\boldsymbol{r})$ のユニークな汎関数であることが証明された．これより，波動関数 Ψ も $n(\boldsymbol{r})$ のユニークな汎関数であることがわかる．結論として，波動関数 Ψ から計算されるすべての物理量（全エネルギー，運動エネルギー，電子間相互作用の期待値など）は $n(\boldsymbol{r})$ の汎関数である．この定理は基底状態に縮退がない場合に成り立つが，後に Levy により，制限付き探索法が提案され [7]，基底状態が縮退している場合にも成り立つことがわかった．

次に第 2 定理を証明する．基底状態の変分原理により，波動関数 Ψ が真の基底状態の波動関数に等しいときに全エネルギーは最低となる．ところが第 1 定理から Ψ は電子密度 $n(\boldsymbol{r})$ のユニークな汎関数なので，$n(\boldsymbol{r})$ が真の基底状態の電子密度に一致したときに全エネルギー (2.62) は最低となることがわかる．

2.3.2 Kohn–Sham 理論

密度汎関数理論 (DFT) は単に一般論であり，不均一系に対して式 (2.62) における密度汎関数 $F[n(\boldsymbol{r})]$ それ自身の形については何も述べていない．1965 年に Kohn と Sham [8] は，多原子系の基底状態を計算する処方箋を初めて与えた．それ以来，彼らの方法は Kohn–Sham 理論と呼ばれ，その理論を代表する**局所密度近似 (local density approximation, LDA)** は広く用いられている．

ここでは，Kohn と Sham の論文 [8] のはじめに導入されている LDA については触れずに，この論文の最後に書かれている，校正時に追記された式を用いて説明する．電子の運動エネルギーを $T[n]$ と書くと，汎関数は次のようになる．

$$\begin{aligned} F[n] &= T[n] + U[n] + E_{\mathrm{xc}}[n], \\ U[n] &= \frac{1}{2}\int \frac{n(\boldsymbol{r})n(\boldsymbol{r}')}{|\boldsymbol{r}-\boldsymbol{r}'|} d\boldsymbol{r} d\boldsymbol{r}' \end{aligned} \tag{2.68}$$

$U[n]$ は電子分布 $n(\boldsymbol{r})$ に対する古典的な電子間 Coulomb 相互作用を表す Hartree

エネルギーであり，$E_{\mathrm{xc}}[n] = E_{\mathrm{int}}[n] - U[n]$ は真の電子間相互作用エネルギー $E_{\mathrm{int}}[n]$ と Hartree エネルギーの差を表し，**交換相関エネルギー**と呼ばれる．

DFT によれば，交換相関ポテンシャルだけでなく，運動エネルギー $T[n]$ も密度のみの汎関数である．1964 年の Hohenberg–Kohn の論文 [6] の後半は，密度の一定値からのずれが小さい場合と密度の空間変化が十分ゆるやかな場合の 2 つの極限を論じている．完全な密度のみの汎関数が見つかり，全エネルギーの密度に関する汎関数微分を計算できれば，電子密度に対する閉じた方程式が得られる．そうなれば波動関数ベースの方程式を解く必要はなくなり，計算は圧倒的に簡単になるだろう．しかし，そのような汎関数は見つかっていない．

密度汎関数理論の変分原理に従って，式 (2.62) を密度について変分すると，

$$\int \delta n(\boldsymbol{r}) \left\{ \frac{\delta T[n]}{\delta n(\boldsymbol{r})} + v(\boldsymbol{r}) + \int \frac{n(\boldsymbol{r}')}{|\boldsymbol{r} - \boldsymbol{r}'|} d\boldsymbol{r}' + \mu_{\mathrm{xc}}[n](\boldsymbol{r}) - \mu \right\} d\boldsymbol{r} = 0 \quad (2.69)$$

である．ただし，この変分をとる際に，電子の総数に関する次の制限を考慮した．

$$\int n(\boldsymbol{r}) d\boldsymbol{r} = N \quad (2.70)$$

μ は化学ポテンシャルである．式 (2.69) の $\mu_{\mathrm{xc}}[n](\boldsymbol{r})$ は $E_{\mathrm{xc}}[n]$ の汎関数微分

$$\mu_{\mathrm{xc}}[n](\boldsymbol{r}) = \frac{\delta E_{\mathrm{xc}}}{\delta n(\boldsymbol{r})} \quad (2.71)$$

で定義され，**交換相関ポテンシャル**と呼ばれる．

1 電子有効方程式を求めることを目的として，電子（スピン）密度を

$$n_s(\boldsymbol{r}) = \sum_{\lambda=1}^{N} |\phi_\lambda(\boldsymbol{r}, s)|^2, \quad n(\boldsymbol{r}) = \sum_s n_s(\boldsymbol{r}) \quad (2.72)$$

と書くことにする．このようにしても一般性を失うことはない．この有効 1 電子軌道関数 $\phi_\lambda(\boldsymbol{r}, s)$ を用いて，電子の運動エネルギーを模倣して

$$T_{\mathrm{s}}[n] = -\frac{1}{2} \sum_s \sum_{\lambda=1}^{N} \int \phi_\lambda^*(\boldsymbol{r}, s) \nabla^2 \phi_\lambda(\boldsymbol{r}, s) d\boldsymbol{r} \quad (2.73)$$

なる仮想的な相互作用のない系の運動エネルギーを導入する．$T_{\mathrm{s}}[n]$ は真の電子

の運動エネルギー $T[n]$ とは異なるので，その差 $T[n]-T_{\mathrm{s}}[n]$ を $E_{\mathrm{xc}}[n]$ に含めて $E_{\mathrm{xc}}[n]$，$\varepsilon_{\mathrm{xc}}$，$\mu_{\mathrm{xc}}$ を再定義することにする．しかし，それらの呼び方（交換相関...）は変えない．すると，条件式 (2.70) の下での全エネルギーの $n(\boldsymbol{r})$ に対する変分 (2.69) を，1 電子軌道 $\phi_\lambda(\boldsymbol{r},s)$ に対する規格化条件

$$\sum_s \int \phi_\lambda^*(\boldsymbol{r},s)\phi_\lambda(\boldsymbol{r},s)d\boldsymbol{r}=1 \tag{2.74}$$

の下での全エネルギーの $\phi_\lambda^*(\boldsymbol{r},s)$ に対する変分にすり替えることにより，

$$\mathcal{H}\phi_\lambda(\boldsymbol{r},s)=\left\{-\frac{1}{2}\nabla^2+v(\boldsymbol{r})+\int\frac{n(\boldsymbol{r}')}{|\boldsymbol{r}-\boldsymbol{r}'|}d\boldsymbol{r}'+\mu_{\mathrm{xc}}[n](\boldsymbol{r})\right\}\phi_\lambda(\boldsymbol{r},s)=\varepsilon_\lambda\phi_\lambda(\boldsymbol{r},s) \tag{2.75}$$

なる $\phi_\lambda(\boldsymbol{r},s)$ に対する 1 電子有効方程式を得る．ここで Lagrange 未定乗数 ε_λ が固有値となっている．式 (2.75) を **Kohn–Sham (KS) 方程式**と呼び，この解 $\phi_\lambda(\boldsymbol{r},s)$ を **Kohn–Sham (KS) 軌道**と呼ぶ．また，左辺の $\mathcal{H}$ を **Kohn–Sham (KS) ハミルトニアン**という．この方程式も自己無撞着に解く必要がある．Hartree–Fock 方程式と似ているが，交換項は 1 電子軌道 4 個の交換積分ではなく，交換相関ポテンシャル μ_{xc} として電子密度 $n(\boldsymbol{r})$ の汎関数に置き換わっている．電子密度 $n(\boldsymbol{r})$ と非相互作用系の運動エネルギー $T_{\mathrm{s}}[n]$ は式 (2.72), (2.73) において最低の準位から電子数までの和で評価される．式 (2.75) の $\{...\}$ の $\mathcal{H}$ がエルミートなら，その固有値 ε_λ は実であり，KS 軌道は正規直交性を満たすが，後に述べる自己相互作用補正を導入すると KS 軌道は直交しなくなる．

Janak の定理は，非整数に拡張した占有数 f_λ に対する Kohn–Sham 固有値が

$$\varepsilon_\lambda(f_\lambda)=\frac{\partial E}{\partial f_\lambda} \tag{2.76}$$

を満たすことを保証する [9]．式 (2.76) を f_λ について 0 から 1 まで積分すれば

$$E^N_{f_\lambda=1}-E^{N-1}_{f_\lambda=0}=\int_0^1\varepsilon_\lambda(f_\lambda)df_\lambda,\qquad \text{for occupied level }\lambda \tag{2.77a}$$

$$E^{N+1}_{f_\lambda=1}-E^{N}_{f_\lambda=0}=\int_0^1\varepsilon_\lambda(f_\lambda)df_\lambda,\qquad \text{for empty level }\lambda \tag{2.77b}$$

が得られる．λ が最高占有準位 (HOMO) なら，式 (2.77a) は**イオン化ポテンシャ**

ルのマイナスに等しく，λ が最低非占有準位 (LUMO) なら， 式 (2.77b) は電子親和力のマイナスに等しい．もし $\varepsilon_\lambda(f_\lambda)$ が占有数 f_λ に依存しなければ，ε_λ 自体が式 (2.77) の左辺の全エネルギー差に等しくなり，Koopmans の定理が成り立つ．しかし，Kohn–Sham 固有値 $\varepsilon_\lambda(f_\lambda)$ は Kohn–Sham 方程式 (2.75) を解いて得られるので，$\varepsilon_\lambda(f_\lambda)$ が f_λ に依存するかは有効ポテンシャルが f_λ に依存するかによる．KS 方程式 (2.75) の左辺第 1 項の運動エネルギー $-\nabla^2$ と第 2 項の外部ポテンシャル $v(\boldsymbol{r})$ は f_λ には依存しない．第 3 項の Hartree ポテンシャルは f_λ の増加関数である．第 4 項の交換相関ポテンシャルは負符号を持つが，Hartree ポテンシャルの増加分を完全に打ち消さなければ $\varepsilon_\lambda(f_\lambda)$ が f_λ に依存しない一定の値を持つことはない．Hartree–Fock 近似では波動関数 $\phi_\lambda(\boldsymbol{r})$ は自己相互作用を持たない．このため，Hartree 項の増加分は Fock 項の減少分と正確に打ち消し合い，占有準位 λ のエネルギー固有値 $\varepsilon_\lambda^{\mathrm{HF}}$ は f_λ に依存しない．後に述べる LDA や GGA では自己相互作用が残っているので，エネルギー固有値 $\varepsilon_\lambda(f_\lambda)$ は f_λ に依存する．このため，HOMO と LUMO の差 $\varepsilon_{\mathrm{LUMO}} - \varepsilon_{\mathrm{HOMO}}$ は実験のエネルギーギャップ $E_{\mathrm{g}} = E^{N+1} + E^{N-1} - 2E^N$ を大きく過小評価するという問題がある．これをエネルギーギャップ問題という．

Almbladh and von Barth [10] の漸近的に厳密な DFT によれば，$\varepsilon_{\mathrm{HOMO}}$ はイオン化ポテンシャルのマイナスに等しい．彼らは DFT の交換相関ポテンシャルの結晶表面の外の真空領域での漸近的に厳密な形を議論し，その振る舞いが保証される場合を考えた．第 6 章の拡張 Kohn–Sham 理論では，$\varepsilon_{\mathrm{HOMO}}$ だけでなく，すべての固有状態のエネルギー固有値が準粒子エネルギーに一致する．

Kohn–Sham エネルギー固有値を加えたバンドエネルギー

$$E_{\mathrm{b}} = \sum_{\boldsymbol{k}\lambda}^{\mathrm{occ}} \varepsilon_{\boldsymbol{k}\lambda} \tag{2.78}$$

は全エネルギーを表さない．第 1 に原子核間の Coulomb 反発エネルギーが入っていない．第 2 に電子密度 $n(\boldsymbol{r})$ について非線形な寄与はバンドエネルギーには正しく入らない．Hartree–Fock 近似の場合と同様に，Hartree 項のエネルギーを

$$\sum_{\lambda}^{\mathrm{occ}} \int \phi_\lambda^*(\boldsymbol{r}) \int \frac{n(\boldsymbol{r}')}{|\boldsymbol{r}-\boldsymbol{r}'|} d\boldsymbol{r}' \phi_\lambda(\boldsymbol{r}) d\boldsymbol{r} = \int \frac{n(\boldsymbol{r})n(\boldsymbol{r}')}{|\boldsymbol{r}-\boldsymbol{r}'|} d\boldsymbol{r} d\boldsymbol{r}' \tag{2.79}$$

と評価してしまうとダブルカウントとなる．実際にはこれを 2 で割らなければいけない．交換相関エネルギー $E_{\rm xc}$ も電子密度の非線形な関数なので，それを

$$E_{\rm xc} = \int n(\boldsymbol{r})\varepsilon_{\rm xc}[n](\boldsymbol{r})d\boldsymbol{r} \tag{2.80}$$

と書くと，$\varepsilon_{\rm xc}[n](\boldsymbol{r})$ は $\mu_{\rm xc}[n](\boldsymbol{r})$ に等しくない．$\mu_{\rm xc}[n](\boldsymbol{r})$ は $E_{\rm xc}$ の $n(\boldsymbol{r})$ での汎関数微分である．以上のことから，全エネルギーは次のように与えられる．

$$E = E_{\rm b} + \frac{1}{2}\left(\sum_{j(\neq i)} \frac{Z_i Z_j}{|\boldsymbol{R}_i - \boldsymbol{R}_j|} - \int \frac{n(\boldsymbol{r})n(\boldsymbol{r}')}{|\boldsymbol{r}-\boldsymbol{r}'|}d\boldsymbol{r}d\boldsymbol{r}'\right) + E_{\rm xc} - \int \mu_{\rm xc}(\boldsymbol{r})n(\boldsymbol{r})d\boldsymbol{r} \tag{2.81}$$

原子核間の Coulomb 斥力エネルギーを除くと，N 電子系の全エネルギー $E_{\rm el}$ は次のような KS ハミルトニアン $\mathcal{H}$ と補正 $\Delta\mathcal{F}$ の和の形に書ける．

$$E_{\rm el} = \int n(\boldsymbol{r})\mathcal{F}[n](\boldsymbol{r})d\boldsymbol{r}, \quad \mathcal{F}[n](\boldsymbol{r}) = \mathcal{H}[n](\boldsymbol{r}) + \Delta\mathcal{F}[n](\boldsymbol{r}), \tag{2.82}$$

$$\Delta\mathcal{F}[n](\boldsymbol{r})(\boldsymbol{r}) = -\frac{1}{2}\int \frac{n(\boldsymbol{r}')}{|\boldsymbol{r}-\boldsymbol{r}'|}d\boldsymbol{r}' + \Big\{\varepsilon_{\rm xc}[n](\boldsymbol{r}) - \mu_{\rm xc}[n](\boldsymbol{r})\Big\} \tag{2.83}$$

2.3.3 時間依存密度汎関数理論 (TDDFT)

Runge と Gross [11] は密度汎関数理論 (DFT) をハミルトニアンが時間 t に依存する場合に拡張した．これを**時間依存密度汎関数理論 (TDDFT)** という．ここでは汎関数は電子密度の過去からのすべての履歴 $n(\boldsymbol{r},t)$ に依存するだけでなく，初期時刻 t_0 の波動関数 $\Psi(t_0)$ にも依存する．仮に $t=t_0$ に基底状態にいたとすれば，時間に依存しない DFT により t_0 の波動関数はその時刻の電子密度の汎関数なので，汎関数は電子密度の履歴だけに依存することになる．

電子状態は基底状態にあるとは限らないので，TDDFT の証明に変分原理を用いることはできない．密度 $n(\boldsymbol{r},t)$ は密度演算子 $\hat{n}(\boldsymbol{r}) = \sum_i^N \delta(\boldsymbol{r}-\boldsymbol{r}_i)$ の期待値 $n(\boldsymbol{r},t) = \langle\,\Psi(t)\,|\,\hat{n}(\boldsymbol{r})\,|\,\Psi(t)\,\rangle$ として与えられる．電子の**電流密度演算子**

$$\hat{\boldsymbol{j}}(\boldsymbol{r}) = -\frac{i}{2}\sum_i^N\Big[\nabla\delta(\boldsymbol{r}-\boldsymbol{r}_i) + \delta(\boldsymbol{r}-\boldsymbol{r}_i)\nabla\Big] \tag{2.84}$$

の期待値として流れの密度 $\boldsymbol{j}(\boldsymbol{r},t) = \langle\,\Psi(t)\,|\,\hat{\boldsymbol{j}}(\boldsymbol{r})\,|\,\Psi(t)\,\rangle$ を導入する．密度，流

れの密度，外部ポテンシャル $v(\boldsymbol{r},t)$ はいずれも初期時刻 t_0 の周りで $t-t_0$ の級数として Taylor 展開できるものとする．このとき，与えられた初期状態 $\Psi(t_0)$ の下で，密度 $n(\boldsymbol{r},t)$ と外部ポテンシャル $v(\boldsymbol{r},t)$ が 1 対 1 対応していることを示そう．2 つの異なる外部ポテンシャル $v(\boldsymbol{r},t), v'(\boldsymbol{r},t)$ を考える．$v(\boldsymbol{r},t)$ と $v'(\boldsymbol{r},t)$ に対応するハミルトニアン，波動関数，密度，流れの密度を $\hat{H}(t), \Psi(t), n(\boldsymbol{r},t), \boldsymbol{j}(\boldsymbol{r},t)$; $\hat{H}'(t), \Psi'(t), n'(\boldsymbol{r},t), \boldsymbol{j}'(\boldsymbol{r},t)$ と書く．初期状態は固定しているので，$\Psi(t_0)=\Psi'(t_0)$, $n(\boldsymbol{r},t_0)=n'(\boldsymbol{r},t_0)$ である．運動方程式

$$i\frac{\partial}{\partial t}\langle\,\Psi(t)\,|\,\hat{\boldsymbol{j}}(\boldsymbol{r})\,|\,\Psi(t)\,\rangle = \langle\,\Psi(t)\,|\,[\,\hat{\boldsymbol{j}}(\boldsymbol{r}),\hat{H}(t)\,]\,|\,\Psi(t)\,\rangle \tag{2.85}$$

と，式 (2.85) に $'$ を付けた $'$ 系の運動方程式との差をとり，$t=t_0$ とおくと，

$$\begin{aligned} i\frac{\partial}{\partial t}\left[\boldsymbol{j}(\boldsymbol{r},t)-\boldsymbol{j}'(\boldsymbol{r},t)\right]_{t=t_0} &= \langle\,\Psi(t_0)\,|\,[\,\hat{\boldsymbol{j}}(\boldsymbol{r}),\hat{H}(t_0)-\hat{H}'(t_0)\,]\,|\,\Psi(t_0)\,\rangle \\ &= -i\,n(\boldsymbol{r},t_0)\,\nabla\left[v(\boldsymbol{r},t_0)-v'(\boldsymbol{r},t_0)\right] \end{aligned} \tag{2.86}$$

が得られる．したがって，$v(\boldsymbol{r},t_0)\neq v'(\boldsymbol{r},t_0)$ なら $\boldsymbol{j}(\boldsymbol{r},t)\neq\boldsymbol{j}'(\boldsymbol{r},t)$ である．もし $t=t_0$ で $v(\boldsymbol{r},t_0)-v'(\boldsymbol{r},t_0)=0$ でも，$t=t_0+\Delta t$ で $v(\boldsymbol{r},t_0+\Delta t)-v'(\boldsymbol{r},t_0+\Delta t)$ は 0 以外になり得る．そこで，Δt の 1 次で $n(\boldsymbol{r},t_0)$ の変化を無視すれば，

$$\begin{aligned} &i\frac{\partial}{\partial t}\left[\boldsymbol{j}(\boldsymbol{r},t+\Delta t)-\boldsymbol{j}'(\boldsymbol{r},t+\Delta t)\right]_{t=t_0} \\ &= -i\,n(\boldsymbol{r},t_0)\nabla[v(\boldsymbol{r},t_0+\Delta t)-v'(\boldsymbol{r},t_0+\Delta t)] \end{aligned} \tag{2.87}$$

が成り立つので，式 (2.87) から式 (2.86) を引いて Δt で割り，$\Delta t\to 0$ として，

$$\left(i\frac{\partial}{\partial t}\right)^2\left[\boldsymbol{j}(\boldsymbol{r},t)-\boldsymbol{j}'(\boldsymbol{r},t)\right]_{t=t_0} = -n(\boldsymbol{r},t_0)\nabla\left(i\frac{\partial}{\partial t}\right)\left[v(\boldsymbol{r},t)-v'(\boldsymbol{r},t)\right]_{t=t_0} \tag{2.88}$$

を得る．この右辺も 0 なら $t=t_0+2\Delta t$ を考え，2 階の時間差分式から 2 階の時間微分式を作ればよい．これを繰り返せば，いつか右辺が 0 でなくなり，

$$\left(\frac{\partial}{\partial t}\right)^{k+1}\left[\boldsymbol{j}(\boldsymbol{r},t)-\boldsymbol{j}'(\boldsymbol{r},t)\right]_{t=t_0} = -n(\boldsymbol{r},t_0)\nabla\left(\frac{\partial}{\partial t}\right)^{k}\left[v(\boldsymbol{r},t)-v'(\boldsymbol{r},t)\right]_{t=t_0} \tag{2.89}$$

となるので，いずれにしても $\boldsymbol{j}(\boldsymbol{r},t) \neq \boldsymbol{j}'(\boldsymbol{r},t)$ であることがわかる．k 回目で式 (2.89) の右辺が初めて 0 でなくなった場合を考えると，連続の式

$$\frac{\partial}{\partial t} n(\boldsymbol{r},t) = -\nabla \cdot \boldsymbol{j}(\boldsymbol{r},t) \tag{2.90}$$

を時間について $(k+1)$ 階微分して，式 (2.89) を用いると，

$$\left(\frac{\partial}{\partial t}\right)^{k+2} \left[n(\boldsymbol{r},t) - n'(\boldsymbol{r},t)\right]_{t=t_0} = \nabla \cdot n(\boldsymbol{r},t_0) \nabla \left(\frac{\partial}{\partial t}\right)^{k} \left[v(\boldsymbol{r},t) - v'(\boldsymbol{r},t)\right]_{t=t_0} \tag{2.91}$$

が得られるので，この右辺が 0 でなければ，必ず $n(\boldsymbol{r},t) \neq n'(\boldsymbol{r},t)$ である．式 (2.91) の右辺が 0 ではないことは次のように背理法で証明できる．定数ではない $u(\boldsymbol{r})$ に対して $\nabla \cdot [n(\boldsymbol{r},t_0)\nabla u(\boldsymbol{r})] = 0$ とする．$\int u(\boldsymbol{r})\nabla \cdot [n(\boldsymbol{r},t_0)\nabla u(\boldsymbol{r})] d\boldsymbol{r} = 0$ を部分積分すると（$n(\boldsymbol{r},t)$ が $|\boldsymbol{r}| \to \infty$ で 0 になると仮定し，表面項は無視する），$-\int n(\boldsymbol{r},t_0) \left[\nabla u(\boldsymbol{r})\right]^2 d\boldsymbol{r} = 0$ が得られる．$n(\boldsymbol{r},t_0)$ も $[\nabla u(\boldsymbol{r})]^2$ も正値確定なので，これが 0 になることはあり得ない．よって，はじめの仮定が間違っていたことになり，式 (2.91) の右辺は決して 0 にはならないことがわかる．かくして，与えられた $\Psi(t_0)$ の下で，$v(\boldsymbol{r},t)$ が異なれば $n(\boldsymbol{r},t)$ も異なり，それらは 1 対 1 対応することが結論される．以上により，ハミルトニアンは初期時刻 t_0 での波動関数 $\Psi(t_0)$ と密度 $n(\boldsymbol{r},t)$ の普遍な汎関数であることが証明できた．

全エネルギーに対する作用積分

$$A = \int_{t_0}^{t} \langle \Psi(t) | \left[i\frac{\partial}{\partial t} - \hat{H}(t) \right] | \Psi(t) \rangle dt \tag{2.92}$$

も $\Psi(t_0)$ と $n(\boldsymbol{r},t)$ の普遍な汎関数である．これを $n(\boldsymbol{r},t)$ で汎関数微分すれば Kohn–Sham 流の時間発展方程式を導くことができる．密度を式 (2.72) と同様

$$n(\boldsymbol{r},t) = \sum_{\lambda}^{N} \phi_\lambda^*(\boldsymbol{r},t)\phi_\lambda(\boldsymbol{r},t) \tag{2.93}$$

と表すことにすると（スピン座標は省略している），1 粒子軌道 $\phi_\lambda(\boldsymbol{r},t)$ は

$$\left[i\frac{\partial}{\partial t} + \frac{1}{2}\nabla^2 - v_{\text{eff}}(\boldsymbol{r},t) \right] \phi_\lambda(\boldsymbol{r},t) = 0 \tag{2.94}$$

なる時間発展方程式を満たし，有効ポテンシャル $v_{\mathrm{eff}}(\boldsymbol{r},t)$ は

$$v_{\mathrm{eff}}(\boldsymbol{r},t) = v(\boldsymbol{r},t) + \frac{\delta A}{\delta n(\boldsymbol{r},t)} \tag{2.95}$$

で与えられる．ここで A は Coulomb 相互作用積分であり，電子の運動エネルギーを式 (2.73) で近似したことによる補正項を除くと（加える必要がある），

$$A = \int_{t_0}^{t} \langle\, \Psi(t) \,|\, H^{(2)} \,|\, \Psi(t) \,\rangle dt \tag{2.96}$$

で与えられる．これは，初期時刻 t_0 での波動関数 $\Psi(t_0)$ と密度 $n(\boldsymbol{r},t)$ の普遍的な汎関数である．式 (2.94) は**時間依存 Kohn–Sham 方程式**と呼ばれている．

2.4 様々な密度汎関数

Kohn–Sham 方程式は LDA に限ったものではない．例えば，交換相関エネルギーを局所的な 1 点の周りで Taylor 展開して，その付近の非局所的な情報を取り込むことが可能で，そのようにして LDA を改良できる．現在では LDA を超えた様々な汎関数が使われている．本節では，Kohn–Sham による LDA の導入から始め，密度汎関数理論における種々の密度汎関数について紹介していく．

2.4.1 局所密度近似 (LDA)

Kohn と Sham [8] は，交換相関エネルギー汎関数 $E_{\mathrm{xc}}[n]$ を

$$E_{\mathrm{xc}}[n] = \int \varepsilon_{\mathrm{xc}}(n(\boldsymbol{r}))n(\boldsymbol{r})d\boldsymbol{r} \tag{2.97}$$

と書き，点 $\boldsymbol{r}$ の局所的な交換相関エネルギー $\varepsilon_{\mathrm{xc}}$ をその点の局所密度 $n(\boldsymbol{r})$ を持つ電子ガスの交換相関エネルギーで置き換えること，つまり $n = n(\boldsymbol{r})$ が全空間で同じ値を持つとして交換相関エネルギーを評価することを提案した．電子密度が一様なら，均質電子ガスの交換相関エネルギーが厳密になるので，この近似は $n(\boldsymbol{r})$ の空間変化がゆるやかな場合に良い近似になる．これは外部ポテンシャル $v(\boldsymbol{r})$ の空間変化が小さい場合に相当する．この近似は不均一性が

強い場合にもこの置き換えをするという大胆なものである．これは交換相関エネルギーに対する局所近似であり，局所密度近似 (LDA) と呼ばれる．この近似の下で，交換相関ポテンシャルは $\mu_{\rm xc}(n) = \varepsilon_{\rm xc}(n) + n\,\partial\varepsilon_{\rm xc}(n)/\partial n$ となる．

スピン偏極がある系では，↑スピンと↓スピンの電子を分けて考える必要がある．Barth と Hedin [12] は**局所スピン密度近似 (local-spin-density approximation, LSDA)** を提案し，Gunnarsson と Lundqvist [13] はそれを改良した．Gunnarsson, Jonson, Lundqvist [14] は，交換相関孔（電子の 2 体分布関数の原点付近の孔）の球平均のみが交換相関エネルギーに寄与し，LDA でもこの孔がちょうど 1 電子分に相当することから，LDA が良い近似であることを示した．

KS 理論の登場以前にはもっぱら Slater [15] により提案された $X\alpha$ 法が用いられていた．これは LDA の交換相関ポテンシャルに対する最も簡単な形を与える．交換相関ポテンシャルを次元解析から局所密度の 1/3 乗に比例するものとし，$\mu_{\rm xc}(n) = -(3\alpha/2)(3n/\pi)^{1/3}$ とおく．係数 α は例えば電子ガスの情報から決定できる．電子ガス系で純数な Hartree–Fock 近似の Fock 交換項を考えると，$\alpha = 2/3$ を得る．一方，Gaspar [16] らは Kohn–Sham の論文 [8] に従い，Thomas–Fermi 原子に対して変分原理を適用し，$\alpha = 1$ を得た（Gaspar–Kohn–Sham 公式と呼ばれる）．経験的には α は 2/3 と 1 の間のある量であると考えられ，α をパラメタとしたそのような交換相関ポテンシャルを用いる方法が **Slater の $X\alpha$ 法**である．しかし，最近ではこれが用いられることはほとんどない．

電子密度が増すと遮蔽効果が重要になる．電子間の Coulomb 相互作用について摂動展開すると，電子・正孔対の電子励起によって分極を起こすリング図形と呼ばれるダイアグラムがあり，金属ではそれが長波長極限で強く発散し，遮蔽に最も支配的に寄与する．これらの項を無限次まで集めて有限の寄与を得ることができるが，これは誘電関数の逆行列を評価することと等価である．リング図形の取り扱いは，電子・正孔対が形成された後に電子と正孔が互いに Coulomb 相互作用で引き合う効果を無視したもので，**乱雑位相近似 (random phase approximation, RPA)** と呼ばれる．このようにして高密度電子ガスの交換相関エネルギーを RPA の範囲で求めることができ，電子密度への対数依存性があることがわかる．一方，低密度極限の電子ガスでは電子の運動エネルギーよりも電子間のポテンシャルエネルギーが支配的になるので，それを最低にするような Wigner 結晶と呼ばれる状態が出現する．これは電子が格子上に局在した状態である．通常の密度領域では，これらの両極限を内挿する公式を用いる必要があり，これが交換相関エネルギーのフィッティングに使われている．

Perdew–Zunger の内挿公式 [17] は，Ceperley–Alder の量子モンテカルロ [18] と高密度極限での Gell-Mann と Brueckner の摂動展開 [19] の結果を内挿している．電子 1 個あたりの体積に等しい球の半径（を Bohr 半径で測ったもの）を $r_s = (3/4\pi n)^{1/3}$ とする．スピン偏極した系では，$\zeta = (n_\uparrow - n_\downarrow)/n$ が偏極度を表す．↑スピン，↓スピンを持つ電子の**交換エネルギー**は

$$E_{\mathrm{x}\uparrow} = -\frac{3}{2}\left(\frac{3n_\uparrow}{4\pi}\right)^{1/3}, \quad E_{\mathrm{x}\downarrow} = -\frac{3}{2}\left(\frac{3n_\downarrow}{4\pi}\right)^{1/3} \tag{2.98}$$

と表される．これは Hartree–Fock 近似での電子ガスの Fock 交換エネルギーであり，Slater の $X\alpha$ 法の $\alpha = 2/3$ に対応する．$r_s \geq 1$ の低密度領域では，相関エネルギーと相関ポテンシャルの非偏極部分と偏極部分は

$$E_{\mathrm{U}} = -\frac{0.1423}{1 + 1.0529\sqrt{r_s} + 0.3334 r_s}, \tag{2.99a}$$

$$E_{\mathrm{P}} = -\frac{0.0843}{1 + 1.3981\sqrt{r_s} + 0.2611 r_s}, \tag{2.99b}$$

$$V_{\mathrm{U}} = E_{\mathrm{U}} \frac{1 + \dfrac{7 \times 1.0529}{6}\sqrt{r_s} + \dfrac{4 \times 0.3334}{3} r_s}{1 + 1.0529\sqrt{r_s} + 0.3334 r_s}, \tag{2.99c}$$

$$V_{\mathrm{P}} = E_{\mathrm{P}} \frac{1 + \dfrac{7 \times 1.3981}{6}\sqrt{r_s} + \dfrac{4 \times 0.2611}{3} r_s}{1 + 1.3981\sqrt{r_s} + 0.2611 r_s} \tag{2.99d}$$

で与えられる．一方，$r_s < 1$ の高密度領域では，これらの量は

$$E_{\mathrm{U}} = 0.03110 \ln r_s - 0.0480 + 0.0020 r_s \ln r_s - 0.0116 r_s, \tag{2.100a}$$

$$E_{\mathrm{P}} = 0.01555\sqrt{r_s} - 0.0269 + 0.0007 r_s^{3/2} - 0.0048 r_s, \tag{2.100b}$$

$$V_{\mathrm{U}} = E_{\mathrm{U}} - \frac{0.03110}{3} - \frac{0.0020}{3} r_s \ln r_s + 0.0116 - 0.00203 r_s, \tag{2.100c}$$

$$V_{\mathrm{P}} = E_{\mathrm{P}} - \frac{0.01555}{3} - \frac{0.0007}{3} r_s \ln r_s + \frac{0.0048 - 0.0007}{3} r_s \tag{2.100d}$$

で与えられる．ここでスピン偏極因子を

$$f = ((1+\zeta)^{4/3} + (1-\zeta)^{4/3} - 2)/(2^{4/3} - 2), \tag{2.101a}$$

$$f_z = \frac{4((1+\zeta)^{1/3} - (1-\zeta)^{1/3})}{3(2^{4/3} - 2)} \tag{2.101b}$$

で定義すると，交換相関ポテンシャル，交換相関エネルギーとして

$$\begin{aligned} V_\uparrow &= V_\mathrm{U} + f(V_\mathrm{P} - V_\mathrm{U}) + (E_\mathrm{U} - E_\mathrm{U})(1-\zeta)f_z + E_{\mathrm{x}\uparrow} - \frac{0.15273333}{r_{s\uparrow}}, \\ V_\downarrow &= V_\mathrm{U} + f(V_\mathrm{P} - V_\mathrm{U}) + (E_\mathrm{U} - E_\mathrm{U})(-1-\zeta)f_z + E_{\mathrm{x}\downarrow} - \frac{0.15273333}{r_{s\downarrow}}, \\ E_\mathrm{c} &= E_\mathrm{U} + f(E_\mathrm{P} - E_\mathrm{U}) \end{aligned} \tag{2.102}$$

を得る．$\uparrow, \downarrow$ スピン電子に対しては $E_{\mathrm{xc}\uparrow} = E_\mathrm{c} + E_{\mathrm{x}\uparrow}, E_{\mathrm{xc}\downarrow} = E_\mathrm{c} + E_{\mathrm{x}\downarrow}$ となる．

ここでビリアル定理について簡単に紹介する．交換相関エネルギー $E_\mathrm{xc} = \int n(\boldsymbol{r})\varepsilon_\mathrm{xc}(n(\boldsymbol{r}))d\boldsymbol{r}$ は運動エネルギー部分 T_xc とポテンシャルエネルギー部分 U_xc に分解される．Averill と Painter [20] によれば T_xc は次式で与えられる．

$$T_\mathrm{xc} = \int n(\boldsymbol{r})[3\mu_\mathrm{xc}(n(\boldsymbol{r})) - 4\varepsilon_\mathrm{xc}(n(\boldsymbol{r}))]d\boldsymbol{r} \tag{2.103}$$

全エネルギーへの真の運動エネルギーの寄与と真のポテンシャルエネルギーの寄与は $T = T_\mathrm{s} + T_\mathrm{xc}$ と $V = (V_\mathrm{n-e} + V_\mathrm{H}/2) + E_\mathrm{xc} - T_\mathrm{xc}$ となる．ここで T_s は式 (2.73) で与えられる相互作用のない仮想系の運動エネルギーを表し，$V_\mathrm{n-e}$ と V_H は原子核電子間 Coulomb エネルギーと Hartree エネルギーを表す．実際の計算でも，T_xc を使うビリアル定理 $V = -2T$ は LDA で厳密に成り立つ [21].

2.4.2 一般化勾配近似 (GGA)

電子密度分布が不均一なら，交換相関エネルギーは均一電子ガスのものとは異なる．このずれは密度の勾配やより高次の空間微分によって展開できる．空間的にゆるやかに変化する電子ガスの全エネルギーは勾配補正を持つ密度汎関数に関する情報を与える．**一般化勾配近似 (generalized gradient approximation, GGA)** はこのようなアイデアに基づいており [22], Perdew と Wang [23], Perdew [24], Becke [25] の表式が有名である．これは Perdew–Wang '86 と呼ばれる．彼らの形式では，カットオフ密度 n_c 以下では，勾配補正は無視され

る．このカットオフ密度は交換相関孔に対する総和則を満たすように決められる．この複雑さを避けるべく，Perdew と Wang [26] は何らのカットオフも持たない新しい形を提案した．GGA のこの新しい形は Perdew–Wang '91 あるいは **PW91 汎関数**と呼ばれる．Perdew, Burke, Ernzorhof により提案された，いわゆる **PBE 汎関数** [27,28] はある意味でいくらか経験的なものであるが，PW91 に比べて単純に作られている．各汎関数の交換部分は以下のようである．

$$E_{\mathrm{x}} = -\frac{1}{2}\sum_s \int n_s^{4/3} K_s[s] d\boldsymbol{r}, \tag{2.104}$$

$$s = \frac{|\nabla n_s|}{2k_{\mathrm{F}} n_s} = \frac{|\nabla n_s|}{2(6\pi^2 n_s)^{1/3} n_s} = \frac{x_s}{7.7956}, \quad x_s = \frac{|\nabla n_s|}{n_s^{4/3}},$$

$$K_s^{\mathrm{LDA}} = 3\left(\frac{3}{4\pi}\right)^{1/3}, \quad K_s^{\mathrm{PBE}} = K_s^{\mathrm{LDA}}\left(1 + \kappa - \frac{\kappa}{1 + \mu s^2/\kappa}\right),$$

$$K_s^{\mathrm{PW91}} = K_s^{\mathrm{LDA}} \frac{1 + 0.19645 s \sinh^{-1} x_s + (0.2743 - 0.1508 e^{-100 s^2}) s^2}{1 + 0.19645 s \sinh^{-1} x_s + 0.004 s^4}$$

K_s^{LDA} は LDA での交換エネルギーの Slater の表式であり，K_s^{PW91} と K_s^{PBE} は PW91 と PBE の汎関数である．$\kappa = 0.804$，$\mu = 0.21951$ である．相関部分は

$$E_{\mathrm{c}}^{\mathrm{PBE}}[n_\uparrow, n_\downarrow] = \int n(\boldsymbol{r}) \left[\varepsilon_{\mathrm{c}}^{\mathrm{LDA}}(r_s, \zeta) + H(r_s, \zeta, t)\right] d\boldsymbol{r} \tag{2.105}$$

で与えられ，ここで $\zeta = (n_\uparrow - n_\downarrow)/n$ と $t = |\nabla n|/2\phi(\zeta) k_s n$ であり，

$$\phi(\zeta) = \frac{(1+\zeta)^{2/3} + (1-\zeta)^{2/3}}{2}, \quad k_s = \sqrt{\frac{4k_{\mathrm{F}}}{\pi a_{\mathrm{B}}}} = \sqrt{\frac{4(3\pi^2 n)^{1/3}}{\pi a_{\mathrm{B}}}} \tag{2.106}$$

である．また，式 (2.105) の中の $H(r_s, \zeta, t)$ は以下のような関数である．

$$H = \frac{e^2}{a_{\mathrm{B}}} \gamma \phi^3 \ln\left\{1 + \frac{\beta}{\gamma} t^2 \left[\frac{1 + At^2}{1 + At^2 + A^2 t^4}\right]\right\} \tag{2.107}$$

$\beta = 0.066725$，$\gamma = (1 - \ln 2)/\pi^2 = 0.031091$ であり，A は次式で与えられる．

$$A = \frac{\beta}{\gamma}\left[\exp\left\{-\frac{\varepsilon_c^{\mathrm{LDA}} a_{\mathrm{B}}}{\gamma \phi^3 e^2}\right\} - 1\right]^{-1} \tag{2.108}$$

PBE は広く使われているが，Perdew らによって提案された 2 階微分（ラプラシア

ン）を含む **meta GGA** もある [29] これは軌道運動エネルギー密度を必要とし，自己相互作用による誤差を伴わないものである．特に，Sun, Ruzsinszky, Perdew により提案された **SCAN** (strongly-constrained and approximately normed) **meta GGA** [30] は信頼性が高い．多くの分子に対して GGA は結合エネルギーを改善する．しかし，LDA/GGA にはエネルギーギャップ問題が存在し，エネルギーギャップを改善するためには自己相互作用を取り除く必要がある．

2.5 汎関数の拡張

物質によっては，絶縁体であるにもかかわらず，DFT の Kohn–Sham エネルギー固有値のエネルギーギャップが 0 になってしまい，金属的な結果が得られる場合もある．これは明らかに DFT の精度の限界によるもので，LDA, GGA などではエネルギーギャップは改善しないことがわかっている．密度汎関数が自己相互作用フリーでないことが主な原因である場合には，自己相互作用補正を導入することにより改善することができる．しかし，Mott 絶縁体と呼ばれるような多くの遷移金属酸化物などでは，強い電子間相互作用のために，それでもエネルギーギャップを改善できないことが多い．そのような場合には，いわゆる Hubbard U を経験的に導入する必要が生ずる．また，交換相関エネルギーに Fock 交換項の寄与を含めるハイブリッド汎関数にもいろいろな種類がある．

2.5.1 自己相互作用補正 (SIC)

Hartree–Fock 近似では，1 つの固有状態を占有している電子のそれ自身との Hartree エネルギーは自分自身との交換相互作用エネルギーと，絡む軌道が同じなので，正確に打ち消し合う．この項は自己相互作用と呼ばれる．この厳密な打ち消し合いのために，Hartree–Fock 近似では電子のそれ自身との Coulomb 相互作用の取り扱いの問題はない．しかし，LDA/GGA では Coulomb 項は自分自身の電荷分布からの Coulomb 相互作用も含み，電子密度分布が均一でない限り，交換相関項への自分自身の寄与ともキャンセルしない．したがって，密度汎関数理論の定式化において，Perdew–Zunger の**自己相互作用補正 (self-interaction**

correction, SIC) [17] が必要になる.

自己相互作用補正とは，次式を満たすようにする補正のことである.

$$\Xi(\lambda s; \lambda s) + E_{\mathrm{xc}}[n_{\lambda s}, 0] = 0 \tag{2.109}$$

$\Xi(\lambda s; \lambda s)$ $(= U[n_{\lambda s}])$ は直接項の自己相互作用項で，$\Xi(\lambda s; \lambda' s')$ は次式である：

$$\Xi(\lambda s; \lambda' s') = \frac{1}{2} \int \frac{\phi^*_\lambda(\boldsymbol{r}, s)\phi^*_{\lambda'}(\boldsymbol{r}', s')\phi_\lambda(\boldsymbol{r}, s)\phi_{\lambda'}(\boldsymbol{r}', s')}{|\boldsymbol{r} - \boldsymbol{r}'|} d\boldsymbol{r} d\boldsymbol{r}' \tag{2.110}$$

一方，$E_{\mathrm{xc}}[n_{\lambda s}, 0]$ は交換相関エネルギー $E_{\mathrm{xc}}[n_\uparrow, n_\downarrow]$ の 1 電子分の寄与を表す. Hartree–Fock の交換エネルギー $E_{\mathrm{x}}(\lambda s; \lambda' s)$ を

$$E_{\mathrm{x}}(\lambda s; \lambda' s) = -\frac{1}{2} \int \frac{\phi^*_\lambda(\boldsymbol{r}, s)\phi^*_{\lambda'}(\boldsymbol{r}', s)\phi_{\lambda'}(\boldsymbol{r}, s)\phi_\lambda(\boldsymbol{r}', s)}{|\boldsymbol{r} - \boldsymbol{r}'|} d\boldsymbol{r} d\boldsymbol{r}' \tag{2.111}$$

で定義すると，

$$\Xi(\lambda s; \lambda s) + E_{\mathrm{x}}(\lambda s; \lambda s) = 0 \tag{2.112}$$

が自動的に満たされる. それゆえ，相関エネルギー $E_{\mathrm{c}} = E_{\mathrm{xc}} - E_{\mathrm{x}}$ は $E_{\mathrm{c}}(\lambda s; \lambda s) = 0$ となるべきで，これが Perdew–Zunger [17] の自己相互作用補正の基礎になる.

LDA, LSDA, GGA などの交換相関エネルギーを $E^{\mathrm{approx}}_{\mathrm{xc}}[n_\uparrow, n_\downarrow]$ と書き，Perdew–Zunger はこの近似の自己相互作用補正されたバージョンを

$$E^{\mathrm{SIC}}_{\mathrm{xc}}[n_\uparrow, n_\downarrow] = E^{\mathrm{approx}}_{\mathrm{xc}}[n_\uparrow, n_\downarrow] - \sum_{\lambda s} \delta_{\lambda s} \tag{2.113}$$

によって導入した. ここで，$\delta_{\lambda s}$ は軌道 λs の自己相互作用を表す.

$$\delta_{\lambda s} = \Xi(\lambda s; \lambda s) + E^{\mathrm{approx}}_{\mathrm{xc}}[n_{\lambda s}, 0] \tag{2.114}$$

$E^{\mathrm{approx}}_{\mathrm{xc}}$ を $E^{\mathrm{SIC}}_{\mathrm{xc}}$ で置き換えた全エネルギーを極小化し，1 電子方程式を得る.

$$\left[-\frac{1}{2}\nabla^2 + \bar{v}_\lambda(\boldsymbol{r}, s)\right] \bar{\phi}_\lambda(\boldsymbol{r}, s) = \varepsilon^{\mathrm{SIC}}_\lambda \bar{\phi}_\lambda(\boldsymbol{r}, s) \tag{2.115}$$

$$\bar{v}_\lambda(\boldsymbol{r}, s) = \left\{ v(\boldsymbol{r}) - 2\mu_\mathrm{B}\boldsymbol{\sigma}\cdot\boldsymbol{B}(\boldsymbol{r}) + \Xi([\bar{n}];\boldsymbol{r}) + v_{\mathrm{xc}\ s}^{\mathrm{approx}}([\bar{n}_\uparrow, \bar{n}_\downarrow];\boldsymbol{r}) \right\} - \left\{ \Xi([\bar{n}_{\lambda s}];\boldsymbol{r}) + v_{\mathrm{xc}\ s}^{\mathrm{approx}}([\bar{n}_{\lambda s}, 0];\boldsymbol{r}) \right\} \tag{2.116}$$

上にバーを付けた量は，SIC の下でのポテンシャルを用いて自己無撞着に解かれた量を表す．$\boldsymbol{\sigma}\cdot\boldsymbol{B}(\boldsymbol{r})$ の項は外部磁場 $\boldsymbol{B}(\boldsymbol{r})$ 中の Zeeman エネルギーを表す．$\bar{v}_\lambda(\boldsymbol{r}, s)$ は軌道に依存するので，$\bar{\phi}_\lambda(\boldsymbol{r}, s)$ は互いに直交しなくなる．

孤立原子の場合には，相関エネルギー，イオン化ポテンシャル，陰イオンの電子束縛エネルギー（つまり電子親和力）の LSDA の結果が大きく改善されることが Perdew–Zunger [17] により示された．しかし，結晶の場合には，状態 λ を Bloch 状態とすると，自己相互作用補正の大きさはシステムサイズが大きくなるにつれて小さくなり，0 に向かう．この問題を解決するには，$\lambda\sigma$ は空間的に局在した軌道であると考えなければならない．普通は，そのような局在した軌道 $\lambda\sigma$ は自己相互作用補正された全エネルギーを最小にするように決められる．

SIC は，実験ではギャップがあるのに LDA で計算すると金属になるような遷移金属酸化物などで効力を発揮する．絶縁体や半導体で LDA や GGA がギャップを過小評価するのも自己相互作用に原因がある．LDA に内在する自己相互作用は電子を非局在化させ共有結合化させる傾向がある．SIC は電子相関に起因するイオン性を高め，これらの物質のエネルギーギャップを広げる効果を持つ．

2.5.2 LDA + U, GGA + U

DFT の LDA/GGA は大きな成功をもたらしたが，これらの近似は，例えば $3d$ 遷移金属酸化物，特に Mott 絶縁体と呼ばれている種類の絶縁体をうまく扱うことができない．これらの系では，バンドギャップやその他の光学的性質だけでなく，磁気構造やその他の磁性のような基底状態の特性もうまく表すことができない．これらの物質は強相関系と呼ばれていて，通常の DFT では扱うことが困難とされている．そこで，このような系に対しては，電子間の強い Coulomb 反発効果を表すための Hubbard U のような現象論的なモデルを導入する必要がある．これらの系における重要な物理は，$\uparrow$ スピン電子と $\downarrow$ スピン電子がそれらの間の強い Coulomb 反発相互作用のために同じ位置を容易に占有できないということである．この状況は通常の LDA や GGA では扱うことができない．この困難を回避する最も簡単な方法は，2 電子が同じ d 軌道を占有したときに損をする Coulomb 反発エネルギーの大きさとして **Hubbard** U **パラメータ** [31]

$$U = E(d^{n+1}) + E(d^{n-1}) - 2E(d^n) \tag{2.117}$$

を導入することである．相互作用を ↑ スピン電子と ↓ スピン電子が同じ位置を占有する場合にのみに制限するように，Hubbard 相互作用を

$$H_U = \sum_{\lambda\lambda'} U \hat{n}_{i\lambda\uparrow}\hat{n}_{i\lambda'\downarrow} \tag{2.118}$$

のように導入する．ここで，$\hat{n}_{i\lambda s}$ は位置 i の λ 軌道のスピン s の数演算子である．平均占有数 $\langle\hat{n}_{i\lambda s}\rangle$ の周りで揺らぎを無視する平均場近似では，式 (2.118) は

$$\begin{aligned}
H_U^{\mathrm{MF}} &= \sum_{\lambda,\lambda'} U\Big[\hat{n}_{i\lambda\uparrow}\langle\hat{n}_{i\lambda'\downarrow}\rangle + \langle\hat{n}_{i\lambda\uparrow}\rangle\hat{n}_{i\lambda'\downarrow} - \langle\hat{n}_{i\lambda\uparrow}\rangle\langle\hat{n}_{i\lambda'\downarrow}\rangle\Big] \\
&= \sum_{\lambda,\lambda'} U\left[\frac{1}{2}\Big\{n_{i\lambda}(\hat{n}_{i\lambda'\uparrow} + \hat{n}_{i\lambda'\downarrow}) - m_{i\lambda}(\hat{n}_{i\lambda'\uparrow} - \hat{n}_{i\lambda'\downarrow})\Big\}\right. \\
&\quad \left. - \frac{1}{4}\Big\{n_{i\lambda}n_{i\lambda'} - m_{i\lambda}m_{i\lambda'}\Big\}\right]
\end{aligned} \tag{2.119}$$

となる．ここで，$n_{i\lambda} = \langle\hat{n}_{i\lambda\uparrow}\rangle + \langle\hat{n}_{i\lambda\downarrow}\rangle$，$m_{i\lambda} = \langle\hat{n}_{i\lambda\uparrow}\rangle - \langle\hat{n}_{i\lambda\downarrow}\rangle$ とおいた．U が LDA/GGA のバンド幅 W よりも大きい場合には，$n_{i\lambda} = 1$，$m_{i\lambda} = 0$ のスピン偏極を持たない常磁性状態は $H_U^{\mathrm{MF}} = U/4$ だけ高いエネルギーを持つ．しかし，$n_{i\lambda} = 1$，$m_{i\lambda} = 1$ のスピン偏極した状態なら $H_U^{\mathrm{MF}} = 0$ に落ちる．そのため，d バンドは $-U/2$ のエネルギーを持つ占有バンドと $+U/2$ のエネルギーを持つ非占有バンドに分かれ，これらの間には U の大きさのエネルギーギャップが生ずる．Anisimov, Zaanen, Andersen [31] らは全エネルギーを

$$\begin{aligned}
E &= E^{\mathrm{DFT}} + \frac{1}{2}\sum_{\lambda,\lambda',s} U(n_{i\lambda s} - n^0)(n_{i\lambda' -s} - n^0) \\
&\quad + \frac{1}{2}\sum_{\substack{\lambda,\lambda' s \\ (\lambda\neq\lambda')}} (U - J)(n_{i\lambda s} - n^0)(n_{i\lambda' s} - n^0)
\end{aligned} \tag{2.120}$$

とした．n^0 は 1 つの d バンドの平均占有数 ($n^0 = n_d/10$) である．彼らはこの

式により，周期表後方の $3d$ 遷移金属元素の一酸化物が高温超伝導体の親物質 CuO_2 と同様に大きなギャップを持つ絶縁体となり，$LiNiO_2$ は低スピン強磁性体であり，NiS は局所モーメントを有する p 型金属であると予言した．

2.5.3 ハイブリッド汎関数

密度汎関数の厳密な形はどんなものだろうか，という疑問が顕在化してきた．この疑問には第 6 章で答えるが，電子相関の重要な部分は LDA と GGA に含まれていると期待してみよう．すると，LDA/GGA で欠けているのは，密度のみでは単純に記述できない真の Fock 交換項であると想像できる．その意味で，厳密な密度汎関数は Fock 交換項を含みそうである．しかし，密度汎関数として Fock 交換項を LDA/GGA の相関項と合わせると，得られる熱化学特性，特に分子間結合がおかしくなることを Clementi と Chakravorty [32] が指摘した．

Becke [33] によりなされた議論に基づいて，厳密な DFT 交換相関ポテンシャルを手にしていると仮定しよう．すると，原子核の Coulomb 引力ポテンシャルと厳密な交換相関ポテンシャルから作られるポテンシャル中の，仮想的に相互作用していない電子系は，原子核の Coulomb 引力ポテンシャル中の完全に相互作用している電子系の真の電子密度 $n(\boldsymbol{r})$ と同じ電子密度を持つ．Hartree ポテンシャルは常にどちらの系にも同じ大きさで入っている．もし電子間 Coulomb 反発相互作用の強さ（結合定数）が任意の因子 λ で $(\lambda/2)\sum_{i\neq j} 1/|\boldsymbol{r}_i - \boldsymbol{r}_j|$ のように変化できるとすると，$\lambda = 0$ は相互作用していない Kohn–Sham (KS) 系に対応し，$\lambda = 1$ は完全に相互作用している現実系に対応する．これらの 2 つの極限を内挿すると，$0 < \lambda < 1$ の結合定数で真の電子密度 $n(\boldsymbol{r})$ と同じ電子密度を持つ系が存在するはずである．そのような系に対して，原子核の Coulomb 引力ポテンシャル $v_{\mathrm{ext}}(\boldsymbol{r})$ を除く有効 1 電子ポテンシャル $v^{\lambda}_{\mathrm{eff}}(\boldsymbol{r})$ を λ の関数として導入する．この $v^{0}_{\mathrm{eff}}(\boldsymbol{r})$ は $\lambda = 0$ で厳密な KS ポテンシャルに一致し，$\lambda = 1$ で $v^{1}_{\mathrm{eff}}(\boldsymbol{r}) = 0$ になる．すると，この系のハミルトニアンと全エネルギーは，

$$H^{\lambda} = -\frac{1}{2}\sum_{i}^{N} \nabla_i^2 + \sum_{i}^{N}\left[v_{\mathrm{ext}}(\boldsymbol{r}_i) + v^{\lambda}_{\mathrm{eff}}(\boldsymbol{r}_i)\right] + \frac{\lambda}{2}\sum_{i\neq j}^{N}\frac{1}{|\boldsymbol{r}_i - \boldsymbol{r}_j|} \tag{2.121}$$

$$E^{\lambda} = T_{\mathrm{s}}[n] + E^{\lambda}_{\mathrm{int}} + \int \left[v_{\mathrm{ext}}(\boldsymbol{r}) + v^{\lambda}_{\mathrm{eff}}(\boldsymbol{r})\right] n(\boldsymbol{r}) d\boldsymbol{r} \tag{2.122}$$

で与えられる．ここで，電子間 Coulomb 相互作用エネルギーを

$$E_{\text{int}}^{\lambda} = \frac{\lambda}{2}\langle \Psi_\lambda | \sum_{i \neq j}^{N} \frac{1}{|\boldsymbol{r}_i - \boldsymbol{r}_j|} | \Psi_\lambda \rangle \tag{2.123}$$

と定義した．電子密度 $n(\boldsymbol{r})$ は λ に依存しないので，式 (2.122) の微分は

$$\frac{dE^\lambda}{d\lambda} = \frac{E_{\text{int}}^{\lambda}}{\lambda} + \int \frac{dv_{\text{eff}}^{\lambda}(\boldsymbol{r})}{d\lambda} n(\boldsymbol{r}) d\boldsymbol{r} \tag{2.124}$$

と評価できる．この式を λ について 0 から 1 まで積分し，

$$E^1 - E^0 = \int_0^1 \frac{d\lambda}{\lambda} E_{\text{int}}^{\lambda} - \int v_{\text{eff}}^{0}(\boldsymbol{r}) n(\boldsymbol{r}) d\boldsymbol{r} \tag{2.125}$$

を得る．一方，$\lambda = 0$ とした式 (2.122) から，相互作用していない系の E^0 が

$$E^0 = T_{\text{s}}[n] + \int [v_{\text{ext}}(\boldsymbol{r}) + v_{\text{eff}}^{0}(\boldsymbol{r})] n(\boldsymbol{r}) d\boldsymbol{r} \tag{2.126}$$

であることがわかる．これらの 2 つの式を合わせて，

$$E^1 = T_{\text{s}}[n] + \int v_{\text{ext}}(\boldsymbol{r}) n(\boldsymbol{r}) d\boldsymbol{r} + \int_0^1 \frac{d\lambda}{\lambda} E_{\text{int}}^{\lambda} \tag{2.127}$$

を得る．もし厳密な交換相関汎関数 $E_{\text{xc}}[n]$ がわかれば，E^1 は

$$E^1 = T_{\text{s}}[n] + E_{\text{xc}}[n] + \frac{1}{2}\int d\boldsymbol{r} \int d\boldsymbol{r}' \frac{n(\boldsymbol{r})n(\boldsymbol{r}')}{|\boldsymbol{r} - \boldsymbol{r}'|} + \int v_{\text{ext}}(\boldsymbol{r}) n(\boldsymbol{r}) d\boldsymbol{r} \tag{2.128}$$

のように書ける．それゆえ，最終的に次式を得る．

$$E_{\text{xc}}[n] = \int_0^1 d\lambda E_{\text{xc}}^{\lambda}, \quad E_{\text{xc}}^{\lambda} = \frac{E_{\text{int}}^{\lambda}}{\lambda} - \frac{1}{2}\int d\boldsymbol{r} \int d\boldsymbol{r}' \frac{n(\boldsymbol{r})n(\boldsymbol{r}')}{|\boldsymbol{r} - \boldsymbol{r}'|} \tag{2.129}$$

式 (2.129) は相互作用していない系 ($\lambda = 0$) を完全に相互作用している系 ($\lambda = 1$) に，部分的に相互作用している系 ($0 \geq \lambda \geq 1$) を経由して断熱的に結びつける関係式である．(2.129) 第 2 式の被積分関数はポテンシャルエネルギーのみを参照しているが，λ についての積分が交換相関エネルギーの中の運動エネルギーを生むのは奇妙である．式 (2.129) は近似的な交換相関汎関数を構築するための基礎を与える．(2.129) 第 1 式の被積分関数の中の $E_{\text{xc}}^{\lambda}/\lambda$ を考えよう．特に重

要なのは $\lambda=0$ の相互作用していない系への極限である．この極限で，波動関数は相互作用していない Kohn–Sham 軌道で作られる Slater 行列式となる [33]．ここで重要なことは，厳密な Kohn–Sham ポテンシャル v_{eff}^{0} が式 (2.129) には現れないことである．この項は，最終式 (2.129) を導く過程で落ちてしまう．それゆえ，この極限で，我々は，$\lim_{\lambda\to 0} E_{\mathrm{xc}}^{\lambda}/\lambda$ の厳密な形が $E_{\mathrm{x}}^{\mathrm{HF}}$ であることを知る．もう一方の極限 $\lambda=1$ では，残念ながら，我々は厳密な E_{xc}^{1} の形を知らない．もし，この形を知ることができたとすれば，厳密な交換相関汎関数 $E_{\mathrm{xc}}[n]$ を見出すことができる．Becke [33] は，E_{int}^{1} を LDA 交換相関エネルギーで近似し，$E_{\mathrm{xc}}^{\lambda}$ を次のように線形的に内挿することを提案した：

$$E_{\mathrm{xc}}^{\lambda} \approx E_{\mathrm{xc}}^{LDA} + (E_{\mathrm{x}}^{HF} - E_{\mathrm{xc}}^{LDA})(1-\lambda) \tag{2.130}$$

そして，これを断熱連結公式 (2.129) に入れ，$\lambda=0$ から $\lambda=1$ まで積分し，

$$E_{\mathrm{xc}}[\rho] \approx \frac{1}{2}E_{\mathrm{x}}^{HF} + \frac{1}{2}E_{\mathrm{xc}}^{LDA} \tag{2.131}$$

を導いた．この**ハイブリッド汎関数**を用いて，Becke は原子化エネルギー，イオン化エネルギー，陽子親和力などがうまく再現されることを示した．この仕事の直後に，彼は Becke's three-parameter 交換汎関数を提案した [33]．翌年，Kim と Jordan [34] はこれと Lee–Yang–Parr 相関汎関数 [35] を組み合わせて，**Becke three-parameter Lee-Yang-Parr (B3LYP) 汎関数** を提案した．B3LYP は

$$\begin{aligned} E_{rmxc}^{\mathrm{B3LYP}} &= E_{\mathrm{x}}^{\mathrm{LDA}} + a_0(E_{rmx}^{\mathrm{HF}} - E_{\mathrm{x}}^{\mathrm{LDA}}) + a_{\mathrm{x}}(E_{\mathrm{x}}^{\mathrm{GGA}} - E_{\mathrm{x}}^{\mathrm{LDA}}) \\ &\quad + E_{\mathrm{c}}^{\mathrm{LDA}} + a_{\mathrm{c}}(E_{\mathrm{c}}^{\mathrm{GGA}} - E_{\mathrm{c}}^{\mathrm{LDA}}) \end{aligned} \tag{2.132}$$

で与えられ，$E_{\mathrm{x}}^{\mathrm{GGA}}$ と $E_{\mathrm{c}}^{\mathrm{GGA}}$ は GGA の Becke の交換項 [25] と Lee–Yang–Parr の相関項 [35] を表し，$E_{\mathrm{x}}^{\mathrm{LDA}}$ と $E_{\mathrm{c}}^{\mathrm{LDA}}$ は LDA の通常の交換項 (2.98) と Vosko–Wilk–Nusair の相関汎関数 [36] を表す．混合パラメータ $a_0=0.20$, $a_{\mathrm{x}}=0.72$, $a_{\mathrm{c}}=0.81$ が，Becke [33] のパラメータとともに用いられる．これらのパラメータは完全に経験的なものであり，基底状態の性質に関する結果はとても良い．しかし，B3YLP や他の汎関数は，主に有機物に対して開発されたものであり，無機物質などに対しては注意して用いる必要がある．Perdew, Ernzerhof, Burke [37]

は断熱連結公式 (2.129) に基づいて，次の内挿公式を提案した．

$$E_{\mathrm{xc}}^{\lambda} \approx E_{\mathrm{x}}^{\mathrm{PBE}} + E_{\mathrm{c}}^{\mathrm{PBE}} + (E_{\mathrm{x}}^{\mathrm{HF}} - E_{\mathrm{x}}^{\mathrm{PBE}})(1-\lambda)^n \tag{2.133}$$

ここで n は整数であり，$E_{\mathrm{x}}^{\mathrm{PBE}}$ と $E_{\mathrm{c}}^{\mathrm{PBE}}$ は Perdew-Burke-Ernzerhof (PBE) 汎関数の交換部分と相関部分である [27]．そして，積分により，彼らは

$$E_{\mathrm{xc}} \approx \frac{1}{n} E_{\mathrm{x}}^{\mathrm{HF}} + \frac{n-1}{n} E_{\mathrm{x}}^{\mathrm{PBE}} + E_{\mathrm{c}}^{\mathrm{PBE}} \tag{2.134}$$

を得た．$n = 4$ とした式 (2.133) で与えられる **PBE0 汎関数**は Fock と PBE 交換エネルギーを 1:3 の比で混合したもので，原子化エネルギーを良く再現する．

2003 年に Heyd, Scuseria, Ernzerhof [38] は特に金属の Fock 交換項の長距離部分を遮蔽するために，交換相互作用にのみ遮蔽 Coulomb 相互作用を用いることを提案した．すべての他の Coulomb 相互作用は遮蔽されない．Coulomb ポテンシャルは短距離 (short-range, SR) と長距離 (long-range, LR) の部分に

$$\frac{1}{r} = \frac{\mathrm{erfc}(\omega r)}{r} + \frac{\mathrm{erf}(\omega r)}{r} \tag{2.135}$$

のように分けられ, 第 1 項と第 2 項がそれぞれ SR と LR を表す．ω は SR から LR へのクロスオーバーを記述するための適合パラメータであり, $\mathrm{erf}(\omega r)$, $\mathrm{erfc}(\omega r) = 1 - \mathrm{erf}(\omega r)$ は誤差関数である．いわゆる **Heyd–Scuseria–Ernzerhof (HSE) 汎関数**は式 (2.133) を SR にのみ適用することで得られる：

$$E_{\mathrm{xc}}^{\omega\mathrm{PBEh}} = aE_{\mathrm{x}}^{\mathrm{HF,SR}}(\omega) + (1-a)E_{\mathrm{x}}^{\mathrm{PBE,SR}}(\omega) + E_{\mathrm{x}}^{\mathrm{PBE,LR}}(\omega) + E_{\mathrm{c}}^{\mathrm{PBE}} \tag{2.136}$$

ここで $E_{\mathrm{x}}^{\mathrm{HF,SR}}(\omega)$ は正確な SR Fock 汎関数であり，$E_{\mathrm{x}}^{\mathrm{PBE,SR}}(\omega)$ と $E_{\mathrm{x}}^{\mathrm{PBE,LR}}(\omega)$ は PBE の交換汎関数の SR と LR 部分である．混合パラメータ a は 1/4 に固定され，領域分割パラメータ ω は HSE03 では 0.3 に，HSE06 では 0.2 に（HSE0 では $\omega = 0$ に）設定される．

いわゆるメタハイブリッド GGA あるいは **Minnesota 密度汎関数**と呼ばれるものが 2005 年以降 Truhlar のグループで開発されている．

第3章 第一原理計算の基本

この章では密度汎関数理論や Hartree–Fock (HF) 近似，あるいは第 5 章で述べる拡張準粒子理論に基づいて，いかに電子状態を計算するかについて詳しく説明する．そこで解くべき方程式は Kohn–Sham (KS) 方程式か HF 方程式か拡張準粒子方程式である．これらは有効 1 電子問題として解くことができる．その解は KS 波動関数，HF 波動関数，拡張準粒子 (EQP) 波動関数（または KS 軌道，HF 軌道，EQP 軌道）であるが，これらを総称して，本章以降では波動関数または軌道と呼ぶことにする．これは Schrödinger 方程式を解いて求まる波動関数という意味ではないので，はじめに断っておく．

3.1 周期系の取り扱い

我々の身の回りの物質・材料は Abogadro 数 6.02×10^{23} 程度の膨大な数の原子・分子で構成されており，そのような巨視的な系を扱うには，周期性を利用する必要がある．結晶は単位胞が規則的に繰り返す構造を持ち，もちろん周期的である．単位胞の中に 1 原子が存在する場合もあれば，複数の原子・分子が存在する場合もある．分子性結晶はもちろん結晶の 1 つの形態である．そのように明確な周期性がない系の場合にも，スーパーセルと呼ばれるかなり大きな単位胞を仮定して，その周期が繰り返されると近似することが許される．これによって，正確ではないにしても，そのような系のおよその性質を計算することができる．ここで述べることは，いずれも結晶の第一原理計算を行うための基礎として必要不可欠なものである．

3.1.1　単位胞と逆格子

純粋なバルク結晶中の原子位置は3つの**基本格子ベクトル** $\boldsymbol{a}_1, \boldsymbol{a}_2, \boldsymbol{a}_3$ の任意の整数倍の足し算で表される**格子ベクトル**

$$\boldsymbol{R} = n_1\boldsymbol{a}_1 + n_2\boldsymbol{a}_2 + n_3\boldsymbol{a}_3 \tag{3.1}$$

だけ並進移動しても完全に等価な位置に重なり，不変である．この性質を**並進対称性**という．3つの基本格子ベクトルで囲まれる平行6面体のセルは格子の周期の基本単位を表し，**単位胞 (unit cell)** と呼ばれる．図3.1は体心立方 (body centered cubic, BCC) 格子と面心立方 (face centered cubic, FCC) 格子の単位胞を表している．全空間を単位胞の並びで充填することができるが，単位胞は原子セルとは異なる．1個1個の原子をセルで囲み，そのセルで空間を充填することも可能である．そのためには，各原子から周りの原子に向かう線分の垂直2等分面で取り囲めばよい．そのような多面体のセルを **Wigner–Seitz 胞**という．Wigner–Seitz 胞の代わりにそれと同じ体積を持つ球を用いて各原子周りの Wigner–Seitz 球を定義することもできる．

密度汎関数理論では，固有値方程式

$$\mathcal{H}_s\phi_\lambda(\boldsymbol{r}, s) = \left[-\frac{1}{2}\nabla^2 + v(\boldsymbol{r}) + V_{\mathrm{H}}(\boldsymbol{r}) + \mu_{\mathrm{xc}}(\boldsymbol{r}, s)\right]\phi_\lambda(\boldsymbol{r}, s) = \varepsilon_\lambda\phi_\lambda(\boldsymbol{r}, s) \tag{3.2}$$

が成り立つ．ここで $v(\boldsymbol{r})$ は電子の感じる外部ポテンシャルであり，$V_{\mathrm{H}}(\boldsymbol{r})$ は

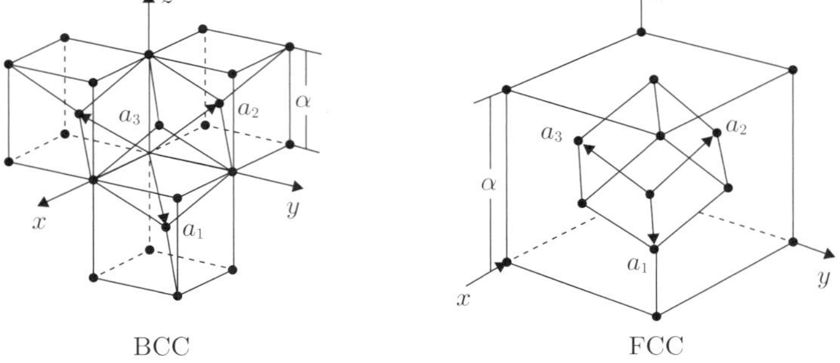

図 3.1　BCC と FCC 格子の単位胞

Hartree ポテンシャル，$\mu_{\rm xc}(\boldsymbol{r}, s)$ は交換相関ポテンシャルである．結晶中では，$v(\boldsymbol{r})$, $V_{\rm H}(\boldsymbol{r})$, $\mu_{\rm xc}(\boldsymbol{r}, s)$ は並進不変性を持つ．つまり，次の関係が成り立つ．

$$v(\boldsymbol{r}+\boldsymbol{R}) = v(\boldsymbol{r}), \quad V_{\rm H}(\boldsymbol{r}+\boldsymbol{R}) = V_{\rm H}(\boldsymbol{r}), \quad \mu_{\rm xc}(\boldsymbol{r}+\boldsymbol{R}, s) = \mu_{\rm xc}(\boldsymbol{r}, s) \qquad (3.3)$$

∇^2 も並進不変性を持つので，ハミルトニアンが並進不変性を持っている．

ここで 3 つの**基本逆格子ベクトル** $\boldsymbol{b}_1$, $\boldsymbol{b}_2$, $\boldsymbol{b}_3$ を

$$\boldsymbol{a}_i \cdot \boldsymbol{b}_j = 2\pi\delta_{ij}. \qquad (3.4)$$

を満たすように導入する．これらは

$$\boldsymbol{b}_1 = \frac{2\pi(\boldsymbol{a}_2 \times \boldsymbol{a}_3)}{\boldsymbol{a}_1 \cdot (\boldsymbol{a}_2 \times \boldsymbol{a}_3)}, \quad \boldsymbol{b}_2 = \frac{2\pi(\boldsymbol{a}_3 \times \boldsymbol{a}_1)}{\boldsymbol{a}_2 \cdot (\boldsymbol{a}_3 \times \boldsymbol{a}_1)}, \quad \boldsymbol{b}_3 = \frac{2\pi(\boldsymbol{a}_1 \times \boldsymbol{a}_2)}{\boldsymbol{a}_3 \cdot (\boldsymbol{a}_1 \times \boldsymbol{a}_2)}, \qquad (3.5)$$

によって計算できる．各式の分母のスカラー 3 重積はサイクリックな置換で値は不変なのですべて同じ値である．式 (3.5) が式 (3.4) を満たすことを示すのは簡単である．これらの基本逆格子ベクトルの任意の整数倍の足し算

$$\boldsymbol{G} = l_1\boldsymbol{b}_1 + l_2\boldsymbol{b}_2 + l_3\boldsymbol{b}_3 \qquad (3.6)$$

を**逆格子ベクトル**という．逆格子ベクトルで張られた空間は逆格子空間と呼ばれる．単純立方格子 (simple cubic lattice) の逆格子も単純立方格子であるが，FCC の逆格子は BCC になり，BCC の逆格子は FCC になることがわかる．

全エネルギーの計算などでは，原子核間の Coulomb 相互作用の和 (2.24) を評価する必要がある．結晶の場合には，長距離 Coulomb 相互作用の影響が遠方の単位胞にも及び，離れた単位胞の中の原子核同士の相互作用が無視できない．これを正確に評価するために，**Ewald 和**の方法が用いられる．Ewald 和とは，バックグラウンドの負の一様電荷分布中にデルタ関数的な原子核の点電荷が配列している電気的に中性な系で，(A) 点電荷と同じ正の電気量を持つ Gauss 型の電荷分布と負の一様なバックグラウンド電荷の作る Gauss 型のポテンシャルを Fouier 級数の和 $v^A(\boldsymbol{r})$ で評価し，一方，(B) この正のガウス電荷分布をマイナスにした負のガウス電荷分布ともともとのデルタ関数の正の電荷分布の作る

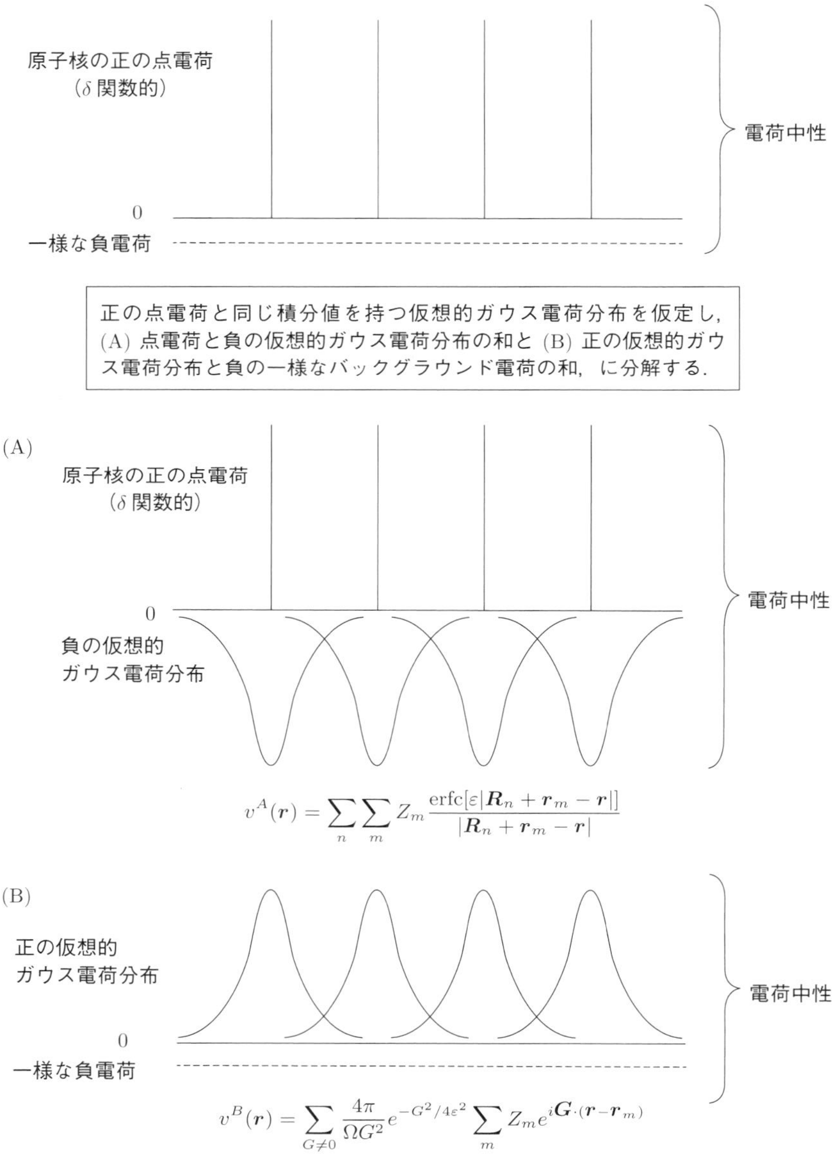

$$v^A(\boldsymbol{r}) = \sum_n \sum_m Z_m \frac{\mathrm{erfc}[\varepsilon|\boldsymbol{R}_n + \boldsymbol{r}_m - \boldsymbol{r}|]}{|\boldsymbol{R}_n + \boldsymbol{r}_m - \boldsymbol{r}|}$$

$$v^B(\boldsymbol{r}) = \sum_{G \neq 0} \frac{4\pi}{\Omega G^2} e^{-G^2/4\varepsilon^2} \sum_m Z_m e^{i\boldsymbol{G}\cdot(\boldsymbol{r}-\boldsymbol{r}_m)}$$

図 **3.2**　Ewald 和の説明図

ポテンシャルを周囲の単位胞の和 $v^B(\boldsymbol{r})$ で評価する方法である（図 3.2）．これにより，Fourier 級数の和も単位胞の和も急速に減衰するので，少数の和ですべての電荷同士の相互作用を評価することができる（$\boldsymbol{r}$ を $\boldsymbol{r}_n$ とする場合は，$v^B(\boldsymbol{r})$ の m の和から n を除き，$Z_n[v^A(\boldsymbol{r}_n)+v^B(\boldsymbol{r}_n)]-2\varepsilon Z_n^2/\sqrt{\pi}$ とする必要がある）．

並進対称性を考え，任意の格子ベクトル $\boldsymbol{R}$ だけ並進移動する演算子を T とし，

$$T\boldsymbol{r} = \boldsymbol{r} + \boldsymbol{R} \tag{3.7}$$

と書こう．$\boldsymbol{a}_1, \boldsymbol{a}_2, \boldsymbol{a}_3$ に対応して，3 つの基本並進演算子 T_1, T_2, T_3 を

$$T_1\boldsymbol{r} = \boldsymbol{r} + \boldsymbol{a}_1, \quad T_2\boldsymbol{r} = \boldsymbol{r} + \boldsymbol{a}_2, \quad T_3\boldsymbol{r} = \boldsymbol{r} + \boldsymbol{a}_3, \tag{3.8}$$

のように定義する．すると，任意の並進演算子 T は次式で与えられる．

$$T = T_1^{n_1} T_2^{n_2} T_3^{n_3} \tag{3.9}$$

n_1, n_2, n_3 は $\boldsymbol{R}$ の定義式 (3.1) に現れる整数である．並進演算子は演算の順序に関係なく交換する．すべての並進演算子の組 $\{T\}$ は群をなし，これを並進群と呼ぶ．並進群は可換群（アーベル群）である．回転や鏡映などの点群の要素は必ずしも互いに交換しない．並進群と点群を合わせた群を**空間群**と呼ぶ．

もし n_j $(j=1,2,3)$ が各方向の結晶全体の端までの単位胞の並びの数 L_j に等しいとすると，$T_j^{L_j}$ の演算は j 方向に結晶をはみ出してしまう．そこで，その演算に対しては，元の位置に戻るものと考える．これを周期的境界条件という．結晶全体は単位胞が 10^{23} 個もあるので，結晶の中の状態を調べるときは，結晶の表面の影響は無視でき，このような仮定をおいても問題ない．それゆえ，$T_j^{L_j} = J$ である（J は恒等演算子である）．さて，T はハミルトニアンを不変に保つことを上で見た．このことは T とハミルトニアンが交換することを意味し，したがって，T はハミルトニアンと同時固有状態を持つ．つまり

$$T\phi(\boldsymbol{r}, s) = \tau\phi(\boldsymbol{r}, s) \tag{3.10}$$

と書ける．また，T_j の固有値を τ_j と書くと

$$T_j\phi(\boldsymbol{r},s)=\tau_j\phi(\boldsymbol{r},s) \tag{3.11}$$

が成り立ち，$\tau_j^{L_j}=1$ であることがわかる．よって，m_j を任意の整数として，

$$\tau_j=\exp\left(\frac{2\pi i m_j}{L_j}\right)\quad (j=1,2,3) \tag{3.12}$$

であることがわかる．これより，式 (3.9) で与えられる一般の T は固有値

$$\tau=\exp\left[2\pi i\left(\frac{n_1m_1}{L_1}+\frac{n_2m_2}{L_2}+\frac{n_3m_3}{L_3}\right)\right]=\mathrm{e}^{i\boldsymbol{k}\cdot\boldsymbol{R}} \tag{3.13}$$

を持つ．ここで，基本逆格子ベクトル $\boldsymbol{b}_1$, $\boldsymbol{b}_2$, $\boldsymbol{b}_3$ を用いて**波数ベクトル**

$$\boldsymbol{k}=\frac{m_1}{L_1}\boldsymbol{b}_1+\frac{m_2}{L_2}\boldsymbol{b}_2+\frac{m_3}{L_3}\boldsymbol{b}_3 \tag{3.14}$$

を導入した．式 (3.1) と式 (3.14) の内積をとれば，式 (3.13) の最後の等式を導ける．波数ベクトル $\boldsymbol{k}$ の $\hbar$ 倍は結晶中の電子運動量を表し，結晶の電子状態を表す良い量子数である．$j=1,2,3$ に対して m_j は $(-L_j/2, L_j/2)$ の整数値をとるので，$\boldsymbol{k}$ の取り得る範囲は原点から最も近い逆格子点に向かう線分の垂直 2 等分面で囲まれた領域内に制限される．この領域を第 1Brillouin 帯と呼ぶ．以上の結論として，式 (3.10) と式 (3.13) より，次の **Bloch の定理**が導かれる．

$$\phi_{\boldsymbol{k}\lambda}(\boldsymbol{r},s)=\mathrm{e}^{i\boldsymbol{k}\cdot\boldsymbol{r}}u_{\boldsymbol{k}\lambda}(\boldsymbol{r},s) \tag{3.15}$$

つまり，結晶中の波動関数は指数因子 $\exp(i\boldsymbol{k}\cdot\boldsymbol{r})$ の包絡関数と周期関数 $u_{\boldsymbol{k}\lambda}(\boldsymbol{r})$ の積になる（図 3.3）．式 (3.15) の形の波動関数は **Bloch 関数**と呼ばれる．周期関数 $u_{\boldsymbol{k}\lambda}(\boldsymbol{r},s)$ と Bloch 関数 $\phi_{\boldsymbol{k}\lambda}(\boldsymbol{r},s)$ は任意の格子ベクトル $\boldsymbol{R}$ に対して

$$u_{\boldsymbol{k}\lambda}(\boldsymbol{r}+\boldsymbol{R},s)=u_{\boldsymbol{k}\lambda}(\boldsymbol{r},s) \tag{3.16}$$

$$\phi_{\boldsymbol{k}\lambda}(\boldsymbol{r}+\boldsymbol{R},s)=\mathrm{e}^{i\boldsymbol{k}\cdot\boldsymbol{R}}\phi_{\boldsymbol{k}\lambda}(\boldsymbol{r},s) \tag{3.17}$$

を満たす．Bloch 関数 $\phi_{\boldsymbol{k}\lambda}(\boldsymbol{r},s)$ は $\boldsymbol{k}$ に関する正規直交関係

$$\sum_s\int\phi^*_{\boldsymbol{k}\lambda}(\boldsymbol{r},s)\phi_{\boldsymbol{k}'\lambda'}(\boldsymbol{r},s)d\boldsymbol{r}=\delta_{\boldsymbol{k}\boldsymbol{k}'}f_{\lambda\lambda'} \tag{3.18}$$

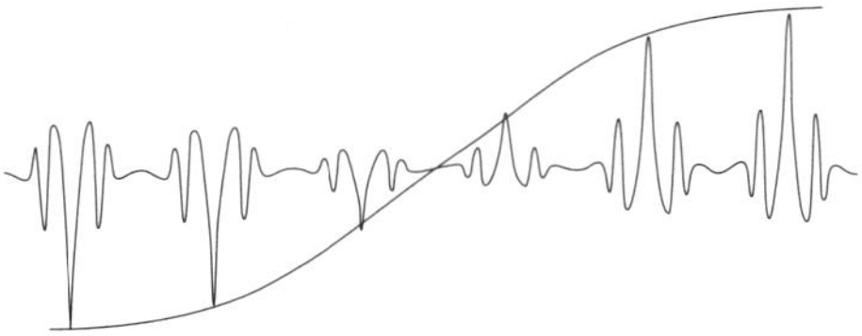

図 **3.3** Bloch の定理を満たす結晶の電子軌道

を満たす．ここで積分は系全体にわたって行う．$f_{\lambda\lambda'}$ は未定だが，1 電子ハミルトニアンが λ に依存しなければ式 (3.18) の右辺は $\delta_{\boldsymbol{k}\boldsymbol{k}'}\delta_{\lambda\lambda'}$ になる．

3.1.2 平面波と局在関数

周期関数は逆格子ベクトルの和の形に Fourier 級数に展開することができる．

$$u_{\boldsymbol{k}\lambda}(\boldsymbol{r}, s) = \frac{1}{\sqrt{\Omega}} \sum_{\boldsymbol{G}} \widetilde{u}_{\boldsymbol{k}\lambda}(\boldsymbol{G}, s)\mathrm{e}^{i\boldsymbol{G}\cdot\boldsymbol{r}}, \tag{3.19}$$

$$\widetilde{u}_{\boldsymbol{k}\lambda}(\boldsymbol{G}, s) = \frac{1}{\sqrt{\Omega}} \int_{\mathrm{cell}} \mathrm{e}^{-i\boldsymbol{G}\cdot\boldsymbol{r}} u_{\boldsymbol{k}\lambda}(\boldsymbol{r}, s) d\boldsymbol{r} \tag{3.20}$$

ここで Ω は単位胞の体積である．式 (3.19) を Bloch の定理 (3.15) に代入すると

$$\phi_{\boldsymbol{k}\lambda}(\boldsymbol{r}, s) = \frac{1}{\sqrt{\Omega}} \sum_{\boldsymbol{G}} \widetilde{u}_{\boldsymbol{k}\lambda}(\boldsymbol{G}, s)\mathrm{e}^{i(\boldsymbol{k}+\boldsymbol{G})\cdot\boldsymbol{r}} \tag{3.21}$$

となる．結晶全体の中に含まれる単位胞の総数を $\mathcal{N}$ とすると，基底関数

$$\langle\, \boldsymbol{r} \,|\, \boldsymbol{k} + \boldsymbol{G} \,\rangle = \frac{1}{\sqrt{\mathcal{N}\Omega}} \mathrm{e}^{i(\boldsymbol{k}+\boldsymbol{G})\cdot\boldsymbol{r}} \tag{3.22}$$

は**平面波**（plane wave，以下 PW と略す）と呼ばれ（結晶全体で規格化した），式 (3.21) の展開は平面波 (PW) 展開法と呼ばれる．実際の応用では，PW の運動エネルギー $\frac{1}{2}G^2$ の最大値が**カットオフエネルギー**と呼ばれる値に制限される．カットオフエネルギーが高ければ計算精度は増すが，計算時間も増大する．

PW は正規直交完全系をなし，行列要素を解析的に扱えるという利点がある．しかし，数値計算上，無限の数の PW を用いることはできず，カットオフエネルギー以下の PW のみで展開を行う．したがって内殻電子の短波長の振る舞いは記述困難である．PW 展開法では，DFT の場合，ハミルトニアン行列要素は

$$\begin{aligned}\mathcal{H}_{\boldsymbol{G}\boldsymbol{G}'}(\boldsymbol{k}) =& \langle \boldsymbol{k}+\boldsymbol{G}|\mathcal{H}|\boldsymbol{k}+\boldsymbol{G}'\rangle = \frac{1}{\Omega}\int_{\mathrm{cell}} \mathrm{e}^{-i(\boldsymbol{k}+\boldsymbol{G})\cdot\boldsymbol{r}}\,\mathcal{H}\,\mathrm{e}^{i(\boldsymbol{k}+\boldsymbol{G}')\cdot\boldsymbol{r}} d\boldsymbol{r} \\ =& \frac{1}{2}|\boldsymbol{k}+\boldsymbol{G}|^2\delta_{\boldsymbol{G}\boldsymbol{G}'} + \widetilde{v}(\boldsymbol{G}-\boldsymbol{G}')\end{aligned} \tag{3.23}$$

となる．ここで $\widetilde{v}$ は局所ポテンシャル $v(\boldsymbol{r})$ の Fourier 変換である．擬ポテンシャル法や HF 近似，第 5 章で述べる拡張準粒子方程式などの場合には，これに非局所的な行列要素が加わる．重なり行列はどの場合にも単位行列となる．

$$S_{\boldsymbol{G}\boldsymbol{G}'}(\boldsymbol{k}) = \langle \boldsymbol{k}+\boldsymbol{G}|\boldsymbol{k}+\boldsymbol{G}'\rangle = \delta_{\boldsymbol{G}\boldsymbol{G}'} \tag{3.24}$$

したがって，式 (3.22) の展開係数は

$$\sum_{\boldsymbol{G}'} \mathcal{H}_{\boldsymbol{G}\boldsymbol{G}'}(\boldsymbol{k})\widetilde{u}_{\boldsymbol{k}\lambda}(\boldsymbol{G}', s) = \varepsilon_{\boldsymbol{k}\lambda}\widetilde{u}_{\boldsymbol{k}\lambda}(\boldsymbol{G}, s) \tag{3.25}$$

の固有値方程式を満たすので，固有値は次の永年方程式の解として求まる．

$$\left|\mathcal{H}_{\boldsymbol{G}\boldsymbol{G}'}(\boldsymbol{k}) - \varepsilon_{\boldsymbol{k}\lambda}\delta_{\boldsymbol{G}\boldsymbol{G}'}\right| = 0 \tag{3.26}$$

固有値 $\varepsilon_{\boldsymbol{k}\lambda}$ は波数ベクトル $\boldsymbol{k}$ の滑らかな関数で，エネルギー分散曲線を表す．複数の準位のエネルギー分散曲線は束になるので，これを**エネルギーバンド**，その構造を**バンド構造**と呼んでいる．また，その計算を**バンド計算**という．

Bloch 関数を各単位胞に中心を置いた局在軌道 $\varphi_\lambda(\boldsymbol{r}, s)$ の重ね合わせとして

$$\phi_{\boldsymbol{k}\lambda}(\boldsymbol{r}, s) = \frac{1}{\sqrt{\mathcal{N}}}\sum_{\boldsymbol{R}} \mathrm{e}^{i\boldsymbol{k}\cdot\boldsymbol{R}}\varphi_\lambda(\boldsymbol{r}-\boldsymbol{R}, s) \tag{3.27}$$

のように表すこともできる．式 (3.27) が Bloch の定理 (3.17) を満たすことは容易にわかる．式 (3.27) の和は **Bloch 和**と呼ばれる．局在軌道は波数 $\boldsymbol{k}$ に依存しないので，式 (3.27) を $\boldsymbol{k}$ 空間から $\boldsymbol{R}$ 空間に Fourier 逆変換することで

$$\varphi_\lambda(\boldsymbol{r}-\boldsymbol{R}, s) = \frac{1}{\sqrt{\mathcal{N}}}\sum_{\boldsymbol{k}} \mathrm{e}^{-i\boldsymbol{k}\cdot\boldsymbol{R}}\phi_{\boldsymbol{k}\lambda}(\boldsymbol{r}, s) \tag{3.28}$$

と求められる．式 (3.28) の局在軌道 $\varphi_\lambda(\boldsymbol{r}, s)$ を **Wannier 関数**と呼ぶ．$\phi_{\boldsymbol{k}\lambda}(\boldsymbol{r}, s)$ と $\phi_{\boldsymbol{k}'\lambda'}(\boldsymbol{r}, s)$ は $\boldsymbol{k} \neq \boldsymbol{k}'$ なら直交するので，Wannier 関数 $\varphi_\lambda(\boldsymbol{r}-\boldsymbol{R}, s)$，

$\varphi_{\lambda'}(\boldsymbol{r}-\boldsymbol{R}',s)$ も $\boldsymbol{R} \neq \boldsymbol{R}'$ で（式 (3.18) がそうなら，$\lambda \neq \lambda'$ でも）直交する．

$$\sum_s \int \varphi^*_\lambda(\boldsymbol{r}-\boldsymbol{R},s)\varphi_{\lambda'}(\boldsymbol{r}-\boldsymbol{R}',s)d\boldsymbol{r} = \delta_{\boldsymbol{R}\boldsymbol{R}'} \tag{3.29}$$

式 (3.27) には位相 $e^{i\theta(\boldsymbol{k})}$ の不定性があり，この位相をうまく選べば Wannier 関数 $\varphi_\lambda(\boldsymbol{r}-\boldsymbol{R},s)$ の局在性を高められる．Souza ら [39] の**最大局在化した Wannier 関数**は Berry 位相，電子格子相互作用，輸送現象などの計算に利用されている．

式 (3.27) と Bloch の定理との関係を見るには，Bloch の定理に現れる周期関数 $\widetilde{u}_{\boldsymbol{k}\lambda}(\boldsymbol{G},s)$ の Fourier 変換がこの Wannier 関数と

$$\widetilde{u}_{\boldsymbol{k}\lambda}(\boldsymbol{G},s) = \frac{1}{\sqrt{\mathcal{N}}}\widetilde{\varphi}_\lambda(\boldsymbol{k}+\boldsymbol{G},s), \tag{3.30}$$

$$\widetilde{\varphi}_\lambda(\boldsymbol{k}+\boldsymbol{G},s) = \frac{1}{\sqrt{\Omega}}\int \varphi_\lambda(\boldsymbol{r},s)\mathrm{e}^{-i(\boldsymbol{k}+\boldsymbol{G})\cdot\boldsymbol{r}}d\boldsymbol{r} \tag{3.31}$$

の関係で結ばれていることに注意すればよい．ここで式 (3.31) の積分は全空間でとる．つまり，周期関数 $u_{\boldsymbol{k}\lambda}(\boldsymbol{r},s)$ の単位胞内での Fourier 変換 $\widetilde{u}_{\boldsymbol{k}\lambda}(\boldsymbol{G},s)$ は，Wannier 関数 $\varphi_\lambda(\boldsymbol{r},s)$ の全空間での Fourier 変換 $\widetilde{\varphi}_\lambda(\boldsymbol{k}+\boldsymbol{G},s)$ に等しい．

式 (3.27) より，波動関数 $\phi_{\boldsymbol{k}\lambda}(\boldsymbol{r},s)$ は，波数 $\boldsymbol{k}$ に任意の逆格子ベクトル $\boldsymbol{G}$ を加えても $e^{-i\boldsymbol{G}\cdot\boldsymbol{R}}=1$ なので変わらない，つまり $\phi_{\boldsymbol{k}\lambda}(\boldsymbol{r},s) = \phi_{\boldsymbol{k}+\boldsymbol{G},\lambda}(\boldsymbol{r},s)$ が成り立つ．このことが波数 $\boldsymbol{k}$ が第 1Brillouin 帯に制限される理由である．図 3.4 に FCC と BCC の第 1Brillouin 帯を図示する．FCC と BCC の第 1Brillouin 帯はそれぞれ BCC と FCC の Wigner–Seitz 胞と同じ形になる．$\boldsymbol{k}=0$ は Γ 点と呼ばれ，すべての点群の対称演算の下で不動である．その他の対称点はアルファベットの大文字で表され，点群の演算で不動か等価な別の位置に移る．

周期ポテンシャルの効果が非常に弱く，各電子が実質的に自由電子のように振る舞う場合を考えよう．このときには，Bloch 関数は単純に**平面波**になり，

$$\phi_{\boldsymbol{k}+\boldsymbol{G}_\lambda}(\boldsymbol{r},s) = \frac{1}{\sqrt{\mathcal{N}\Omega}}\exp\left[i(\boldsymbol{k}+\boldsymbol{G}_\lambda)\cdot\boldsymbol{r}\right] \tag{3.32}$$

で与えられ，エネルギー固有値は

$$\varepsilon_{\boldsymbol{k}+\boldsymbol{G}_\lambda} = \frac{1}{2}(\boldsymbol{k}+\boldsymbol{G}_\lambda)^2 \tag{3.33}$$

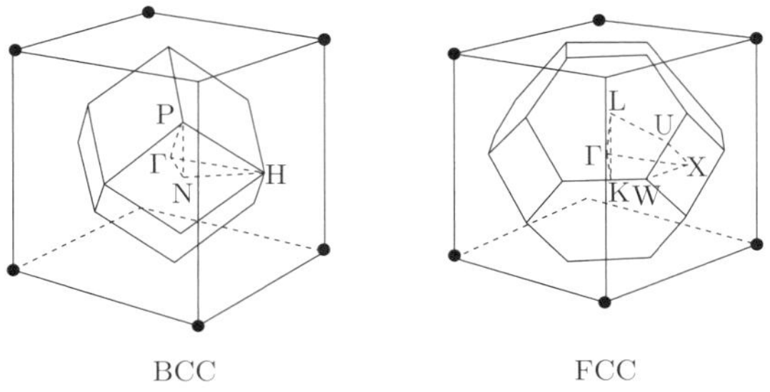

図 3.4　BCC と FCC の第 1Brillouin 帯

のようになる．これは自由電子の分散関係 $\varepsilon_{\boldsymbol{k}} = k^2/2$ を第 1Brillouin 帯の中に畳み込んだ形で（図 3.5），エネルギーバンドを構成する．周期ポテンシャルは

$$v(\boldsymbol{r}) = \sum_{\boldsymbol{G}} \widetilde{v}(\boldsymbol{G}) \mathrm{e}^{i\boldsymbol{G}\cdot\boldsymbol{r}}, \tag{3.34}$$

$$\widetilde{v}(\boldsymbol{G}) = \frac{1}{\Omega} \int_{\mathrm{cell}} \mathrm{e}^{-i\boldsymbol{G}\cdot\boldsymbol{r}} v(\boldsymbol{r}) d\boldsymbol{r} \tag{3.35}$$

のように Fourier 変換可能である．Brillouin 帯境界で縮退したエネルギー準位は周期ポテンシャルの影響で分裂することを示そう．Brillouin 帯の反対の境界

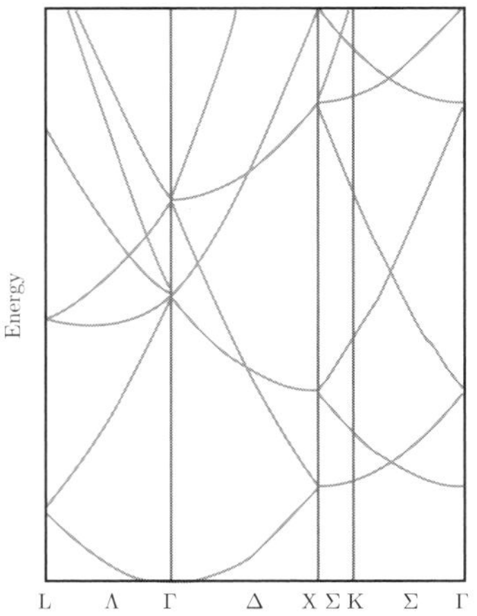

図 3.5　空格子近似で自由電子のエネルギー分散を折り畳んだ FCC のバンド構造．対称点と対称点の間を結ぶ対称線上でのエネルギー値を描いている．一般に，対称線は大文字のギリシャ文字（Δ, Λ, Σ など）で表される．

点 $\boldsymbol{k} = \pm\boldsymbol{G}/2$ は逆格子ベクトル $\boldsymbol{G}$ だけ離れており，周期ポテンシャルの Fourier 成分 $\widetilde{v}(\boldsymbol{G})$ によって互いに相互作用する．これらの点の Bloch 関数 $\phi_{-\boldsymbol{G}/2}(\boldsymbol{r})$, $\phi_{+\boldsymbol{G}/2}(\boldsymbol{r})$ を用いて，この相互作用の効果を調べる．相互作用がなければこれらの 2 状態は縮退し，エネルギー固有値は $G^2/8$ である．周期ポテンシャルを摂動として加えると，縮退のある場合の 1 次の摂動論は次の式を与える．

$$\begin{vmatrix} \frac{G^2}{8} - \varepsilon_\pm & \widetilde{v}^*(\boldsymbol{G}) \\ \widetilde{v}(\boldsymbol{G}) & \frac{G^2}{8} - \varepsilon_\pm \end{vmatrix} = 0 \tag{3.36}$$

$$\widetilde{v}(\boldsymbol{G}) = \langle \phi_{+\boldsymbol{G}/2} | v | \phi_{-\boldsymbol{G}/2} \rangle = \frac{1}{\Omega} \int_{\mathrm{cell}} \mathrm{e}^{-i\boldsymbol{G}\cdot\boldsymbol{r}} V(\boldsymbol{r}) d\boldsymbol{r} \tag{3.37}$$

$\widetilde{v}(\boldsymbol{G})$ は周期ポテンシャルの Fourier 変換である．式 (3.36) を解けば，固有値が

$$\varepsilon_\pm = \frac{G^8}{8} \pm |\widetilde{v}(\boldsymbol{G})| \tag{3.38}$$

に分裂することがわかる．分裂の大きさは $2|\widetilde{v}(\boldsymbol{G})|$ に等しい（図 3.6）．1 つのバンドが Brillouin 帯境界でこのように分裂すると，バンドギャップが生ずる．

この，**ほとんど自由な電子の近似** (nearly free-electron approximation) は摂動論でもう少し精密化することができる．例えば，2 次の摂動論を使えば

$$\varepsilon_{\boldsymbol{k}+\boldsymbol{G}_\lambda} = \frac{1}{2}(\boldsymbol{k}+\boldsymbol{G}_\lambda)^2 + 2 \sum_{\nu(\neq\lambda)} \frac{|\widetilde{v}(\boldsymbol{G}_\nu - \boldsymbol{G}_\lambda)|^2}{(\boldsymbol{k}+\boldsymbol{G}_\lambda)^2 - (\boldsymbol{k}+\boldsymbol{G}_\nu)^2} \tag{3.39}$$

を導くことができる．ここで和は $\boldsymbol{G}_\lambda$ 以外のすべての逆格子ベクトル $\boldsymbol{G}_\nu$ についてとる．式 (3.39) は単純金属では擬ポテンシャルを使えばかなり良い近似と

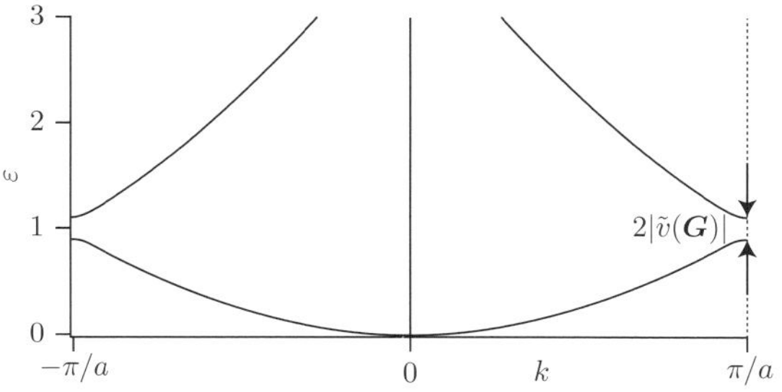

図 3.6　第 1Brillouin 帯境界に $2|\widetilde{v}(\boldsymbol{G})|$ のバンドギャップが生ずる

なるので，これで安定な結晶構造などをある程度議論することもできる．

価電子バンドと伝導バンドがバンドギャップ E_{g} で離れている半導体や絶縁体では，Chadi–Cohen [40] や Monkhorst–Pack [41] の特殊点法で Brillouin 帯中の $\boldsymbol{k}$ 点サンプリングを行うことができる．金属の場合には，電子スピン密度

$$n_s(\boldsymbol{r}, s) = \sum_{\lambda}^{\mathrm{occ}} \sum_{\boldsymbol{k} \in 1\mathrm{stBZ}} |\phi_{\boldsymbol{k}\lambda}(\boldsymbol{r}, s)|^2 \tag{3.40}$$

は Fermi 準位 ε_{F} より下の状態についての和なので，**状態密度 (density of states, DOS)** を計算する必要がある．バンド計算で金属の **Fermi 面**を求めることができる．実験では，金属の Fermi 面を決定するのに **de Haas–van Alphen 効果**が用いられる．これは帯磁率が外部磁場 H に対して，$1/H$ に比例して振動する現象であり，磁場方向に垂直な面に切ったときの $\boldsymbol{k}$ 空間における Fermi 面の断面の面積の停留値（最大値）を S とすると，$1/H$ は $2\pi e/c\hbar S$ の周期で振動する．したがって，この周期を測定することにより Fermi 面の断面積がわかる．

一方，平面波展開などで孤立分子を扱う際は，Coulomb 相互作用を分子長で切断し，一辺が分子長の 2 倍の単位胞を用いて隣の単位胞の影響を排除する．

3.2　基底関数での展開

Kohn–Sham (KS) 方程式，HF 方程式，あるいは第 5 章で述べる EQP 方程式を解いて KS 波動関数，HF 波動関数，EQP 波動関数（または KS 軌道，HF 軌道，EQP 軌道）を求めるには，大きく分けて 2 つの方法がある．ここでは，その 1 つ目の方法を紹介する．これは，基底関数で展開して展開係数に対するハミルトニアン行列の行列要素を計算し，その固有値問題の解として固有値エネルギーを求める方法である．これには LCAO 法，混合基底法，擬ポテンシャル法があるが，擬ポテンシャル法に関連した全電子計算法として PAW 法もある．

3.2.1　LCAO 法

第一原理計算で広く用いられているのは，波動関数を基底関数で展開し，ハ

ミルトニアン行列を対角化する方法である．例えば，Bloch 和 (3.27) に用いられる局在軌道（Wannier 関数）は**原子軌道**（atomic orbital，以下 AO と略す）で展開することができる．以下，簡単のためにスピン座標は省略する．

$$\varphi_\lambda(\boldsymbol{r}-\boldsymbol{R})=\sum_i\sum_{n_i}C^{\lambda}_{i,n_i}\chi_{n_i}(\boldsymbol{r}-\boldsymbol{R}-\boldsymbol{\tau}_i) \tag{3.41}$$

ここで $\chi_{n_i}(\boldsymbol{r}-\boldsymbol{R}-\boldsymbol{\tau}_i)$ は格子ベクトル $\boldsymbol{R}$ で指定された単位胞中の i 番目の原子位置 $\boldsymbol{R}+\boldsymbol{\tau}_i$ に中心を置く n_i 番目の AO 表す．式 (3.41) で与えられる局在軌道を用いて作られる Bloch 和 (3.27) は，Bloch 和基底関数の線形結合

$$\langle\,\boldsymbol{r}\,|\,\boldsymbol{k},i,n_i\,\rangle=\frac{1}{\sqrt{\mathcal{N}}}\sum_{\boldsymbol{R}}\mathrm{e}^{i\boldsymbol{k}\cdot\boldsymbol{R}}\varphi_{n_i}(\boldsymbol{r}-\boldsymbol{R}-\boldsymbol{\tau}_i) \tag{3.42}$$

$$\phi_{\boldsymbol{k}\lambda}(\boldsymbol{r})=\sum_i\sum_{n_i}C^{\boldsymbol{k}\lambda}_{i,n_i}\langle\,\boldsymbol{r}\,|\,\boldsymbol{k},i,n_i\,\rangle \tag{3.43}$$

に等しい．$\mathcal{N}$ は結晶全体中の単位胞の総数である．展開係数 $C^{\boldsymbol{k}\lambda}_{i,n_i}$ は $\boldsymbol{k}$ 依存性を持つので，各 $\boldsymbol{k}$ 点ごとに独立に求めることができる．この方法は **linear combination of atomic orbitals (LCAO) 法**と呼ばれる．各原子の占有軌道の角運動量 (s,p,d,f) を持つ全軌道に 1 つずつの AO を用いる方法は，最小基底 (minimal basis) と呼ばれる．例えば，Al 原子に対しては，$1s,2s,2p_x,2p_y,2p_z,3s,3p_x,3p_y,3p_z$ の AO を用いる．

LCAO 法では，2 つの AO は同一中心の場合を除き互いに直交しない．そのハミルトニアン行列要素は（$\boldsymbol{R}\to\boldsymbol{R}'',\boldsymbol{R}'\to\boldsymbol{R}''-\boldsymbol{R},\boldsymbol{r}\to\boldsymbol{r}+\boldsymbol{R}''$ と変換し）

$$\begin{aligned}
&H_{ij}(\boldsymbol{k},n_i;\boldsymbol{k}',n_j)=\langle\boldsymbol{k},i,n_i|\mathcal{H}|\boldsymbol{k}',j,n_j\rangle\\
&=\frac{1}{\mathcal{N}}\sum_{\boldsymbol{R},\boldsymbol{R}'}\mathrm{e}^{-i(\boldsymbol{k}\cdot\boldsymbol{R}-\boldsymbol{k}'\cdot\boldsymbol{R}')}\int\varphi^*_{n_i}(\boldsymbol{r}-\boldsymbol{R}-\boldsymbol{\tau}_i)\,\mathcal{H}\,\varphi_{n_j}(\boldsymbol{r}-\boldsymbol{R}'-\boldsymbol{\tau}_j)d\boldsymbol{r}\\
&=\delta_{\boldsymbol{k}\boldsymbol{k}'}\sum_{\boldsymbol{R}}\mathrm{e}^{-i\boldsymbol{k}\cdot\boldsymbol{R}}\int\varphi_{n_i}(\boldsymbol{r}-\boldsymbol{\tau}_i)\mathcal{H}\varphi_{n_j}(\boldsymbol{r}+\boldsymbol{R}-\boldsymbol{\tau}_j)d\boldsymbol{r}
\end{aligned} \tag{3.44}$$

で与えられる（$\sum_{\boldsymbol{R}''}e^{-i(\boldsymbol{k}-\boldsymbol{k}')\cdot\boldsymbol{R}''}=\mathcal{N}\delta_{\boldsymbol{k}\boldsymbol{k}'}$ を用いた）．同一中心の AO の行列要素の計算では 1 中心積分あるいはポテンシャル源を考慮すると 2 中心積分が必要になる．異中心の AO の行列要素の計算では 2 中心積分あるいは 3 中心積分が必要になる．同様に，重なり行列は次のようになる．

$$
\begin{aligned}
&S_{ij}(\boldsymbol{k}, n_i; \boldsymbol{k}', n_j) = \langle \boldsymbol{k}, i, n_i | \boldsymbol{k}', j, n_j \rangle \\
&= \frac{1}{\mathcal{N}} \sum_{\boldsymbol{R}, \boldsymbol{R}'} \mathrm{e}^{-i(\boldsymbol{k}\cdot\boldsymbol{R} - \boldsymbol{k}'\cdot\boldsymbol{R}')} \int \varphi_{n_i}(\boldsymbol{r} - \boldsymbol{R} - \boldsymbol{\tau}_i)\varphi_{n_j}(\boldsymbol{r} - \boldsymbol{R}' - \boldsymbol{\tau}_j) d\boldsymbol{r} \\
&= \delta_{\boldsymbol{k}\boldsymbol{k}'} \sum_{\boldsymbol{R}} \mathrm{e}^{-i\boldsymbol{k}\cdot\boldsymbol{R}} \int \varphi_{n_i}(\boldsymbol{r} - \boldsymbol{\tau}_i)\varphi_{n_j}(\boldsymbol{r} + \boldsymbol{R} - \boldsymbol{\tau}_j) d\boldsymbol{r}
\end{aligned} \tag{3.45}
$$

これらの行列要素を用いて，解くべき方程式は一般化固有値問題

$$
\sum_j \sum_{n_j} H_{ij}(n_i, n_j; \boldsymbol{k}) C_{j,n_j}^{\boldsymbol{k}\lambda} = \varepsilon_{\boldsymbol{k}\lambda} \sum_j \sum_{n_j} S_{ij}(n_i, n_j; \boldsymbol{k}) C_{j,n_j}^{\boldsymbol{k}\lambda} \tag{3.46}
$$

になる．ここで $C_{j,n_j}^{\boldsymbol{k}\lambda}$ は1粒子状態 $\boldsymbol{k}, \lambda$ を展開したときの j 番目の原子の n_j 番目の原子軌道にかかる係数である．記法を簡単化するために，式 (3.46) を

$$
\sum_j H_{ij}(\boldsymbol{k}) C_j^{\boldsymbol{k}\lambda} = \varepsilon_{\boldsymbol{k}\lambda} \sum_j S_{ij}(\boldsymbol{k}) C_j^{\boldsymbol{k}\lambda} \tag{3.47}
$$

と書く．ここで，i, j は (i, n_i), (j, n_j) を省略したインデックスである．

Bloch 和に用いられる原子軌道は動径関数と球面調和関数（または立方調和関数）の積で表す．動径関数には水素原子の厳密解に現れるような **Slater 型軌道 (Slater-type orbital, STO)**，釣鐘状のガウス関数と r^n の積の形の **Gauss 型軌道 (Gaussian-type orbital, GTO)**，あるいは**数値軌道 (numerical orbital)** が用いられる．行列要素 (3.44), (3.45) を求めるにはできる限り解析的な式を用いるが，できない場合には動径方向の1次元積分を数値的に高精度で行い，2中心積分には数表やモンテカルロ積分を用いたりすることもある．

LCAO 法などでは，基底関数が互いに直交しないので，式 (3.46) のような一般化固有値問題を解く必要がある．一般化固有値問題は **Choleski 分解**によって通常の固有値問題に変換することができる [42]．Choleski 分解とは，重なり行列 S を下三角行列 L とそのエルミート共役の積に分解する方法である．

$$
S = LL^\dagger \tag{3.48}
$$

すると，直交化された基底に対する係数ベクトルは

$$
D_i^{\boldsymbol{k}\lambda} = \sum_j L_{ij}^\dagger C_j^{\boldsymbol{k}\lambda} \tag{3.49}
$$

で与えられ，直交化された基底に対するハミルトニアン行列は

$$\mathcal{H}' = L^{-1}\mathcal{H}L^{\dagger -1} \tag{3.50}$$

となる．そして，このように変換された行列とベクトルは，直交化されたベクトル空間で，元と同じ固有値 $\varepsilon_{\boldsymbol{k}\lambda}$ を持つ通常の固有値方程式になる．

$$\sum_j H'_{ij} D_j^{\boldsymbol{k}\lambda} = \varepsilon_{\boldsymbol{k}\lambda} D_i^{\boldsymbol{k}\lambda} \tag{3.51}$$

下三角行列の逆行列 L^{-1}（これも下三角行列である）は，重なり行列要素から再帰的な方法で計算される．L^{-1} の $n \times n$ の部分行列が計算できたとして，次に $(n+1) \times (n+1)$ に拡張する手続きを考えると，L^{-1} に追加される要素は次のように簡単に計算できる [42]．

$$(L^{\dagger})_{i,n+1} = \sum_{j=1}^{n} (L^{-1})_{i,j} S_{j,n+1} \tag{3.52}$$

$$(L^{-1})_{n+1,n+1} = \Big(S_{n+1,n+1} - \sum_{i=1}^{n} (L^{\dagger})^*_{i,n+1} (L^{\dagger})_{i,n+1} \Big)^{-1/2} \tag{3.53}$$

$$(L^{-1})_{n+1,i} = -(L^{-1})_{n+1,n+1} \sum_{j=i}^{n} (L^{\dagger})^*_{j,n+1} (L^{-1})_{j,i} \tag{3.54}$$

LCAO 法には 2 つの問題点がある．その 1 つは**不完全基底の問題**である．AO は完全性の条件を満たさないので，空間の任意の関数を展開することができない．そこで，例えば，真空準位よりも高い正のエネルギーを持った電子の波などを記述できない．これは不完全基底の問題と呼ばれる．AO を使って束縛状態だけを記述するなら良いが，非束縛励起状態を記述しようとすると問題が生ずる．摂動展開や線形応答理論などでも，中間状態に状態の完全系を挟む必要がある．つまり，無限の非占有軌道についての和が必要であり，負の電子親和力などを議論する場合には正のエネルギー状態を取り込む必要も生ずるため，そのような場合に AO は完全系をなさないので，AO の基底数を増やしても十分な非占有軌道が計算に取り入れられているかは確認を要する．2 つ目の問題は**基底関数重なり誤差 (basis set superposition error, BSSE)** である（図

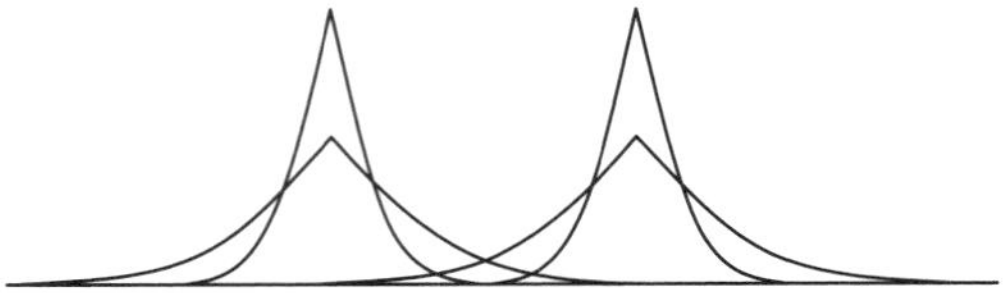

図 **3.7**　基底関数重なり誤差（BSSE）

3.7)．これは，隣接原子の AO 同士が重なるので，原子間距離が短くなると重なりが増し，隣の原子軌道の裾で，自分自身の波動関数を記述しやすくなる，という問題である．量子力学の変分原理によれば，このように記述が豊かになると，変分パラメータが実効的に増加するという意味で，エネルギーが低下する．そのため，実際には束縛されないはずの 2 原子が束縛されたほうが安定になったりすることが起こり得る．これが基底関数重なり誤差 (BSSE) である．この誤差を防ぐには，あらかじめ AO 基底数を十分に増やしておくしかない．

LCAO 法で原子や分子などの孤立系を扱う場合には単位胞を仮定する必要はなく，Bloch 和を作る必要もないので，計算は簡単になる．量子化学計算は通常このようにして行われる．したがって，その計算手法を結晶に適用するのは一般に難しい．しかし，LCAO 法でも結晶に対応しているプログラムも多く存在し，それらを用いれば波数ベクトル $\boldsymbol{k}$ 点に依存する計算が可能である．

3.2.2　混合基底法

平面波 (3.22) と原子軌道の Bloch 和 (3.42) の両方を展開基底に用いる**混合基底 (mixed basis) 法**もある（図 3.8(a)）．以下では平面波を PW と略し，原子軌道の Bloch 和を AO と略す．この方法でも PW は互いに直交するので，PW–PW 行列要素 $\langle \mathrm{PW}|\mathcal{H}_s|\mathrm{PW}\rangle$，$\langle \mathrm{PW}|\mathrm{PW}\rangle$ は平面波展開と同じく式 (3.23), (3.24) で評価できる．一方，PW と AO は直交しないので，PW–AO 行列要素は

$$\begin{aligned}
&\langle \boldsymbol{k}+\boldsymbol{G}|\mathcal{H}|\boldsymbol{k},i,n_i\rangle \\
&=\sum_{\boldsymbol{G}'}\left[\frac{1}{2}|\boldsymbol{k}+\boldsymbol{G}|^2\delta_{\boldsymbol{G}\boldsymbol{G}'}+\widetilde{v}(\boldsymbol{G}-\boldsymbol{G}')\right]\mathrm{e}^{-i(\boldsymbol{k}+\boldsymbol{G}')\cdot\boldsymbol{\tau}_i}\widetilde{\varphi}_{n_i}(\boldsymbol{k}+\boldsymbol{G}') \qquad (3.55\mathrm{a})
\end{aligned}$$

$$\langle \boldsymbol{k}+\boldsymbol{G}|\boldsymbol{k},i,n_i\rangle = \mathrm{e}^{-i(\boldsymbol{k}+\boldsymbol{G})\cdot\boldsymbol{\tau}_i}\widetilde{\varphi}_{n_i}(\boldsymbol{k}+\boldsymbol{G}) \qquad (3.55\mathrm{b})$$

$$\widetilde{\varphi}_{n_i}(\boldsymbol{k}+\boldsymbol{G})=\frac{1}{\sqrt{\Omega}}\int\varphi_{n_i}(\boldsymbol{r})\mathrm{e}^{-i(\boldsymbol{k}+\boldsymbol{G})\cdot\boldsymbol{r}}d\boldsymbol{r} \tag{3.55c}$$

と評価される．式 (3.55c) の積分は式 (3.31) のように全空間で行う．最後に，AO–AO 行列要素は式 (3.44) のように，LCAO 法と同様に評価される．これらの行列要素は図 3.8(b) のような形でハミルトニアン行列と重なり行列に現れる．

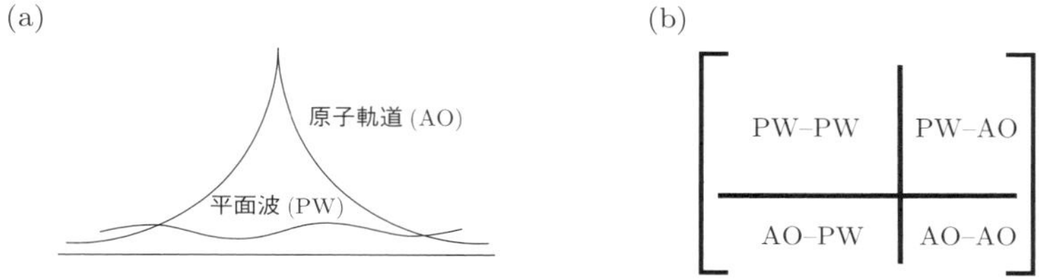

図 3.8 全電子混合基底法の (a) 平面波 (PW) と原子軌道 (AO) の表現と (b) 行列表現

混合基底法には**オーバーコンプリートネス (overcompleteness)** の問題がある．これは，PW が完全基底なので，それに AO を加えると展開係数が決まらないという問題である．しかし，数値計算上はカットオフエネルギーまでの PW しか用いないので，AO を空間的に局在させればこの問題を回避できる．そこで，AO に内殻軌道のみを用いることが提案された．その場合，内殻も価電子や伝導電子と同様に扱え，全電子計算となる．そのような混合基底法は Kunz [43] が 1968 年に発表した．この取り扱いでは，隣接原子間の内殻電子軌道の重なりはほぼ 0 なので，AO を**重ならない原子球**の中に限定でき，隣接原子の AO 間の重なり行列が必要なくなる．そのうえ，PW は空間的に広がった部分を記述し，AO は空間的に局在した部分を記述するという役割分担がはっきりするので，オーバーコンプリートネスの問題も回避できる．さらに，隣の原子の AO との重なりが無いために，基底関数重なり誤差 (BSSE) の問題も起こらない．

混合基底の AO に Gauss 型軌道 (GTO) を用いると PW–AO 行列要素の計算が解析的に容易になる．AO–AO 行列要素で，隣の原子との重なり積分は必要だが，GTO は裾を引かないので計算精度は要求されない．同じ理由で基底関数重なり誤差 (BSSE) の問題も低減される．混合基底法に初めて GTO を用いたのは Euwema [44] である．最も深い内殻電子軌道以外は精度良く記述することができたが，全電子計算には至らなかった．1979 年に Louie ら [42] は，次節に述べる擬ポテンシャル法を用いて内殻電子を計算から排除することにより，GTO を用いる混合基底法を用いてニオブやパラジウムのバンド計算に成功した．GTO の導入により，必要な PW の数を減らすことができ，内殻に近いところまで局在した電子状態を精密の記述することが可能となった．

混合基底法に内殻と価電子の両方の AO を用いるのが自然な拡張である．正確な AO は数値軌道で表現される．数値軌道を用いる別のメリットは，裾を引く価電子 AO を縮めて，重ならない原子球の中に収めることができる点にある．このようにすると，もともとの価電子 AO との差を補償する必要が生ずるが，そもそも原子間領域では孤立原子の AO とは形が異なり，いずれにしても補償は必要である．真の分子軌道と縮めた AO との差は空間的にゆるやかに変化するので，この差は PW の重ね合わせで表せる．このように AO を重ならない原子球の中に閉じ込めることにより，内殻 AO のみを用いる混合基底法で述べたように，隣接 AO 間の重なり積分が不要となる他，オーバーコンプリートネスを低減でき，基底関数重なり誤差 (BSSE) の問題も回避できる．何よりも重要なことは，LCAO 法と異なり，平面波を用いているので，不完全基底の問題がないということである．このような全電子計算手法を**全電子混合基底法**と呼ぶ．

筆者らはこのような全電子混合基底法プログラムを開発してきた [45,46]．図 3.9 は全電子混合基底法の LDA で計算されたダイヤモンド構造のシリコンのバンド構造である．縦軸の単位はハートリー (1 Hartree=27.2114 eV) で，横軸は

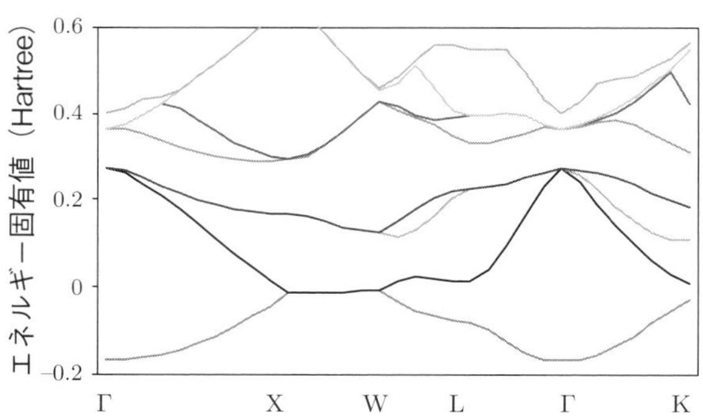

図 3.9 全電子混合基底法の LDA で計算されたシリコンのバンド構造

Brillouin 帯の対称点と対称点を結ぶ対称軸上の波数ベクトルを表す．価電子バンドのトップは $\boldsymbol{k}=0$ の Γ 点にあり，伝導バンドの底は X 点付近にあり，間接ギャップである（価電子バンドトップと伝導バンドの底が同じ $\boldsymbol{k}$ 点にある場合は直接ギャップと呼ばれ発光が起こりやすい）．バンドギャップは 0.45 eV で実験値の 1.11 eV よりも小さい．これは LDA がエネルギーギャップを過小評価することによる．また，図 3.10 は全電子混合基底法の LSDA で計算された FCC ニッケルのバンド構造である．各バンドは↑スピン状態と↓スピン状態に対応して 2 つのサブバンドに分裂している．水平線は Fermi 準位である．

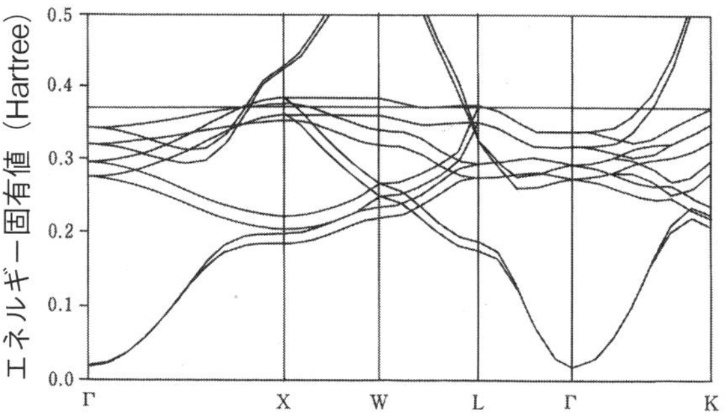

図 3.10 全電子混合基底法の LSDA で計算された FCC ニッケルのバンド構造．単位はハートリー (1 Hartree=27.2114 eV)，横線は Fermi 準位を表す

3.2.3 擬ポテンシャル法

ナイーブな平面波展開法は平面波基底関数の数に対して電子状態の収束性が非常に悪いという困難を持っている．そこで必要な平面波数を減らすために，**直交化された平面波 (orthogonalized plane wave, OPW) 法**が考案された．この方法は後に広く用いられるようになった擬ポテンシャル法の前身である [47]．すべての内殻（電子）軌道に直交させた平面波のことを直交化された平面波 (OPW) と呼ぶ．価電子状態の波動関数はすべての内殻軌道と直交しているので，それらは OPW で記述することができる．1 つの OPW は 1 つの平面波と複数の内殻軌道の重ね合わせで表される．内殻軌道 $|i\rangle$ への射影演算子を

$$P=\sum_{i}^{\mathrm{core}}|i\rangle\langle i| \tag{3.56}$$

と書くと，OPW は次のように導入できる．

$$|\mathrm{OPW}\ \boldsymbol{k}+\boldsymbol{G}\rangle = (1-P)|\boldsymbol{k}+\boldsymbol{G}\rangle = |\boldsymbol{k}+\boldsymbol{G}\rangle - \sum_{i}^{\mathrm{core}} |i\rangle\langle i|\boldsymbol{k}+\boldsymbol{G}\rangle \tag{3.57}$$

ここで $|\boldsymbol{k}+\boldsymbol{G}\rangle$ は波数ベクトル $\boldsymbol{k}+\boldsymbol{G}$ を持つ平面波である．真の波動関数 $|\boldsymbol{k}\lambda\rangle$ はこれら OPW の線形結合で与えられ，

$$|\boldsymbol{k}\lambda\rangle = (1-P)|\boldsymbol{k}\lambda) \tag{3.58}$$

と表すことができる．ここで，$|\boldsymbol{k}\lambda)$ は次のような平面波展開である．

$$|\boldsymbol{k}\lambda) = \sum_{\boldsymbol{G}} C_{\boldsymbol{k}\boldsymbol{G}}^{\lambda} |\boldsymbol{k}+\boldsymbol{G}\rangle \tag{3.59}$$

式 (3.57) で定義される OPW 基底関数 $|\mathrm{OPW}\ \boldsymbol{k}+\boldsymbol{G}\rangle$ はすべての内殻軌道と直交した平面波である．それゆえ，OPW 法で得られる永年方程式は価電子と伝導電子の状態を与えるが，内殻電子の状態は与えない．OPW 法では内殻軌道は固定されており，Slater 型軌道や数値軌道などで与えられる．

Deegan と Twose [48] は次節に述べるマフィンティンポテンシャルを用いて内殻軌道を決定し，これらの内殻のマフィンティン軌道 に直交するように OPW を作った．Euwema と Stukel [49] は **Herman–Skillman 原子コード** [50] を用いて，重ならない原子球内で定義される内殻の数値軌道を作った．OPW 法で必要となる行列要素は本質的に前節で述べた混合基底法のものと同じである．しかし，OPW 法では PW をはじめから AO に直交させておくので，内殻軌道は計算スキームから完全に除外される．これが全電子混合基底法と異なる点である．

ところで，結晶中の原子間の結合を調べる場合には内殻電子は直接的に現象に関与することはなく，価電子が重要な寄与をなす．そのような場合には，はじめから内殻電子の情報を取り去って，必要な計算量を減らすことを考えるのが良い．計算から内殻電子を完全に排除するこのような方法が**擬ポテンシャル法**である [51]．この方法で扱う波動関数を**擬波動関数**と呼び，真の波動関数と区別する．擬波動関数の記述は平面波展開法でも良いし，LCAO 法でも構わない．あるいは，PW と GTO を合わせた混合基底法にも適している．

擬ポテンシャル・平面波展開法はOPW法から派生したものである．式(3.58)をKohn–Sham方程式に代入すると次式が得られる．

$$\left[-\frac{1}{2}\nabla^2 + v_{\mathrm{pp}}(\boldsymbol{r})\right]|\boldsymbol{k}\lambda) = \varepsilon_{\boldsymbol{k}\lambda}|\boldsymbol{k}\lambda), \tag{3.60}$$

$$v_{\mathrm{pp}}(\boldsymbol{r}) = v(\boldsymbol{r}) + \sum_i^{\mathrm{core}} (\varepsilon_{\boldsymbol{k}\lambda} - \varepsilon_i)|i\rangle\langle i| \tag{3.61}$$

ここで $v(\boldsymbol{r})$ は自己無撞着ポテンシャルを表す．式(3.61)で導入された非局所的な関数 $v_{\mathrm{pp}}(\boldsymbol{r})$ は平面波の感じるポテンシャルとみなせ，擬ポテンシャルと呼ばれる．このポテンシャルの非局所的な演算子の形は扱いが不便なので，しばしば局所的なものに置き換えられ，実験値や全電子計算の値にフィットするように決められた．そのような経験的擬ポテンシャルが1970年代に作られた．

現在広く用いられているノルム保存型擬ポテンシャル[52]は擬波動関数が内殻の半径を意味するカットオフ半径 r_{c} の外側で真の波動関数と同じ値を持ち，全体のノルムが同じになるように作られる．擬波動関数は半径 r_{c} の内側ではできる限り滑らかになるように作られる．ただし，**カットオフ半径**で，真の波動関数と値と微分値が一致するという接続条件を満たすようにする．これは非局所的な擬ポテンシャルであり，$\boldsymbol{G}$ と $\boldsymbol{G}'$ に独立に依存する．それらは $\boldsymbol{G}$ と $\boldsymbol{G}'$ の差のみ依存する局所部分とそれ以外の非局所部分に分けられる．

$$v_{\mathrm{pp}}(\boldsymbol{k}+\boldsymbol{G}, \boldsymbol{k}+\boldsymbol{G}') = v_{\mathrm{local}}(\boldsymbol{G}-\boldsymbol{G}') + \sum_l v_{\mathrm{NL},l}(\boldsymbol{k}+\boldsymbol{G}, \boldsymbol{k}+\boldsymbol{G}') \tag{3.62}$$

非局所部分は空間的に局在しており，角運動量量子数 l に依存する．角度方向にのみ非局所的で，動径方向には局所的なポテンシャル $\frac{1}{4\pi}\,|\,Y_{lm}\,\rangle v_{\mathrm{NL},l}(r)\langle\, Y_{lm}\,|$（$m$ は磁気量子数，Y_{lm} は球面調和関数）を2つの平面波で挟んだ行列要素は

$$v_{\mathrm{NL},l}(\boldsymbol{k}+\boldsymbol{G}, \boldsymbol{k}+\boldsymbol{G}') = \frac{2l+1}{\Omega} P_l(\cos\gamma) \times \int_0^\infty j_l(|\boldsymbol{k}+\boldsymbol{G}|r) v_{\mathrm{NL},l}(r) j_l(|\boldsymbol{k}+\boldsymbol{G}'|r) r^2 dr \tag{3.63}$$

となる．ここで，Ω は単位胞の体積，$j_l(x)$ は球ベッセル関数，$P_l(\cos\gamma)$ は

$$\cos\gamma = \frac{(\boldsymbol{k}+\boldsymbol{G})\cdot(\boldsymbol{k}+\boldsymbol{G}')}{|\boldsymbol{k}+\boldsymbol{G}||\boldsymbol{k}+\boldsymbol{G}'|} \tag{3.64}$$

とする Legendre 多項式である．すべての $\boldsymbol{G}, \boldsymbol{G}'$ に対して計算が必要である．

Kleinman と Bylander [53] は式 (3.61) の $|i\rangle\langle i|$ の平面波に対する行列要素が

$$P_l(\cos\gamma)\int \phi_{il}(r)j_l(|\boldsymbol{k}+\boldsymbol{G}|r)r^2dr\int \phi_{il}^*(r')j_l(|\boldsymbol{k}+\boldsymbol{G}'|r')r'^2dr' \tag{3.65}$$

に比例し，$\int \phi_{il}(r)j_l(|\boldsymbol{k}+\boldsymbol{G}|r)r^2dr$ の計算のみで済むことに着目して，式 (3.63), (3.65) を合わせた非局所ポテンシャルに対して次の変数分離形を提案した．

$$v_{\mathrm{NL},l}^{\mathrm{KB}}(\boldsymbol{k}+\boldsymbol{G},\boldsymbol{k}+\boldsymbol{G}') = \frac{\dfrac{1}{4\pi}\displaystyle\sum_{m=-l}^{l} Y_{lm}(\widehat{\boldsymbol{k}+\boldsymbol{G}})Y_{lm}^*(\widehat{\boldsymbol{k}+\boldsymbol{G}'})}{\Omega\displaystyle\int \phi_{il}^*(r)v_{\mathrm{NL},l}(r)\phi_{il}(r)r^2dr}$$
$$\times\int \phi_{il}(r)v_{\mathrm{NL},l}(r)j_l(|\boldsymbol{k}+\boldsymbol{G}|r)r^2dr\int \phi_{il}^*(r')v_{\mathrm{NL},l}(r')j_l(|\boldsymbol{k}+\boldsymbol{G}'|r')r'^2dr' \tag{3.66}$$

ノルム保存型擬ポテンシャルを構築する際，カットオフ半径 r_c での接続条件，半径の内側 $r < r_\mathrm{c}$ での擬波動関数の選び方などのパラメータが存在する．それゆえ，適切なパラメータを選ぶことにより，平面波に要求されるカットオフエネルギーを減らすことができる．それを行うにあたり，Troullier と Martins [54] は擬波動関数と真の波動関数を $r = r_\mathrm{c}$ で接続する効率の良い方法を提案した．

非局所的な部分に Kleinman–Bylander の形が用いられることが多いが，これは，バンド計算を行うエネルギーの窓を広くとると，幽霊状態と呼ばれる非物理的なエネルギー準位が現れることがある．幽霊状態の出現は擬ポテンシャルの分離可能形の使用に対して，Wronskian 定理が成り立たないことに起因している．この問題を回避する方法が Gonze ら [55] により議論されている．

このノルム保存型の擬ポテンシャルの概念を超えて，**ウルトラソフト擬ポテンシャル**と呼ばれるノルム非保存型擬ポテンシャルが 1990 年に Vanderbilt [56] により提案された．擬波動関数をノルムを保存することなく内殻領域で可能な限り滑らかにでき，平面波のカットオフエネルギーを減らすことができる（図 3.11）．ノルムの保存については一般化固有値問題として後から考慮できる．

その角運動量が初めて現れる軌道 ($1s$, $2p$, $3d$, $4f$, ...) は，内側にそれと直交する軌道 ($0s$, $1p$, $2d$, $3f$, ...) がないため，原子核の Coulomb 相互作用で内側に

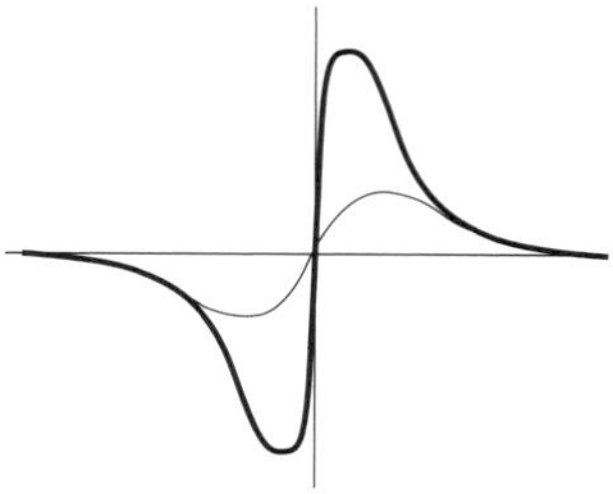

図 3.11 ウルトラソフト擬ポテンシャルに対する擬波動関数（細線）と真の波動関数（太線）

侵入でき，局在性が強い．それ以外の軌道 ($2s$, $3s$, $3p$, $4s$, $4p$, $4d$, ...) は内側の軌道 ($1s$, $2s$, $2p$, $3s$, $3p$, $3d$, ...) と直交するため，内側に侵入せず，空間的に広がる．このため，第 2 周期元素の $2p$ 軌道，遷移金属元素の $3d$ 軌道，希土類元素の $4f$ 軌道などを表すには高い平面波のカットオフエネルギーが要求される．これらの元素にはウルトラソフト擬ポテンシャルの使用が効果的である．

擬ポテンシャル法は，全電子計算との関係性が不透明であるという問題がある．この問題を解決するために，Kresse と Joubert [57] は Blöchl [58] の**射影補強波 (projector-augmented-wave, PAW) 法**を改良した．今日では，PAW は通常，Kresse–Joubert の擬ポテンシャル法の再定式化を指す．

3.3 マフィンティン近似を用いる方法

これまで Kohn–Sham (KS) 方程式や HF 方程式などを解く第 1 の方法として，KS 波動関数，HF 波動関数（または KS 軌道，HF 軌道）を基底関数で展開する方法を紹介してきた．このような基底関数で展開する方法とは異なり，第 2 の方法として，原子核の付近のマフィンティンと呼ばれる球対称ポテンシャルを設けることにより，動径方向の 1 次元の微分方程式を解いて，それを外部の平面波と接続する接続条件から固有値エネルギーを求めていく方法がある．ここでは，このような方法として，APW 法，LAPW 法，KKR 法を順番に紹介していく．もちろん球対称ポテンシャルは近似なので，現在では，非球対称成分を補正するフルポテンシャルの方法も広く使われている．

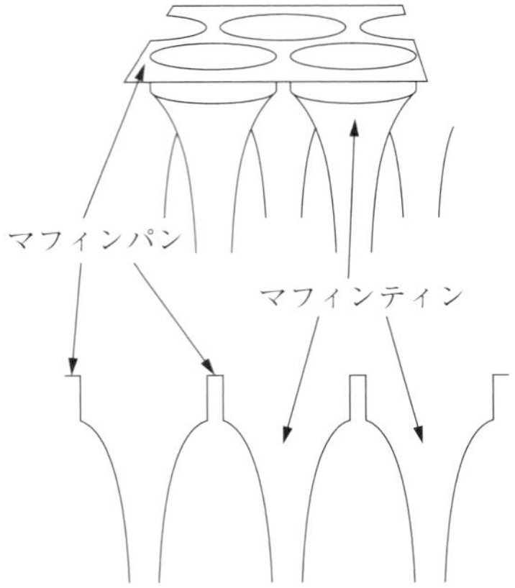

図 3.12　マフィンティンとマフィンパンの模式図．各マフィンティンの底は図では切られているが，$-\infty$ である．

3.3.1　APW 法

基底関数展開法とは異なり，ポテンシャルの形を単純化するセル法もある．マフィンティン近似では，電子の感じるポテンシャルを 2 つの領域に分ける．1 つは，各原子の周りの重ならない原子球の球対称部分であり，マフィンティンと呼ばれる（図 3.12）．マフィンティンは Wigner–Seitz セルの内側にとる．マフィンティンの半径 r_{MT}（マフィンティン半径）は適合パラメータである．マフィンティンの外側の領域はマフィンパンポテンシャルは一定値 $v_{\mathrm{muffin-pan}}$ をとり，平らである．この形のポテンシャルは**マフィンティンポテンシャル**と呼ばれる．マフィンティン内のポテンシャルの球対称からのずれは後から補正することができ，そのような方法を**フルポテンシャルの方法**という．

原子核位置 $\boldsymbol{R}$ に中心を置くマフィンティンの内部では，球対称ポテンシャル $v(|\boldsymbol{r}-\boldsymbol{R}|)$ 中の有効 1 電子波動関数は（簡単のためスピン座標は省略する）

$$\phi_{\boldsymbol{k}}^{\mathrm{in}}(\boldsymbol{r}) = \mathrm{e}^{i\boldsymbol{k}\cdot\boldsymbol{R}} \sum_{lm} A_{lm} Y_{lm}(\theta_{\boldsymbol{r}}, \phi_{\boldsymbol{r}}) R_l(|\boldsymbol{r}-\boldsymbol{R}|) \tag{3.67}$$

の形に書ける．ここで，l と m は角運動量に関係する量子数であり，$Y_{lm}(\theta_{\boldsymbol{r}}, \phi_{\boldsymbol{r}})$ は球面調和関数を表す．動径波動関数 $R_l(r)$ は動径方向の Kohn–Sham 方程式

$$\mathcal{H}_r R_l(r) = -\frac{1}{2r^2}\frac{d}{dr}\left(r^2\frac{dR_l(r)}{dr}\right) + \left[\frac{l(l+1)}{2r^2} + v(r)\right]R_l(r) = \varepsilon R_l(r) \quad (3.68)$$

を固有エネルギー ε が与えられたものとして，r について数値的に積分して得られる．これは，もともと孤立原子に対して考案された Herman–Skillman 原子コード [50] を用いて計算される．そのようなマフィンティン内部で決められる波動関数は**マフィンティン軌道 (muffin-tin orbital, MTO)** と呼ばれる．

一方，マフィンパン領域の波動関数は波数ベクトル $\boldsymbol{k}$ を持つ平面波に等しい．

$$\phi_{\boldsymbol{k}}^{\text{out}}(\boldsymbol{r}) = \sum_{\boldsymbol{G}} C_{\boldsymbol{k}}(\boldsymbol{G})\mathrm{e}^{i(\boldsymbol{k}+\boldsymbol{G})\cdot\boldsymbol{r}} \quad (3.69)$$

ここで，式 (3.69) に現れる指数関数は球ベッセル関数と球面調和関数の積の線形結合で次のように展開できることに注意する．

$$\mathrm{e}^{i(\boldsymbol{k}+\boldsymbol{G})\cdot\boldsymbol{r}} = 4\pi\sum_{l,m} i^l j_l(|\boldsymbol{k}+\boldsymbol{G}|r)Y_{lm}(\theta_{\boldsymbol{r}},\phi_{\boldsymbol{r}})Y_{lm}(\theta_{\boldsymbol{k}+\boldsymbol{G}},\phi_{\boldsymbol{k}+\boldsymbol{G}}) \quad (3.70)$$

このようにして得られたマフィンティン球の内側と外側の波動関数はマフィンティン半径 r_{MT} で連続的につながる必要があり，この接続条件から

$$A_{lm}(\boldsymbol{k}+\boldsymbol{G})R_l(r_{\text{MT}}) = 4\pi i^l C_{\boldsymbol{k}}(\boldsymbol{G})j_l(|\boldsymbol{k}+\boldsymbol{G}|r_{\text{MT}})Y_{lm}(\theta_{\boldsymbol{k}+\boldsymbol{G}},\phi_{\boldsymbol{k}+\boldsymbol{G}}) \quad (3.71)$$

が成り立たなければならないことがわかる．ここで $\theta_{\boldsymbol{k}+\boldsymbol{G}}$ と $\phi_{\boldsymbol{k}+\boldsymbol{G}}$ はベクトル $\boldsymbol{k}+\boldsymbol{G}$ の立体角である．平面波の各成分にマフィンティン軌道 をつなげる“補強”を行ったため，A_{lm} に $\boldsymbol{k}+\boldsymbol{G}$ の引数を加えた．このように各 $\boldsymbol{G}$ に対して得られる波動関数は補強された平面波 (augmented-plane-wave, APW) と呼ばれる．APW はマフィンティン球面上で傾きが同じではないので，エネルギー期待値を最小にすることで，マフィンティン球の中と外を滑らかにつなげる．このため，単位胞内での積分

$$\int_{\text{cell}}\left\{\frac{1}{2}[\boldsymbol{\nabla}\phi_{\boldsymbol{k}}^*(\boldsymbol{r})][\boldsymbol{\nabla}\phi_{\boldsymbol{k}}(\boldsymbol{r})] + \phi_{\boldsymbol{k}}^*(\boldsymbol{r})\left[v(\boldsymbol{r})-\varepsilon\right]\phi_{\boldsymbol{k}}(\boldsymbol{r})\right\}d\boldsymbol{r} \quad (3.72)$$

を最小化する．境界がなければ Kohn–Sham 方程式 $(\mathcal{H}-\varepsilon)\phi_{\boldsymbol{k}}(\boldsymbol{r}) = 0$ が導かれる．運動エネルギーの積分は部分積分を行い，Gauss の定理から式 (3.72) は

$$\int_{\text{cell}} \phi_{\boldsymbol{k}}^*(\boldsymbol{r})\,(\mathcal{H}-\varepsilon)\,\phi_{\boldsymbol{k}}(\boldsymbol{r})d\boldsymbol{r} + \frac{1}{2}\sum_{i=1}^{n}\int_{r=r_{\mathrm{MT}_i}} \phi_{\boldsymbol{k}}^{\mathrm{in}^*}(\boldsymbol{r})\left(\frac{\partial\phi_{\boldsymbol{k}}^{\mathrm{in}}(\boldsymbol{r})}{\partial r}-\frac{\partial\phi_{\boldsymbol{k}}^{\mathrm{out}}(\boldsymbol{r})}{\partial r}\right)dS_i \tag{3.73}$$

となる．第2項は i 番目のマフィンティン球面上の表面積分の $i=1,...,n$ の和で，n は単位胞中の原子数を表す．式 (3.73) を $C_{\boldsymbol{k}}(\boldsymbol{G})$ について最適化すると

$$\sum_{s}\left[\langle\boldsymbol{k}+\boldsymbol{G}'|\mathcal{H}-\varepsilon|\boldsymbol{k}+\boldsymbol{G}\rangle+\sum_{i=1}^{n}\langle\boldsymbol{k}+\boldsymbol{G}'|S_i|\boldsymbol{k}+\boldsymbol{G}\rangle\right]C_{\boldsymbol{k}}(\boldsymbol{G})=0 \tag{3.74}$$

が得られる．ここで $|\boldsymbol{k}+\boldsymbol{G}\rangle$ と $|\boldsymbol{k}+\boldsymbol{G}'\rangle$ は $\boldsymbol{G}$, $\boldsymbol{G}'$ に付随する APW を表す．そして，$\langle\boldsymbol{k}+\boldsymbol{G}'|S_i|\boldsymbol{k}+\boldsymbol{G}\rangle$ は式 (3.73) の右辺第2項の表面積分に関する APW 行列要素を表す．マフィンティン内部では，1つの APW が $\mathcal{H}$ の固有関数となる．それゆえ，式 (3.74) の第1項はマフィンパン領域でのみ評価すればよく，

$$\begin{aligned}\langle\boldsymbol{k}+\boldsymbol{G}'|\mathcal{H}-\varepsilon|\boldsymbol{k}+\boldsymbol{G}\rangle &= \left[\frac{1}{2}(\boldsymbol{k}+\boldsymbol{G})^2-\varepsilon\right]\int_{\mathrm{muffin-pan}} \mathrm{e}^{i(\boldsymbol{G}-\boldsymbol{G}')\cdot\boldsymbol{r}}d\boldsymbol{r}\\ &= \left[\frac{1}{2}(\boldsymbol{k}+\boldsymbol{G})^2-\varepsilon\right]\left[\Omega\delta_{\boldsymbol{G}\boldsymbol{G}'}-4\pi\sum_{i=1}^{n}\mathrm{e}^{i(\boldsymbol{G}-\boldsymbol{G}')\cdot\boldsymbol{\tau}_i}r_{\mathrm{MT}_i}^2\frac{j_1(|\boldsymbol{G}-\boldsymbol{G}'|r_{\mathrm{MT}_i})}{|\boldsymbol{G}-\boldsymbol{G}'|}\right]\end{aligned} \tag{3.75}$$

を与える．ここで，Ω は単位胞体積であり，$j_1(x)$ は球ベッセル関数であり，$\boldsymbol{\tau}_i$ は単位胞中の i 番目の原子位置である．表面積分の計算は単純であり，いくつかの計算の末，式 (3.69) の係数 $C_{\boldsymbol{k}}(\boldsymbol{G})$ に対して次の方程式を得る．

$$\left[\frac{1}{2}(\boldsymbol{k}+\boldsymbol{G})^2-\varepsilon\right]C_{\boldsymbol{k}}(\boldsymbol{G})+\sum_{\boldsymbol{G}'}\Gamma_{\boldsymbol{G}\boldsymbol{G}'}(\varepsilon)C_{\boldsymbol{k}}(\boldsymbol{G}')=0 \tag{3.76}$$

$$\begin{aligned}\Gamma_{\boldsymbol{G}\boldsymbol{G}'}(\varepsilon) &= \sum_{i=1}^{n}\mathrm{e}^{i(\boldsymbol{G}-\boldsymbol{G}')\cdot\boldsymbol{\tau}_i}\Bigg\{\frac{4\pi r_{\mathrm{MT}_i}}{\Omega}\sum_{l}(2l+1)P_l(\cos\theta_{\boldsymbol{G}\boldsymbol{G}'})\\ &\times j_l(|\boldsymbol{k}+\boldsymbol{G}|r_{\mathrm{MT}_i})j_l(|\boldsymbol{k}+\boldsymbol{G}'|r_{\mathrm{MT}_i})\left[\frac{d}{dr}\ln R_l(r)-\frac{d}{dr}\ln j_l(|\boldsymbol{k}+\boldsymbol{G}|r)\right]_{r=r_{\mathrm{MT}_i}}\\ &-\left[\frac{1}{2}(\boldsymbol{k}+\boldsymbol{G})^2-\varepsilon\right]\frac{4\pi r_{\mathrm{MT}_i}}{\Omega}\frac{j_1(|\boldsymbol{G}-\boldsymbol{G}'|r_{\mathrm{MT}_i})}{|\boldsymbol{G}-\boldsymbol{G}'|}\Bigg\}\end{aligned} \tag{3.77}$$

式 (3.76) は次の永年方程式と等価である．

$$\mathrm{Det}\left|\left\{\frac{1}{2}(\boldsymbol{k}+\boldsymbol{G})^2-\varepsilon\right\}\delta_{\boldsymbol{G}\boldsymbol{G}'}+\Gamma_{\boldsymbol{G}\boldsymbol{G}'}(\varepsilon)\right|=0 \tag{3.78}$$

この方程式は行列要素 $\Gamma_{\boldsymbol{G}\boldsymbol{G}'}(\varepsilon)$ が固有値 ε に依存するので，通常の固有値問題とは異なる．エネルギー固有値 ε は自己無撞着に決める必要がある．この方法は 1937 年と 1953 年 [59] に Slater が定式化したもので，**APW 法**と呼ばれる．

より単純で便利な方法として，Andersen [60] は 1975 年に**線形化された補強平面波 (linearized augmented-plane-wave, LAPW) 法**を提案した．マフィンティン軌道 $R_l(r,\varepsilon)$ はマフィンティン球内で

$$4\pi\int_0^{r_{\mathrm{MT}}} R_l^2(r,\varepsilon)r^2dr=1 \tag{3.79}$$

と規格化されていて，同じ l を持つ内殻軌道 $R_l^{\mathrm{core}}(r)$ とも

$$\int_0^{r_{\mathrm{MT}}} R_l(r,\varepsilon)R_l^{\mathrm{core}}(r)r^2dr=0 \tag{3.80}$$

のように直交しているとする．LAPW 法では，すべての式に現れるエネルギー ε を，ある値 ε_ν の周りで線形に展開する．そこで，エネルギー ε_ν のマフィンティン軌道を $R_l(r)=R_l(r,\varepsilon_\nu)$ と書き，マフィンティン軌道のエネルギー微分を $\dot{R}_l=\partial R_l(\varepsilon)/\partial\varepsilon|_{\varepsilon=\varepsilon_\nu}$ と書くことにすると，式 (3.79) より，R_l と $\dot{R}_l$ は

$$\int_0^{r_{\mathrm{MT}}} R_l(r)\dot{R}_l(r)r^2dr=0 \tag{3.81}$$

のように直交し，式 (3.80) より，それらは内殻軌道 $R_l^{\mathrm{core}}(r)$ とも直交する．

マフィンティン軌道 $R_l(r,\varepsilon)$ はエネルギー固有値 ε を持つ動径方向の Kohn–Sham 方程式の解なので，この方程式を ε で微分して $\varepsilon=\varepsilon_\nu$ とおくと，

$$[\mathcal{H}_r-\varepsilon_\nu]\dot{R}_l(r)=-\frac{1}{2r^2}\frac{d}{dr}\left(r^2\frac{d\dot{R}_l(r)}{dr}\right)+\left[\frac{l(l+1)}{2r^2}+v(r)-\varepsilon_\nu\right]\dot{R}_l(r)=R_l(r) \tag{3.82}$$

が得られる．この式より，次の関係式が成り立つこともわかる．

$$4\pi\int_0^{r_{\mathrm{MT}}} R_l(r)[\mathcal{H}_r-\varepsilon_\nu]\dot{R}_l(r)r^2dr=\langle R_l^2\rangle=1 \tag{3.83}$$

この左辺の積分で，動径方向の運動エネルギーを2階部分積分して，左側の $R_l(r)$ に演算する形に変形すると，$[\mathcal{H}_r - \varepsilon_\nu]R_l(r) = 0$ より，表面項のみが残り，

$$\text{式 (3.83)} = \left[R_l(r)r^2\frac{d\dot{R}_l(r)}{dr} - \frac{dR_l(r)}{dr}r^2\dot{R}_l(r)\right]_{r=r_{\mathrm{MT}}} \tag{3.84}$$

となることがわかる．マフィンティン半径での R_l と $\dot{R}_l$ の対数微分値を

$$D_\nu = r_{\mathrm{MT}}\frac{R_l'(r_{\mathrm{MT}})}{R_l(r_{\mathrm{MT}})}, \qquad D_{\dot{\nu}} = r_{\mathrm{MT}}\frac{\dot{R}_l'(r_{\mathrm{MT}})}{\dot{R}_l(r_{\mathrm{MT}})} \tag{3.85}$$

と書くと（これらは真のマフィンティン軌道の対数微分値ではない），式 (3.84) は

$$1 = \text{式 (3.83)} = \text{式 (3.84)} = (D_\nu - D_{\dot{\nu}})r_{\mathrm{MT}}R_l(r_{\mathrm{MT}})\dot{R}_l(r_{\mathrm{MT}}) \tag{3.86}$$

と書け，D_ν と $D_{\dot{\nu}}$ は常に異なることがわかる．そこで任意の対数微分値 D の

$$\mathcal{R}_l(D,r) = R_l(r) + \omega(D)\dot{R}_l(r), \quad D = r_{\mathrm{MT}}\frac{\mathcal{R}_l'(D,r_{\mathrm{MT}})}{\mathcal{R}_l(D,r_{\mathrm{MT}})} \tag{3.87}$$

なる関数を導入できる．マフィンパン領域で波数 $\boldsymbol{k}+\boldsymbol{G}$ を持つ，1つの "補強された平面波" を考えよう．それは，マフィンティン半径 r_{MT} で内側のマフィンティン軌道と滑らかに接続されているものとする．すると，式 (3.73), (3.74) の第2項の積分は0である．内側のマフィンティン軌道 (3.87) は一般に式 (3.68) の解ではない．そのため，式 (3.76) のカーネル $\Gamma_{\boldsymbol{G}\boldsymbol{G}'}(\varepsilon)$ は，

$$\begin{aligned}\Gamma_{\boldsymbol{G}\boldsymbol{G}'}(\varepsilon) = \sum_{i=1}^{n} \mathrm{e}^{i(\boldsymbol{G}-\boldsymbol{G}')\cdot\boldsymbol{\tau}_i}\Biggl\{&\frac{4\pi}{\Omega}\sum_l(2l+1)P_l(\cos\theta_{\boldsymbol{G}\boldsymbol{G}'})\\ &\times j_l(|\boldsymbol{k}+\boldsymbol{G}|r_{\mathrm{MT}_i})j_l(|\boldsymbol{k}+\boldsymbol{G}'|r_{\mathrm{MT}_i})\int_0^{r_{\mathrm{MT}}}\mathcal{R}_l(D',r)[\mathcal{H}_r-\varepsilon]\mathcal{R}_l(D,r)r^2dr\\ &-\left[\frac{1}{2}(\boldsymbol{k}+\boldsymbol{G})^2-\varepsilon\right]\frac{4\pi r_{\mathrm{MT}_i}}{\Omega}\frac{j_1(|\boldsymbol{G}-\boldsymbol{G}'|r_{\mathrm{MT}_i})}{|\boldsymbol{G}-\boldsymbol{G}'|}\Biggr\}\end{aligned} \tag{3.88}$$

とする必要がある（これが式 (3.77) と異なることに注意せよ）．ただし，D, D' は，マフィンパン領域で $\boldsymbol{k}+\boldsymbol{G}$, $\boldsymbol{k}+\boldsymbol{G}'$ の平面波を構成する球面波 $j_l(|\boldsymbol{k}+\boldsymbol{G}|r)$, $j_l(|\boldsymbol{k}+\boldsymbol{G}'|r)$ と滑らかにつながるための対数微分値 $xj_l'(x)/j_l(x)$ $(x = |\boldsymbol{k}+\boldsymbol{G}|r_{\mathrm{MT}}, |\boldsymbol{k}+\boldsymbol{G}'|r_{\mathrm{MT}})$ を表す．式 (3.79), (3.81), (3.87) などより

$$4\pi \int_0^{r_{\rm MT}} \mathcal{R}_l(D',r)[\mathcal{H}_r - \varepsilon_\nu]\mathcal{R}_l(D,r)r^2dr = \omega(D) \tag{3.89a}$$

$$4\pi \int_0^{r_{\rm MT}} \mathcal{R}_l(D',r)\mathcal{R}_l(D,r)r^2dr = 1 + \langle \dot{R}_l^2 \rangle \omega(D')\omega(D) \tag{3.89b}$$

が得られ，これらより，カーネル (3.88) の第 1 項の積分は

$$\begin{aligned} 4\pi &\int_0^{r_{\rm MT}} \mathcal{R}_l(D',r)[\mathcal{H}_r - \varepsilon]\mathcal{R}_l(D,r)r^2dr \\ &= \omega(D) - (\varepsilon - \varepsilon_\nu)\big[1 + \langle \dot{R}_l^2 \rangle \omega(D')\omega(D)\big] \end{aligned} \tag{3.90}$$

と書けることがわかり，式 (3.85), (3.87) より

$$\omega(D) = -\frac{R_l(r_{\rm MT})}{\dot{R}_l(r_{\rm MT})}\frac{D - D_\nu}{D - D_{\dot{\nu}}}, \qquad \mathcal{R}_l(D, r_{\rm MT}) = R_l(r_{\rm MT})\frac{D_\nu - D_{\dot{\nu}}}{D - D_{\dot{\nu}}} \tag{3.91}$$

も得られる．さらに，式 (3.86)，(3.91) から

$$\frac{d\omega(D)}{dD} = -\boldsymbol{r}_{\rm MT}\mathcal{R}_l^2(D, r_{\rm MT}) \tag{3.92}$$

が成り立ち，式 (3.91) および (3.86) から次式も成り立つ．

$$\begin{aligned} \omega(D_2) - \omega(D_1) &= -\frac{R_l(r_{\rm MT})}{\dot{R}_l(r_{\rm MT})}\frac{(D_2 - D_1)(D_\nu - D_{\dot{\nu}})}{(D_1 - D_{\dot{\nu}})(D_2 - D_{\dot{\nu}})} \\ &= -(D_2 - D_1)r_{\rm MT}\mathcal{R}_l(D_1, r_{\rm MT})\mathcal{R}_l(D_2, r_{\rm MT}) \end{aligned} \tag{3.93}$$

式 (3.88) のカーネル $\Gamma_{\boldsymbol{GG'}}(\varepsilon)$ も ε について ε_ν の周りで線形化され，

$$\Gamma_{\boldsymbol{GG'}}(\varepsilon) \sim \Gamma_{\boldsymbol{GG'}}(\varepsilon_\nu) + (\varepsilon - \varepsilon_\nu)\frac{d\Gamma_{\boldsymbol{GG'}}(\varepsilon_\nu)}{d\varepsilon_\nu}. \tag{3.94}$$

となる．式 (3.90) はすでに線形化された形になっており，式 (3.94) の $\Gamma_{\boldsymbol{GG'}}(\varepsilon_\nu)$ や $d\Gamma_{\boldsymbol{GG'}}(\varepsilon_\nu)/d\varepsilon_\nu$ の計算は容易である．すると式 (3.76) は ε に対する一般化固有値問題になり，例えば Choleski 分解 (3.48)–(3.51) を用いて解ける．このようにして正確なエネルギー準位を ε_0 の周りの狭い範囲で求めることができる．

3.3.2 KKR 法

マフィンティン近似に基づいて Green 関数を用いた定式化も可能である．こ

れは 1947 年に Korringa [61] により，格子干渉理論を用いて提案されたが，1954 年に Kohn と Rostoker [62] により再定式化された．自由電子の **Green 関数**は

$$\left(\varepsilon + \frac{1}{2}\nabla^2\right) G^0_{\boldsymbol{k}}(\boldsymbol{r}, \boldsymbol{r}'; \varepsilon) = \delta(\boldsymbol{r} - \boldsymbol{r}') \tag{3.95}$$

$$G^0_{\boldsymbol{k}}(\boldsymbol{r} + \boldsymbol{R}, \boldsymbol{r}'; \varepsilon) = \mathrm{e}^{i\boldsymbol{k}\cdot\boldsymbol{R}} G^0_{\boldsymbol{k}}(\boldsymbol{r}, \boldsymbol{r}'; \varepsilon) \tag{3.96}$$

を満たす．1 電子波動関数 $\phi_{\boldsymbol{k}\lambda}(\boldsymbol{r})$ は Green 関数をカーネルとする積分方程式

$$\phi_{\boldsymbol{k}\lambda}(\boldsymbol{r}) = \int_{\mathrm{cell}} G^0_{\boldsymbol{k}}(\boldsymbol{r}, \boldsymbol{r}'; \varepsilon_{\boldsymbol{k}\lambda}) v(\boldsymbol{r}') \phi_{\boldsymbol{k}\lambda}(\boldsymbol{r}') d\boldsymbol{r}' \tag{3.97}$$

の解である（両辺に $(\varepsilon_{\boldsymbol{k}\lambda} + \nabla^2/2)$ を演算して式 (3.95) を用いれば Kohn–Sham 方程式になる）．この積分方程式は変分原理 $\delta\Lambda = 0$ と等価で，ここで Λ は

$$\begin{aligned} \Lambda = &\int_{\mathrm{cell}} \phi^*_{\boldsymbol{k}\lambda}(\boldsymbol{r}) v(\boldsymbol{r}) \phi_{\boldsymbol{k}\lambda}(\boldsymbol{r}) d\boldsymbol{r} \\ &- \int\int_{\mathrm{cell}} \phi^*_{\boldsymbol{k}\lambda}(\boldsymbol{r}) v(\boldsymbol{r}) G^0_{\boldsymbol{k}}(\boldsymbol{r}, \boldsymbol{r}'; \varepsilon) v(\boldsymbol{r}') \phi_{\boldsymbol{k}\lambda}(\boldsymbol{r}') d\boldsymbol{r} d\boldsymbol{r}' \end{aligned} \tag{3.98}$$

と定義される．この方法は Korringa, Kohn, Rostoker の名にちなんで **KKR 法**と呼ばれる．KKR 法で導かれる永年方程式は APW 法の式 (3.78) とは異なり，

$$\mathrm{Det}\left| B_{lm;l'm'}(\boldsymbol{\tau}_i - \boldsymbol{\tau}_j) + \kappa \cos \eta_{l,i}(\varepsilon) \delta_{ll'} \delta_{mm'} \delta_{ij} \right| = 0 \tag{3.99}$$

で与えられる．ここで，$\kappa = \sqrt{\varepsilon - v_{\mathrm{muffin-pan}}}$ であり，$\eta_{l,i}(\varepsilon)$ は i 番目の原子の角運動量 l を持つ球面波に対する位相のずれ (phase shift) を表す：

$$\tan \eta_{l,i} = \frac{\left[\frac{d}{dr} j_l(\kappa r) - j_l(\kappa r) \frac{d}{dr} \ln R_l(r)\right]_{r=r_{\mathrm{MT}_i}}}{\left[\frac{d}{dr} n_l(\kappa r) - n_l(\kappa r) \frac{d}{dr} \ln R_l(r)\right]_{r=r_{\mathrm{MT}_i}}} \tag{3.100}$$

ここで，$j_l(x)$ と $n_l(x)$ は球 Bessel 関数と球 Neumann 関数である．式 (3.99) における構造因子 $B_{L;L'}(\boldsymbol{\tau}_i - \boldsymbol{\tau}_j)$（$l$ と m をまとめて L と書いた）は次のように与えられる．

$$B_{L;L'}(\boldsymbol{\tau}_i - \boldsymbol{\tau}_j) = 4\pi\kappa \sum_{L''} C_{LL'L''} D_{L''}(\boldsymbol{\tau}_i - \boldsymbol{\tau}_j) \mathrm{e}^{i\boldsymbol{k}\cdot(\boldsymbol{\tau}_i - \boldsymbol{\tau}_j)} \tag{3.101}$$

$$C_{LL'L''} = \int d\hat{\boldsymbol{r}} Y_L^*(\hat{\boldsymbol{r}}) Y_{L'}(\hat{\boldsymbol{r}}) Y_L(\hat{\boldsymbol{r}}) \tag{3.102}$$

一方，$D_L(\boldsymbol{\tau}_i - \boldsymbol{\tau}_j)$ は ε と $\boldsymbol{k}$ に依存する複雑な式なので省略する．構造因子 $B_{L;L'}(\boldsymbol{\tau}_i - \boldsymbol{\tau}_j)$ はマフィンティン内のポテンシャルに依存せず，原子位置の情報のみを持つので，格子点ごとに ε と $\boldsymbol{k}$ の関数としてあらかじめ表にできる．

KKR 法は APW 法と永年方程式のサイズが異なるが，両者ともに極めて似た答えを与える．KKR 法の永年方程式は角運動量で書かれており，APW 法の永年方程式は逆格子ベクトルで書かれている．式 (3.99) から角運動量ではなく，逆格子ベクトルで書かれた等価な永年方程式を導くこともできる [63,64]．KKR 法の特徴は，1 中心の散乱問題を扱うため，中心原子は周りの原子と違っていてよく，孤立した不純物の問題を扱える点にある．また，Green 関数を使うので，**コヒーレントポテンシャル近似** (coherent potential approximation, **CPA**) を併用したランダム合金の第一原理計算が可能である．これを **KKR-CPA 法**という．フルポテンシャル LAPW 法（**FLAPW 法**）[65] とフルポテンシャル KKR 法（FP-KKR 法）[66] もある．それらは，球対称のマフィンティンポテンシャルからのずれを球面調和関数で展開する方法である．

3.4 基底状態ダイナミクス

室温程度で原子核の運動も速くない場合には，**Born–Oppenheimer (BO) 近似**の下で，電子系は常に基底状態にあるとしてよい．その場合の f 原子系の動力学は，$3f$ 次元の配位空間内の BO 面上の運動になる．ただし，電子励起状態を扱う場合や，原子核の速度が速い場合には，非断熱過程が重要になる場合がある．また，水素やヘリウムのような軽い原子では，原子核の量子性を考慮する必要が生ずる場合があるが，ここでは原子核はすべて古典粒子として扱い，単純に BO 面上の原子の運動をシミュレーションすることを考える．このような動力学の計算法を**第一原理分子動力学法**と呼ぶ．各原子に働く力は全エネルギーの原子核位置微分のマイナスである．構造最適化は，全エネルギーが下がる方向に原子核位置を動かして，力が 0 になる点を見つける方法である．

3.4.1 力の計算，Car–Parrinello 法

密度汎関数理論 (DFT) によれば，原子核にかかる力は次式で与えられる．

$$
\begin{aligned}
-\boldsymbol{\nabla}_I E = & -\boldsymbol{\nabla}_J \sum_{J(\neq I)} \frac{Z_I Z_J}{|\boldsymbol{R}_I - \boldsymbol{R}_J|} - \int n(\boldsymbol{r}) \boldsymbol{\nabla}_I v_I(|\boldsymbol{r} - \boldsymbol{R}_I|) d\boldsymbol{r} \\
& - \int \frac{\delta E[n]}{\delta n(\boldsymbol{r})} \boldsymbol{\nabla}_I n(\boldsymbol{r}) d\boldsymbol{r} \qquad (3.103)
\end{aligned}
$$

第1項は原子核間の Coulomb 反発力であり，Ewald 和で評価される．第2項の $v_I(r)$ は擬ポテンシャルか，全電子計算の場合には $-Z_I/r$ である．第3項は微分の鎖則によって電子密度 $n(\boldsymbol{r})$ の微分を介する全エネルギーの微分を表す．

$$
-\boldsymbol{\nabla}_I E[n] = \int \frac{\delta E}{\delta n(\boldsymbol{r})} \boldsymbol{\nabla}_I n(\boldsymbol{r}) d\boldsymbol{r} \qquad (3.104)
$$

しかし，系が厳密に BO 面にある場合には，$\delta E/\delta n(\boldsymbol{r}) = 0$ であるし，平面波展開の場合には電子密度 $n(\boldsymbol{r})$ が原子位置座標に依存しないので，いずれの場合でもこの力は0になる．これは **Hellmann–Feynman の定理**と呼ばれる．力は

$$
\begin{aligned}
-\boldsymbol{\nabla}_I E &= \boldsymbol{\nabla}_I \langle \Psi_\gamma^N \,|\, H \,|\, \Psi_\gamma^N \rangle = E \boldsymbol{\nabla}_I \langle \Psi_\gamma^N \,|\, \Psi_\gamma^N \rangle + \langle \Psi_\gamma^N \,|\, (\boldsymbol{\nabla}_I H) \,|\, \Psi_\gamma^N \rangle \\
&= \langle \Psi_\gamma^N \,|\, (\boldsymbol{\nabla}_I H) \,|\, \Psi_\gamma^N \rangle \qquad (3.105)
\end{aligned}
$$

と評価され，この力は Hellmann–Feynman 力と呼ばれ，式 (3.103) の第1項と第2項の和で与えられる．$\langle \Psi_\gamma^N \,|\, \Psi_\gamma^N \rangle = 1$ を用いた．式 (3.105) 以外の力 (3.104) は**変分力**と呼ばれ，原子軌道 (AO) を用いた場合，AO が原子核位置座標に依存し，AO を微分した力の計算が必要となる．一方，単位胞の変形による力の場合，平面波 (PW) は単位胞に依存し，PW の微分した力の寄与を考える必要がある．

1985 年に Car と Parrinello の論文 [67] が発表されて以来，第一原理分子動力学法が広く用いられるようになった [68]．この論文で，Car と Parrinello は Kohn–Sham 波動関数を ϕ_λ（λ は電子準位を表す）と原子位置 $\boldsymbol{R}_I$（I は原子の番号）をともに古典的な正準座標とみなして，ラグランジアン

$$
\mathcal{L} = \sum_\lambda \frac{\mu_\lambda}{2} \int |\dot{\phi}_\lambda(\boldsymbol{r})|^2 d^3\boldsymbol{r} + \frac{1}{2} \sum_I M_I |\dot{\boldsymbol{R}}_I|^2 - E(\{\phi_\lambda\}, \{\boldsymbol{R}_I\}) \qquad (3.106)
$$

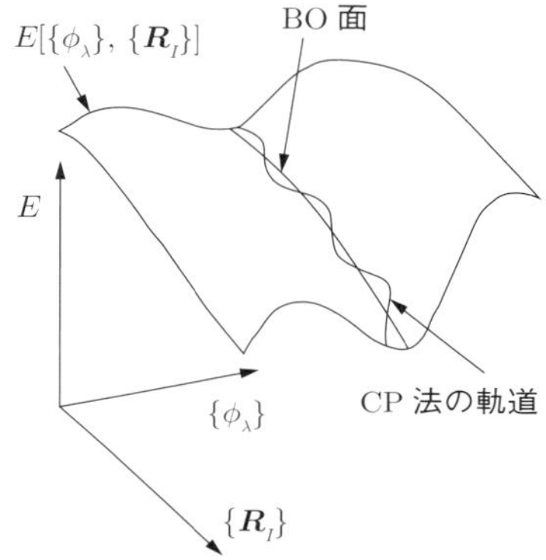

図 **3.13** Car–Parrinello 法に現れる BO 面の周りの振動

を立てて，ラグランジュ運動方程式から時間発展方程式を導いた．式 (3.106) で，$E(\{\phi_\lambda\}, \{\boldsymbol{R}_I\})$ は原子核間の Coulomb 相互作用を含む電子系の全エネルギーであり，μ_λ は波動関数の運動を支配する仮想的な電子質量を意味し，

$$K_{\text{fictitious}} = \sum_\lambda \frac{\mu_\lambda}{2} \int |\dot{\phi}_\lambda(\boldsymbol{r})|^2 d^3\boldsymbol{r} \tag{3.107}$$

は波動関数の仮想的な運動エネルギーを表す．このラグランジアンは $\mu \to 0$ の極限で正確な Ehrenfest ダイナミクスのラグランジアンになる．しかし，μ は有限なので，シミュレーションで得られる原子の軌跡は正確な軌跡とは少しずれて，その周りをわずかに振動しながら進む（図 3.13）．この方法を **Car–Parrinello (CP) 法**という．この方法はラグランジアンに基づくため，波動関数の仮想的な運動エネルギー (3.107) を含む全エネルギーは保存される．$K_{\text{fictitious}}$ の値は原子核の運動エネルギーに比べて小さいので，粒子数 N，エネルギー E，体積 V を一定とするミクロカノニカルな NEV シミュレーションに適している．CP 法の利点は，各時間ステップで電子状態を自己無撞着に収束させる必要がなく，Kohn–Sham 軌道と原子核位置を同時に時間発展させることができる点にある．

式 (3.106) に対するラグランジュ運動方程式は次のようになる．

$$\mu \frac{d^2}{dt^2}\phi_\lambda = -\mathcal{H}\phi_\lambda + \sum_\nu \Lambda_{\lambda\nu}\phi_\nu, \tag{3.108}$$

$$M_I \frac{d^2 \boldsymbol{R}_I}{dt^2} = -\boldsymbol{\nabla}_I E(\{\phi_\lambda\}, \{\boldsymbol{R}_I\}) \tag{3.109}$$

式 (3.108) で $\Lambda_{\lambda\nu}$ は Lagrange 未定乗数であり，波動関数 ϕ_λ が正規直交するように決める．2 つ目の式は Newton 方程式である．時間微分を差分に置き換え，

$$\phi_\lambda(t+\Delta t) = 2\phi_\lambda(t) - \phi_\lambda(t-\Delta t) + \frac{(\Delta t)^2}{\mu}\mathcal{H}\phi_\lambda(t) + \frac{(\Delta t)^2}{\mu}\sum_\nu \Lambda_{\lambda\nu}\phi_\nu(t) \tag{3.110}$$

を得る．波動関数 $\phi_\lambda(t+\Delta t)$ に対して正規直交性を課すことにより，$\widetilde{\Lambda}^t = \frac{1}{2}s^{-1}(1-p-\widetilde{\Lambda}^*\widetilde{\Lambda}^t)$ なる行列方程式が導かれる．$\widetilde{\Lambda}_{\lambda\nu} = [(\Delta t)^2/\mu]\Lambda_{\lambda\nu}$, $s_{\lambda\nu} = \langle\phi_\lambda(t+\Delta t)|\phi_\nu(t)\rangle$ と $p_{\lambda\nu} = \langle\phi_\lambda(t+\Delta t)|\phi_\nu(t+\Delta t)\rangle$ とおいた．^{t} と * は転置と複素共役である．未定乗数 $\widetilde{\Lambda}_{\lambda\nu}$ を決めるには，この式を繰り返し解き直す必要がある．Newton 方程式 (3.108) も時間に関する差分に置き換える．

CP 法で BO 面上での Ehrenfest ダイナミクスを保証するには，式 (3.108) の右辺を十分小さくする必要がある．このためには，式 (3.108) の左辺の仮想電子質量 μ を十分小さく選べばよい．しかし，この場合でも波動関数は BO 面の周りで急速に振動する（図 3.13）．この振動は実際のものではなく，式 (3.108) に波動方程式のような 2 階の時間微分があることによる架空のものである．

3.4.2　その他の第一原理分子動力学法と構造最適化

CP 法によらない第一原理分子動力学法もよく用いられる．例えば，

$$\mu\frac{d}{dt}\phi_\lambda(\boldsymbol{r}) = -(\mathcal{H}-\varepsilon_\lambda)\phi_\lambda(\boldsymbol{r}), \quad \varepsilon_\lambda = \int \phi_\lambda^*(\boldsymbol{r})\mathcal{H}\phi_\lambda(\boldsymbol{r})d\boldsymbol{r} \tag{3.111}$$

の 1 階の微分方程式を用いることもできる．これは**最急降下 (steepest descent, SD) 法**と呼ばれる．この時間発展方程式を差分化し，各時間ステップで **Gram–Schmidt 直交化法**を用いて波動関数を下の準位から順番に直交化する．式 (3.111) においては，Lagrange 未定乗数が期待値の置き換わっていることに注意する [68]．図 3.14 に第一原理分子動力学シミュレーションの流れ図を示す．最急降下法では，電子状態が各時間ステップで正確な BO 面にはなく，時間について拡散型の微分方程式になっているので，これはエネルギー散逸アルゴリズムである．各時間ステップで BO 面に近づけるには，最急降下法では

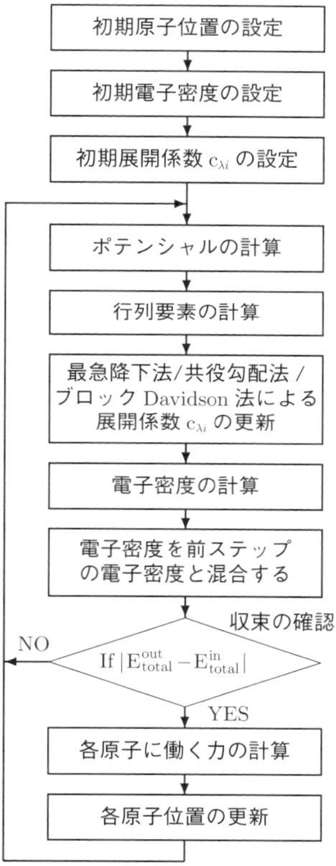

図 **3.14** 第一原理分子動力学シミュレーションの流れ図

なく，**共役勾配 (conjugate gradient, CG) 法**や**前処理付きの共役勾配法**を用いたほうがよい [68]．さらに電子状態を完璧に収束させるために，**ブロック Davidson (BD) 法**を用いることも多い．N 個の状態で挟んだ $N \times N$ ハミルトニアン行列を対角化してもハミルトニアンの固有状態にはならず，残差が生ずる．大きめの残差（$M(\leq N)$ 個）を新たな状態として状態数を $N+M$ に増やし，対角化し直す．これを繰り返し，残差がみな小さくなれば，固有状態になる．これが BD 法であり，必要な固有状態数が少ない場合に有効である．このようにして，全エネルギー一定の NEV シミュレーションが行える．原子ダイナミクスに対してサーモスタットを導入することで，粒子数 N，温度 T，体積 V を一定とするカノニカルな NTV シミュレーションを行うこともできる．図 3.15 に BD 法を用いた NEV シミュレーションの例として，C_{60} の 6 員環の中央から 3 Å 離れた位置にめがけて Li^+ イオンを 10 eV の速度で 6 員環に垂直に衝突させて，入射，内包させる，全電子混合基底法による第一原理分子動力学シミュレーションの結果を示す [69]．様々なシミュレーションを行い，Li^+ イオンの内包確率がわかる（図 3.15）．

構造最適化は全エネルギーが下がる方向に原子核位置を動かして，力が 0 になる点を見つける方法である．この場合にも電子状態の収束には CG 法や BD 法を用い，図 3.14 と同じ流れで計算を行う．ただし，原子位置の更新を Newton 方程式で行うのではなく，いち早く最安定位置に近づくように，Hessian と呼ば

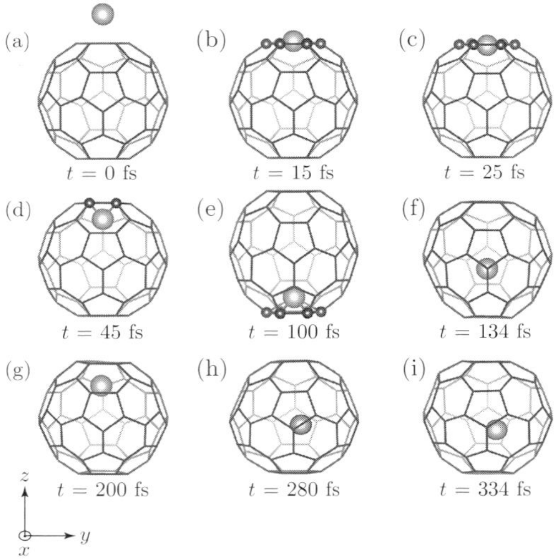

図 3.15　C_{60} への Li^+ 内包の第一原理分子動力学シミュレーション [69]

れるバネ定数行列（4.2.1 項参照）を計算して行うことが多い．

3.5　非断熱過程のダイナミクス

光励起や化学反応などで 2 つの断熱面が交差する場合や，原子核の速度が大きくなる場合などでは，Born–Oppenheimer (BO) 近似が成り立たなくなる．そのような場合には，非断熱過程を扱う必要が生ずる．この節では Curchod と Martínez のレビュー [70] に沿って，非断熱過程のダイナミクスについて説明する．非断熱過程では必然的に原子核を量子的に扱う必要が生じる．この他，水素原子などの軽い原子のダイナミクスでは，原子核の量子性が重要となる場合がある．そのような場合には，Feynman の経路積分の方法で原子核の量子性を扱うのが効率的である．これは互いにバネでつながれた多数のレプリカビーズで 1 個の原子核を記述する方法である．しかし，本書では残念ながら紙数の関係でこれ以上の説明は省略する．興味ある方は他書を参照して頂きたい．

3.5.1 非断熱過程

BO 近似は $\kappa = 0$ として原子核の量子的な運動エネルギー項を無視する近似であったが，ここでは $\kappa \neq 0$ の一般的な場合を考える．さらに，式 (2.8) の V_{total} が時間にあらわに依存する場合であっても，原子核と電子の全系の波動関数 $\Upsilon(\boldsymbol{r}, \boldsymbol{R}, t)$ を，Born–Oppenheimer 近似での式 (2.15) の電子系の固有関数 $\Psi_{\lambda'}(\boldsymbol{r}, \boldsymbol{R})$ を用いて

$$\Upsilon(\boldsymbol{r}, \boldsymbol{R}, t) = \sum_{\lambda'} \zeta_{\lambda'}(\boldsymbol{R}, t)\Psi_{\lambda'}(\boldsymbol{r}, \boldsymbol{R}) \tag{3.112}$$

のように展開することができる．これを式 (2.10) に代入し，左から $\Psi^*_\lambda(\boldsymbol{r}, \boldsymbol{R})$ をかけて $\boldsymbol{r}$ について積分すると，

$$\begin{aligned} i\frac{\partial}{\partial t}\zeta_\lambda(\boldsymbol{R}, t) &= \left\{E_\lambda(\boldsymbol{R}) + \kappa^4 H_1\right\}\zeta_\lambda(\boldsymbol{R}, t) \\ &- \kappa^4 \sum_{I=1}^{f} \mu_I \sum_{\lambda'} \left\{\boldsymbol{F}^{(I)}_{\lambda\lambda'}(\boldsymbol{R}) \cdot \boldsymbol{\nabla}_I + G^{(I)}_{\lambda\lambda'}(\boldsymbol{R})\right\}\zeta_{\lambda'}(\boldsymbol{R}, t) \end{aligned} \tag{3.113}$$

が得られる．ここで，

$$\boldsymbol{F}^{(I)}_{\lambda\lambda'}(\boldsymbol{R}) = -\int \Psi^*_\lambda(\boldsymbol{r}, \boldsymbol{R})\boldsymbol{\nabla}_I \Psi_{\lambda'}(\boldsymbol{r}, \boldsymbol{R})d\boldsymbol{r} \tag{3.114}$$

$$G^{(I)}_{\lambda\lambda'}(\boldsymbol{R}) = \frac{1}{2}\int \Psi^*_\lambda(\boldsymbol{r}, \boldsymbol{R})\boldsymbol{\nabla}^2_I \Psi_{\lambda'}(\boldsymbol{r}, \boldsymbol{R})d\boldsymbol{r} \tag{3.115}$$

とおいた．展開係数である $\zeta_\lambda(X, t)$ は原子核の波動関数の意味を持つ．実際，式 (3.113) の右辺第 1 項のみを考慮して第 2 項を無視すると，この式は 1 つの BO 面 λ 上を運動する原子核の Schrödinger 方程式であることがわかる．式 (3.113) の右辺の 2 段目の $\boldsymbol{F}^{(I)}_{\lambda\lambda'}(\boldsymbol{R})$ や $G^{(I)}_{\lambda\lambda'}(\boldsymbol{R})$ の $\lambda = \lambda'$ の項は原子核質量に依存する BO 断熱ポテンシャル面への補正を与える．この $\lambda = \lambda'$ の項までを取り入れる近似を **Born–Huang の断熱近似**といい，Born–Oppenheimer の断熱近似と区別する．しかし，いずれの断熱近似でも，準位間の乗り移りはなく，原子核と電子の運動は断熱的あるいは透熱的である．これに対して，$\lambda \neq \lambda'$ の項は異なる BO 面の入り混じりを表しており，電子が異なる BO 面に乗り移る原因となる．この $\lambda \neq \lambda'$ の項を**非断熱項**といい，この項を通して電子が異なる BO

面を乗り移る過程を非断熱遷移という．このように 2 つの BO 面が接近すると電子と原子核の自由度を切り離すことはできなくなる．これを無理やり切り離して，Newton の運動方程式 (2.16) を用いると間違った結果に導く．

式 (3.114), (3.115) で定義される行列を $\boldsymbol{F}^{(I)}$, $G^{(I)}$ と書くと，これらは

$$\boldsymbol{F}^{(I)} + \boldsymbol{F}^{(I)\dagger} = 0 \tag{3.116a}$$

$$G^{(I)} + G^{(I)\dagger} - 2\boldsymbol{F}^{(I)} \cdot \boldsymbol{F}^{(I)} = 0 \tag{3.116b}$$

$$\boldsymbol{\nabla}_I \cdot \boldsymbol{F}^{(I)} = G^{(I)} - \boldsymbol{F}^{(I)} \cdot \boldsymbol{F}^{(I)} \tag{3.116c}$$

$$(2\boldsymbol{F}^{(I)} \cdot \boldsymbol{\nabla}_I + G^{(I)})^\dagger = 2\boldsymbol{F}^{(I)} \cdot \boldsymbol{\nabla}_I + G^{(I)} \tag{3.116d}$$

などの関係を満たすこともわかる [71]．最後の関係式 (3.116d) は式 (3.113) の右辺の 2 段目の項がエルミートであることを意味している．$F^{(I)}$ や $G^{(I)}$ 単独ではエルミートではないことに注意する．特に $F^{(I)}$ は式 (3.116a) により，反エルミートである．$F^{(I)}_{\lambda\lambda'}(\boldsymbol{R})$ に対しては，明らかに次の関係式が成り立つ．

$$\boldsymbol{\nabla}_I \Psi_{\lambda'}(\boldsymbol{r}, \boldsymbol{R}) = \sum_{\lambda} \Psi_\lambda(\boldsymbol{r}, \boldsymbol{R}) \boldsymbol{F}^{(I)}_{\lambda\lambda'}(\boldsymbol{R}) \tag{3.117}$$

式 (2.15) に $\boldsymbol{\nabla}_I$ を演算して定義式 (3.114) に当てはめると次式が得られる．

$$\boldsymbol{F}^{(I)}_{\lambda\lambda'}(\boldsymbol{R}) = \frac{\int \Psi^*_\lambda(\boldsymbol{r}, \boldsymbol{R})(\boldsymbol{\nabla}_I H_0)\Psi_{\lambda'}(\boldsymbol{r}, \boldsymbol{R}) d\boldsymbol{r}}{E_{\lambda'}(\boldsymbol{R}) - E_\lambda(\boldsymbol{R})} \tag{3.118}$$

$\boldsymbol{F}^{(I)}_{\lambda\lambda'}(\boldsymbol{R})$ は，2 つの準位 λ, λ' が接近すると分母が 0 に近づき，非常に大きな値を持つようになる．式 (3.116b) より，この場合には $G_{\lambda\lambda'}(\boldsymbol{R})$ も大きな値を持つ．このような場合には，2 つの準位の乗り移りが起こりやすくなる．2 つの準位が交差する場合は **円錐交差 (conical intersection)** と呼ばれる．

原子核の波動関数 $\zeta_\lambda(\boldsymbol{R}, t)$ を次のような線型結合で表すことにする．

$$\zeta_\lambda(\boldsymbol{R}, t) = \sum_{n'=1}^{N_\lambda} C^{(\lambda)}_{n'}(t)\, \chi_{n'}\Big(\boldsymbol{R}; \bar{\boldsymbol{R}}^{(\lambda)}_{n'}(t), \bar{\boldsymbol{P}}^{(\lambda)}_{n'}(t)\Big) \tag{3.119}$$

$\chi_n\Big(\boldsymbol{R}; \bar{\boldsymbol{R}}^{(\lambda)}_n(t), \bar{\boldsymbol{P}}^{(\lambda)}_n(t)\Big)$ は **軌道基底関数 (trajectory basis function, TBF)** と呼ばれる．TBF には，例えば次の **凍結幅ガウシアン (frozen-width Gaussian)** と呼ばれる，広がりのパラメータ α_I を固定した，Gauss 型の関数の積を

用いる．

$$\chi_n\Big(\boldsymbol{R};\bar{\boldsymbol{R}}_n^{(\lambda)}(t),\bar{\boldsymbol{P}}_n^{(\lambda)}(t)\Big)$$
$$=\prod_{I=1}^{f}\exp\left[-\alpha_I\left(\boldsymbol{R}_I-\bar{\boldsymbol{R}}_{nI}^{(\lambda)}(t)\right)^2+i\bar{\boldsymbol{P}}_{nI}^{(\lambda)}(t)\cdot\Big(\boldsymbol{R}_I-\bar{\boldsymbol{R}}_{nI}^{(\lambda)}(t)\Big)\right] \qquad (3.120)$$

$\bar{\boldsymbol{R}}_{nI}^{(\lambda)}(t)$ は $\boldsymbol{R}_I$ の分布の中心を表し，$\bar{\boldsymbol{P}}_{nI}^{(\lambda)}(t)$ は中心運動量を表す．式 (3.119) を式 (3.112) に代入し，それを式 (2.10) に代入し，両辺の左側から $\chi_n^*\Big(\boldsymbol{R};\bar{\boldsymbol{R}}_n^{(\lambda)}(t),\bar{\boldsymbol{P}}_n^{(\lambda)}(t)\Big)\,\Psi_\lambda^*(\boldsymbol{r},\boldsymbol{R})$ をかけ，すべての $\boldsymbol{r}$, $\boldsymbol{R}$ について積分し，

$$i\dot{C}=\mathcal{S}^{-1}(\mathcal{H}-i\dot{\mathcal{S}})C \qquad (3.121)$$

を得る．$\mathcal{H}$ はハミルトニアン行列 $(H)_{nn'}^{\lambda\lambda'}=\langle\,\chi_n^{(\lambda)}\Psi_\lambda\,|\,H\,|\,\Psi_{\lambda'}\chi_{n'}^{(\lambda')}\,\rangle$ であり，$\mathcal{S}$ は $(S)_{nn'}^{\lambda\lambda'}=\langle\,\chi_n^{(\lambda)}\,|\,\chi_{n'}^{(\lambda)}\,\rangle\,\delta_{\lambda\lambda'}$ で定義される重なり行列，$\dot{\mathcal{S}}$ はその右時間微分 $(\dot{S})_{nn'}^{\lambda\lambda'}=\langle\,\chi_n^{(\lambda)}\,|\,\frac{\partial}{\partial t}\,|\,\chi_{n'}^{(\lambda)}\,\rangle\,\delta_{\lambda\lambda'}$ を表す．式 (3.121) が解くべき方程式となる．

3.5.2 原子核間の多体相関

少し荒っぽい近似であるが，**時間依存 Hartree (time-dependent Hartree, TDH) 法** [72] は全原子核波動関数を軌道基底関数 (TBF) 1 つにしてしまい，時間依存性をもたせた各原子核の波動関数 $\varphi^{(\lambda)}(\boldsymbol{R}_I,t)$ の直積で

$$\zeta_\lambda(\boldsymbol{R},t)=\prod_{I=1}^{f}\varphi^{(\lambda)}(\boldsymbol{R}_I,t),\quad \varphi^{(\lambda)}(\boldsymbol{R}_I,t)=\sum_{j_I=1}^{N_I}c_{j_I}^{(I)}(t)\chi_{j_I}^{(\lambda)}(\boldsymbol{R}_I) \qquad (3.122)$$

のように表し，$\varphi^{(\lambda)}(\boldsymbol{R}_I,t)$ を各原子核の基底関数 $\chi_{j_I}^{(I)}(\boldsymbol{R}_I)$ で展開する方法である．この近似は原子核の多体相関を無視することに相当する．これに対して，原子核間の多体相関を考えるには，

$$\zeta_\lambda(\boldsymbol{R},t)=\sum_{n_1=1}^{K_1}\sum_{n_2=1}^{K_2}\cdots\sum_{n_f=1}^{K_f}C_{n_1,n_2,\ldots,n_f}^{(\lambda)}(t)\prod_{I=1}^{f}\varphi_{n_I}^{(\lambda)}(\boldsymbol{R}_I,t) \qquad (3.123)$$

$$\varphi_{n_I}^{(\lambda)}(\boldsymbol{R}_I,t)=\sum_{j_I=1}^{N_I}c_{n_I,j_I}^{(I)}(t)\chi_{j_I}^{(\lambda)}(\boldsymbol{R}_I) \qquad (3.124)$$

のように1個ではなく数個 $(K_1, K_2, ..., K_f)$ の異なる配置を扱えばよい．これが**多配置時間依存 Hartree (multiconfiguration time-dependent Hartree, MCTDH) 法** [73] である．$K_1 \to N_1, K_2 \to N_2, ..., K_f \to N_f$ とすれば，MCTDH 法は用意された基底関数の張る空間において厳密な取り扱いになる．

式 (3.123) の $\varphi_{n_I}^{(\lambda)}(\boldsymbol{R}_I, t)$ を凍結幅ガウシアン (frozen-width Gaussian)

$$\varphi_{n_I}^{(\lambda)}(\boldsymbol{R}_I, t) = \left(\frac{2\alpha_I}{\pi}\right)^{1/4} \exp\Big[-\alpha_I \left(\boldsymbol{R}_I - \bar{\boldsymbol{R}}_{nI}^{(\lambda)}(t)\right)^2 + i\bar{\boldsymbol{P}}_{nI}^{(\lambda)}(t) \cdot \left(\boldsymbol{R}_I - \bar{\boldsymbol{R}}_{nI}^{(\lambda)}(t)\right) + i\gamma_{n_I}^{(\lambda)}(t)\Big] \tag{3.125}$$

で近似する方法がよく用いられる．ここで，$\bar{\boldsymbol{R}}_{nI}^{(\lambda)}(t)$, $\bar{\boldsymbol{P}}_{nI}^{(\lambda)}(t)$ は時間に依存する Gauss 関数の中心位置座標と中心運動量であり，$1/\sqrt{a_I}$ と $\gamma_{nI}^{(\lambda)}(t)$ は Gauss 関数の幅と位相を表す．$\bar{\boldsymbol{R}}_{nI}^{(\lambda)}(t)$, $\bar{\boldsymbol{P}}_{nI}^{(\lambda)}(t)$, $\gamma_{nI}^{(\lambda)}(t)$ の時間依存性は方程式から決まるので，はじめに仮定するのは Gauss 関数の幅のみである．$\boldsymbol{d}_{\lambda\lambda',I}(\boldsymbol{R}) = \langle \Psi(\boldsymbol{R}) \,|\, \boldsymbol{\nabla}_I \,|\, \Psi(\boldsymbol{R}) \rangle$ として，$|\boldsymbol{d}_{\lambda\lambda'\,I}(\boldsymbol{R})|$ がある閾値を超えると産卵モードに入り，これまでの状態に直交した状態を産卵するのが**完全多重産卵 (full multiple spawning, FMS) 法**である．これは従来の**表面ホッピング (surface hopping)** を何個でも新しい状態を生成するように拡張したものである．

FMS 法では，前もってポテンシャルエネルギー面をテーブル化しておく．電子エネルギーと非断熱結合ベクトルを含むハミルトニアン行列の評価には，原子核位置に関する積分が必要となる．しかし Gauss 関数は空間的に局在しているので，電子の波動関数 $\Psi_\lambda(\boldsymbol{r}, \boldsymbol{R})$ の $\boldsymbol{R}$ を近似的に n 番目の TBF の中心位置座標 $\bar{\boldsymbol{R}}_n^{(\lambda)}(t)$ に置き換えてよい．このとき，電子の波動関数は $\Psi_\lambda\big(\boldsymbol{r}; \bar{\boldsymbol{R}}_n^{(\lambda)}(t)\big)$ となり，TBF のインデックス n に依存するようになる．しかし，$T_N = \kappa^4 H_1$ を作用しても 0 なので，式 (3.114) の $\boldsymbol{F}$ や式 (3.115) の G は 0 になり，計算は格段に楽になる．こうして on-the-fly シミュレーションを可能としたのが**第一原理多重産卵 (ab initio multiple spawning, AIMS) 法**である（図 3.16）．

2つの中心の異なる基底関数の積は，これら2つの中心位置を平均した位置に局在した1つのガウス関数になる．電子エネルギーや非断熱結合は，この平均位置の周りで Taylor 展開でき，関係する積分は解析的に実行できる．2つの基底関数間の電子エネルギーを含む状態間結合項の中心位置 $\bar{\boldsymbol{R}}_{nn'}^{(\lambda\lambda)} = (\bar{\boldsymbol{R}}_n^{(\lambda)} + \bar{\boldsymbol{R}}_{n'}^{(\lambda)})/2$

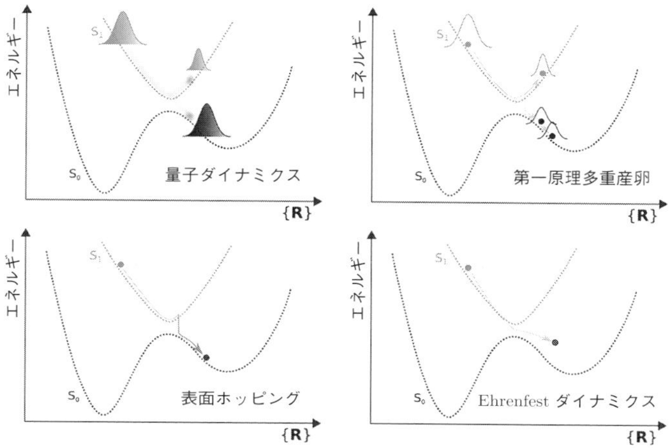

図 3.16 真の量子ダイナミクス，第一原理多重産卵 (AIMS) 法，表面ホッピング法，Ehrenfest ダイナミクスの違い [70]

つまり，積 $|\chi_n^{(\lambda)*}\chi_{n'}^{(\lambda)}|$ の最大値の周りでの展開を考えてみよう．

$$
\begin{aligned}
E_\lambda(\boldsymbol{R}) &= E_\lambda(\bar{\boldsymbol{R}}_{nn'}^{(\lambda\lambda)}) + \sum_I^f (\boldsymbol{R}_I - \bar{R}_{I,nn'}^{(\lambda\lambda)}) \cdot \boldsymbol{\nabla}_I E_\lambda(\boldsymbol{R}) \Big|_{\boldsymbol{R}_I = \bar{\boldsymbol{R}}_{I,nn'}^{(\lambda\lambda)}} \\
&+ \frac{1}{2} \sum_{I,\,I'}^f (\boldsymbol{R}_I - \bar{\boldsymbol{R}}_{I,nn'}^{(\lambda\lambda)}) \cdot \boldsymbol{\nabla}_I \boldsymbol{\nabla}_{I'} E_\lambda(\boldsymbol{R}) \Big|_{\substack{\boldsymbol{R}_I = \bar{\boldsymbol{R}}_{I,nn'}^{(\lambda\lambda)} \\ \boldsymbol{R}_{I'} = \bar{\boldsymbol{R}}_{I',nn'}^{(\lambda\lambda)}}} \cdot (\boldsymbol{R}_{I'} - \bar{\boldsymbol{R}}_{I',nn'}^{(\lambda\lambda)}) + \dots
\end{aligned}
\tag{3.126}
$$

この展開を対応するハミルトニアンの積分に代入して，

$$
\begin{aligned}
\langle \chi_n^{(\lambda)} | E_\lambda(\boldsymbol{R}) | \chi_{n'}^{(\lambda)} \rangle_{\boldsymbol{R}} &= E_\lambda(\bar{\boldsymbol{R}}_{nn'}^{(\lambda\lambda)}) \langle \chi_n^{(\lambda)} | \chi_{n'}^{(\lambda)} \rangle_{\boldsymbol{R}} \\
&+ \frac{1}{2} \sum_{I,\,I'}^f \boldsymbol{\nabla}_I \boldsymbol{\nabla}_{I'} E_\lambda(\boldsymbol{R}) \Big|_{\boldsymbol{R}_I = \bar{\boldsymbol{R}}_{I,nn'}^{(\lambda\lambda)},\, \boldsymbol{R}_{I'} = \bar{\boldsymbol{R}}_{I',nn'}^{(\lambda\lambda)}} \\
&\times \langle \chi_n^{(\lambda)} | (\boldsymbol{R}_I - \bar{\boldsymbol{R}}_{I,nn'}^{(\lambda\lambda)})(\boldsymbol{R}_{I'} - \bar{\boldsymbol{R}}_{I',nn'}^{(\lambda\lambda)}) | \chi_{n'}^{(\lambda)} \rangle_{\boldsymbol{R}} + \dots
\end{aligned}
\tag{3.127}
$$

を得る．したがって，ハミルトニアン行列要素は解析的に解ける積分（ガウス型関数のモーメント）に平均位置で評価された電子構造の寄与をかけたもので表される．AIMS では，この Taylor 級数をしばしば 0 次で切り，すべての 2 次

の非断熱結合項を無視する．そしてハミルトニアン行列要素は

$$H_{nn'}^{\lambda\lambda'} \sim \langle \chi_n^{(\lambda)} \,|\, T_N \,|\, \chi_{n'}^{(\lambda)} \rangle_{\boldsymbol{R}} \delta_{\lambda\lambda'} + E_\lambda(\bar{\boldsymbol{R}}_{nn'}^{(\lambda\lambda)}) \langle \chi_n^{(\lambda)} \,|\, \chi_{n'}^{(\lambda)} \rangle_{\boldsymbol{R}} \delta_{\lambda\lambda'}$$
$$- \kappa^4 \sum_{I=1}^{f} \mu_I \langle \chi_n^{(\lambda)} \,|\, \boldsymbol{\nabla}_I \,|\, \chi_{n'}^{(\lambda')} \rangle_{\boldsymbol{R}} \cdot \langle \Psi_\lambda \,|\, \boldsymbol{\nabla}_I \,|\, \Psi_{\lambda'} \rangle_{\boldsymbol{R}} \Big|_{\boldsymbol{R}=\bar{\boldsymbol{R}}_{nn'}^{(\lambda\lambda')}} \tag{3.128}$$

と近似される．重なり行列や高次のモーメントの積分は基底関数の距離が離れると急速に減衰するので，接近した基底関数のペアの電子エネルギーや非断熱結合のみを計算すればよく，実質的な計算量は N_{TBF} に比例する．この 0 次の鞍点近似は FMS 運動方程式の on-the-fly での計算を容易にする．高次の鞍点近似を行うには，電子エネルギーや非断熱結合行列の微分が必要になる．

0 次近似ですべての 2 次の非断熱結合項を無視することは，Ehrenfest 定理に近い別の言い方で正当化できる．0 次近似では電子状態は原子核をその平均的な位置に固定して扱うのと等価である．したがって，電子の波動関数は $\boldsymbol{R}$ に依存しなくなり，$\boldsymbol{R}$ の平均値 $\bar{\boldsymbol{R}}(t)$ にのみ依存するようになる．

$$\Psi_\lambda(\boldsymbol{r}, \boldsymbol{R}) \to \Psi_\lambda(\boldsymbol{r}, \bar{\boldsymbol{R}}(t)) \tag{3.129}$$

そのため，式 (3.114), (3.115) の $\boldsymbol{F}_{\lambda\lambda'}^{(I)}(\boldsymbol{R})$ や $G_{\lambda\lambda'}^{(I)}(\boldsymbol{R})$ は 0 になる．しかし，この電子波動関数は $\bar{\boldsymbol{R}}(t)$ を通して時間 t に依存するので，時間依存 Schrödinger 方程式の左辺の時間微分は考慮しなければならない．これは

$$i\hbar \frac{\partial}{\partial t} \Psi_\lambda(\boldsymbol{r}, \bar{\boldsymbol{R}}(t)) = i\hbar \dot{\bar{\boldsymbol{R}}} \cdot \frac{\partial}{\partial \bar{\boldsymbol{R}}} \Psi_\lambda(\boldsymbol{r}, \bar{\boldsymbol{R}}(t)) \tag{3.130}$$

と書け（$\bar{\boldsymbol{R}}$ の時間微分を $\dot{\bar{\boldsymbol{R}}}$ とした），式 (3.121) には次の行列要素が現れる．

$$\int \Psi_\lambda(\boldsymbol{r}, \bar{\boldsymbol{R}}(t)) \frac{\partial}{\partial \bar{\boldsymbol{R}}} \Psi_\lambda(\boldsymbol{r}, \bar{\boldsymbol{R}}(t)) d\boldsymbol{r} \tag{3.131}$$

もし，より高次の分子系の励起状態ダイナミクスに興味があるなら，**独立一次世代 (independent first generation, IFG) 近似**に訴えることができる．時刻 $t = 0$ では，親の基底関数がすべて結合し，分子波動関数を作る．しかし，初期の原子核の波束は動力学の開始時に位相空間で急速に広がり，はじめに結合した基底関数はすぐに結合しなくなり，独立に発展するようになる．良い近似として，それらは $t = 0$ から結合していないと考えることができる．

第 4 章 応答とスペクトル

第一原理計算によって電子状態が求められると，得られた電子状態を用いて各種物性量を計算することができる．特に，外部から与えられた刺激に対する系の応答を見ることは大切であり，そのための摂動計算や線形応答理論を紹介する．本章で取り上げる題材は，有効質量，誘電率，磁化率，NMR，フォノン，電子格子相互作用，ポーラロン，赤外吸収，ラマン散乱，電気伝導度，熱伝導度，スピン軌道相互作用，超微細構造など，多岐にわたる．

4.1 摂動計算

はじめに第一原理計算により基底状態が求まっているものとし，その系に摂動を加えたときの応答を調べることが本節の目的である．摂動計算により求められる物性量には，有効質量，誘電率，磁化率，NMR 化学シフトなどがあるので，それらについて順番に詳しく解説する．

4.1.1 有効質量

結晶の弱い外場への応答を考えたり，有効質量を計算するためには，はじめに摂動論あるいは線形応答理論を使う必要がある．

有効質量テンソル $(1/m^*_\lambda)_{\alpha\beta}$ はエネルギー準位の分散関係

$$\varepsilon_{\boldsymbol{k}+\Delta\boldsymbol{k},\lambda} = \varepsilon_{\boldsymbol{k}\lambda} + \frac{1}{2}\sum_{\alpha=1}^{3}\sum_{\beta=1}^{3}\Big(\frac{1}{m^*_\lambda}\Big)_{\alpha\beta}\Delta k_\alpha \Delta k_\beta \tag{4.1}$$

から求めることができる．ここで，$\varepsilon_{\boldsymbol{k}\lambda}$ は $\boldsymbol{k}$ に極値を持つ．裸の電子質量の代わりに有効質量を使う自由電子の描像は有効質量近似と呼ばれる．この有効質量テンソルは，いわゆる $\boldsymbol{k}\cdot\boldsymbol{p}$ **摂動法**で計算できる．これは半導体の $\boldsymbol{k}\sim 0$ 付近の縮退したバンドのエネルギー表面を議論するために Shockley [74] によって初めて議論された．これは，$\boldsymbol{k}$ での電子状態がわかっているものとして，$\boldsymbol{k}+\Delta\boldsymbol{k}$ でのエネルギー固有値を摂動論的に計算する方法である．

異なる波数の Bloch 関数は直交するので，波動関数 $\phi_{\boldsymbol{k}+\Delta\boldsymbol{k},\lambda}(\boldsymbol{r})$ は $\phi_{\boldsymbol{k}\nu}(\boldsymbol{r})$ では展開できず，$\exp[i\Delta\boldsymbol{k}\cdot\boldsymbol{r}]\phi_{\boldsymbol{k}\nu}(\boldsymbol{r})$ で展開しなければならない．それゆえ，

$$\phi_{\boldsymbol{k}+\Delta\boldsymbol{k},\lambda}(\boldsymbol{r})=\mathrm{e}^{i\Delta\boldsymbol{k}\cdot\boldsymbol{r}}\chi_{\boldsymbol{k}\lambda}(\boldsymbol{r}) \tag{4.2}$$

で導入される関数 $\chi_{\boldsymbol{k}\lambda}(\boldsymbol{r})$ を求める必要がある．式 (4.2) を Kohn–Sham 方程式 (2.75) に代入し，ハミルトニアンの摂動項が次式で与えられることがわかる．

$$\begin{aligned}\mathcal{H}' &= \frac{1}{2}(\Delta\boldsymbol{k}-i\nabla)^2-\frac{1}{2}\nabla^2\\ &= \frac{1}{2}(\Delta\boldsymbol{k})^2-i\Delta\boldsymbol{k}\cdot\nabla\\ &= \sum_{\alpha=1}^{3}\frac{1}{2}\left[(\Delta k_\alpha)^2+2\Delta k_\alpha p_\alpha\right]\end{aligned} \tag{4.3}$$

ここで，$p_\alpha=-i\nabla_\alpha$ とおいた．準位 λ に縮退がないなら，2 次摂動論により

$$\left(\frac{1}{m^*_\lambda}\right)_{\alpha\beta}=\delta_{\alpha\beta}+2{\sum_\nu}'\frac{\langle\boldsymbol{k},\lambda|p_\alpha|\boldsymbol{k},\nu\rangle\langle\boldsymbol{k},\nu|p_\beta|\boldsymbol{k},\lambda\rangle}{\varepsilon_{\boldsymbol{k}\lambda}-\varepsilon_{\boldsymbol{k}\nu}} \tag{4.4}$$

を得る．ν の和は λ を除くすべての占有，非占有準位に対してとる．右辺第 2 項の因子 2 は有効運動エネルギーの最終式の 1/2 を打ち消すために必要である．

波数ベクトル $\boldsymbol{k}$ でエネルギー準位が縮退している場合は，縮退した摂動論を用いる必要がある．$\boldsymbol{k}=\boldsymbol{0}$ で，考えている準位 $\lambda_1, \lambda_2 \ldots \lambda_m$ が m 重に縮退している場合には，$m\times m$ の摂動行列の永年方程式

$$\left|\sum_{\alpha\beta}A_{ij}^{\alpha\beta}\Delta k_\alpha\Delta k_\beta-\delta_{ij}\Delta\varepsilon\right|=0 \tag{4.5}$$

を解く必要がある．ここで，$i,j=1,2,\ldots,m$ は行と列のインデックスを表し，係数 $A_{ij}^{\alpha\beta}$ は，スピン軌道相互作用を無視すると，

$$A_{ij}^{\alpha\beta} = 2\sum_{\nu} \frac{\langle \mathbf{0}\lambda_i|p_\alpha|\mathbf{0}\nu\rangle\langle \mathbf{0}\nu|p_\beta|\mathbf{0}\lambda_j\rangle}{\varepsilon_{\mathbf{0}\lambda} - \varepsilon_{\mathbf{0}\nu}} \tag{4.6}$$

で与えられる．$\boldsymbol{k} = \Delta\boldsymbol{k}$ での m 個のエネルギー固有値は

$$\varepsilon_{\boldsymbol{k}+\Delta\boldsymbol{k},\lambda} = \frac{\Delta k^2}{2} + \Delta\varepsilon \tag{4.7}$$

となる．ここで，$\Delta\varepsilon$ は式 (4.5) の m 個の解である．

4.1.2 誘電率，f 総和則

外部電場（電束密度 $\boldsymbol{D}$）によるポテンシャル $\varphi^{\mathrm{ext}}(\boldsymbol{r},t)$ 中に物体が置かれると，物体に誘起電荷 $\rho^{\mathrm{ind}}(\boldsymbol{r},t)$ が生じ，物体中の電場は $\boldsymbol{\mathcal{E}}$，ポテンシャルは

$$\varphi^{\mathrm{tot}}(\boldsymbol{r},t) = \varphi^{\mathrm{ext}}(\boldsymbol{r},t) + \varphi^{\mathrm{ind}}(\boldsymbol{r},t) \tag{4.8}$$

となる． ここで $\varphi^{\mathrm{tot}}, \varphi^{\mathrm{ext}}, \varphi^{\mathrm{ind}}$ は，それぞれ $\boldsymbol{\mathcal{E}}, \boldsymbol{D}, -4\pi\boldsymbol{P}$ に対応したポテンシャルであり，$\boldsymbol{P}$ は分極で，$\boldsymbol{D} = \boldsymbol{\mathcal{E}} + 4\pi\boldsymbol{P}$ である．$\rho^{\mathrm{ind}}(\boldsymbol{r},t)$ と $\varphi^{\mathrm{ind}}(\boldsymbol{r},t)$ は

$$\nabla^2\varphi^{\mathrm{ind}}(\boldsymbol{r},t) = -4\pi\rho^{\mathrm{ind}}(\boldsymbol{r},t) \tag{4.9}$$

なる Poisson 方程式で結ばれる．**誘電関数** ϵ，**電気感受率** χ，**分極関数** P を

$$\varphi^{\mathrm{ext}}(\boldsymbol{r},\omega) = \int \epsilon(\boldsymbol{r},\boldsymbol{r}';\omega)\varphi^{\mathrm{tot}}(\boldsymbol{r}',\omega)d\boldsymbol{r}' \tag{4.10a}$$

$$\varphi^{\mathrm{ind}}(\boldsymbol{r},\omega) = -4\pi \int \chi(\boldsymbol{r},\boldsymbol{r}';\omega)\varphi^{\mathrm{tot}}(\boldsymbol{r}',\omega)d\boldsymbol{r}' \tag{4.10b}$$

$$\rho^{\mathrm{ind}}(\boldsymbol{r},\omega) = \int P(\boldsymbol{r},\boldsymbol{r}';\omega)\varphi^{\mathrm{tot}}(\boldsymbol{r}',\omega)d\boldsymbol{r}' \tag{4.10c}$$

と定義する．ただし，これらは時間について

$$\varphi(\boldsymbol{r},t) = \int_{-\infty}^{\infty} \frac{d\omega}{2\pi} e^{-i\omega t}\varphi(\boldsymbol{r},\omega) \tag{4.11a}$$

$$\epsilon(\boldsymbol{r},t;\boldsymbol{r}',t') = \int_{-\infty}^{\infty} \frac{d\omega}{2\pi} e^{-i\omega(t-t')}\epsilon(\boldsymbol{r},\boldsymbol{r}';\omega) \tag{4.11b}$$

のように Fourie 変換した量である．式 (4.8)，(4.10a)，(4.10b) より

$$\int \left\{\epsilon(\boldsymbol{r},\boldsymbol{r}';\omega) - \delta(\boldsymbol{r}-\boldsymbol{r}') - 4\pi\chi(\boldsymbol{r},\boldsymbol{r}';\omega)\right\} \varphi^{\mathrm{tot}}(\boldsymbol{r}',\omega)d\boldsymbol{r}' = 0 \tag{4.12}$$

が任意の $\varphi^{\mathrm{tot}}(\boldsymbol{r}',\omega)$ に対して成り立つので，次の関係式が得られる．

$$\epsilon(\boldsymbol{r},\boldsymbol{r}';\omega) = \delta(\boldsymbol{r}-\boldsymbol{r}') + 4\pi\chi(\boldsymbol{r},\boldsymbol{r}';\omega) \tag{4.13a}$$

式 (4.10b) と式 (4.10c) を比較し，Poisson 方程式 (4.9) を積分すると次式となる．

$$4\pi\chi(\boldsymbol{r},\boldsymbol{r}';\omega) = -\int V(\boldsymbol{r}-\boldsymbol{r}'')P(\boldsymbol{r}'',\boldsymbol{r}';\omega)d\boldsymbol{r}'', \tag{4.13b}$$

$$V(\boldsymbol{r}-\boldsymbol{r}'') = \frac{1}{|\boldsymbol{r}-\boldsymbol{r}''|} \tag{4.13c}$$

電気感受率 $\chi(\boldsymbol{r},\boldsymbol{r}';\omega)$ は単位体積あたりの分極 $\boldsymbol{P}$ の電場 $\boldsymbol{E}$ に対する比例係数であり ($\boldsymbol{P} = \chi\boldsymbol{E}$)，一般に 2 階のテンソルである．電場と同じ方向の分極の成分を縦成分という．通常，縦成分のみを考えるので，スカラー関数である．

$$\chi_1(\boldsymbol{r},\boldsymbol{r}';\omega) = \chi_1(\boldsymbol{r},\boldsymbol{r}';\omega) + i\chi_2(\boldsymbol{r},\boldsymbol{r}';\omega) \tag{4.14}$$

のように実部 χ_1 と虚部 χ_2 に分けると，虚部は**光吸収スペクトル**を表し，実部は屈折率に関係するので，ともに光学的性質を議論する場合に重要な量である．実部と虚部は，関数が有する**因果律**のために（$\chi(-\omega) = \chi^*(\omega)$ を考慮して）

$$\chi_1(\boldsymbol{r},\boldsymbol{r}';\omega) = \frac{2}{\pi}\mathrm{P}\int_0^\infty \frac{\omega'\chi_2(\boldsymbol{r},\boldsymbol{r}';\omega')}{\omega'^2-\omega^2}d\omega',$$
$$\chi_2(\boldsymbol{r},\boldsymbol{r}';\omega) = -\frac{2\omega}{\pi}\mathrm{P}\int_0^\infty \frac{\chi_1(\boldsymbol{r},\boldsymbol{r}';\omega')}{\omega'^2-\omega^2}d\omega' \tag{4.15}$$

で結びついており（ここで “P” は主値を表す），互いに自ら他に変換できる．この関係式 (4.15) を **Kramers–Kronig の関係式**という．光吸収スペクトルの計算については，後で Bethe–Salpeter 方程式のところでも述べる．

$\varphi = 0$ の被摂動系のハミルトニアン $\mathcal{H}_0$ の固有値問題 $\mathcal{H}_0\,|\,\boldsymbol{k},\lambda\rangle = \varepsilon_{\boldsymbol{k}\lambda}\,|\,\boldsymbol{k},\lambda\rangle$ は解かれていて，密度行列 $\rho_0 = \sum_{\boldsymbol{k}}^{\mathrm{BZ}}\sum_\lambda |\,\boldsymbol{k},\lambda\rangle f(\varepsilon_{\boldsymbol{k}\lambda})\langle\,\boldsymbol{k},\lambda\,|$ が与えられているとする．ここで，$f(\varepsilon)$ は **Fermi 分布関数**である．Adler [75] に従って χ を導こう．φ の存在により，ハミルトニアンが $\mathcal{H} = \mathcal{H}_0 + \mathcal{H}_1$ になったとする．

$$\mathcal{H}_1 = -e\varphi^{\mathrm{tot}}(\boldsymbol{r}, t) \tag{4.16}$$

は摂動を表す．このときの密度行列 ρ は Liouville 方程式

$$i\frac{\partial \rho}{\partial t} = [H, \rho] \tag{4.17}$$

を満たすので，$\rho = \rho_0 + \delta\rho$ と書くと，

$$i\frac{\partial}{\partial t}\delta\rho = [H, \delta\rho] + [\mathcal{H}_1, \rho_0] \tag{4.18}$$

である．この式を $\langle\, \boldsymbol{k}, \lambda\,|$, $|\,\boldsymbol{k}+\boldsymbol{q}, \nu\,\rangle$ で挟むと，次の関係式が得られる．

$$\begin{aligned} i\frac{\partial}{\partial t}\langle\, \boldsymbol{k}, \lambda\,|\,\delta\rho\,|\,\boldsymbol{k}+\boldsymbol{q}, \nu\,\rangle &= (\varepsilon_{\boldsymbol{k}\lambda} - \varepsilon_{\boldsymbol{k}+\boldsymbol{q}\nu})\langle\, \boldsymbol{k}, \lambda\,|\,\delta\rho\,|\,\boldsymbol{k}+\boldsymbol{q}, \nu\,\rangle \\ &+ [f(\varepsilon_{\boldsymbol{k}+\boldsymbol{q}\nu}) - f(\varepsilon_{\boldsymbol{k}\lambda})]\,\langle\, \boldsymbol{k}, \lambda\,|\,\mathcal{H}_1\,|\,\boldsymbol{k}+\boldsymbol{q}, \nu\,\rangle \end{aligned} \tag{4.19}$$

結晶やスーパーセルを用いた周期系の計算では，格子定数よりも短い長さのスケールの依存性は非局所的であり，$\boldsymbol{q}$ 空間に単純に Fourier 変換することができない．そこで，$\varphi(\boldsymbol{r}, t)$ を

$$\varphi(\boldsymbol{r}, t) = \sum_{\boldsymbol{G}} e^{-i(\boldsymbol{q}+\boldsymbol{G})\cdot\boldsymbol{r} - i\omega t + \eta t}\varphi_{\boldsymbol{G}}(\boldsymbol{q}, \omega) \tag{4.20}$$

と展開する．ここで $\boldsymbol{G}$ は逆格子ベクトルであり，η は無限小の正の量 0^+ を表す．式 (4.16) と式 (4.20) より次式を得る．

$$\langle\, \boldsymbol{k}, \lambda\,|\,\mathcal{H}_1\,|\,\boldsymbol{k}+\boldsymbol{q}', \nu\,\rangle = -e\delta_{\boldsymbol{q}\boldsymbol{q}'}\sum_{\boldsymbol{G}}\langle\, \boldsymbol{k}, \lambda\,|\,e^{-i(\boldsymbol{q}+\boldsymbol{G})\cdot\boldsymbol{r} - i\omega t + \eta t}\,|\,\boldsymbol{k}+\boldsymbol{q}, \nu\,\rangle\varphi_{\boldsymbol{G}}^{\mathrm{tot}}(\boldsymbol{q}, \omega) \tag{4.21}$$

$\langle\, \boldsymbol{k}, \lambda\,|\,\delta\rho\,|\,\boldsymbol{k}+\boldsymbol{q}, \nu\,\rangle \propto e^{-i\omega t + \eta t}$ の時間依存性を仮定すると，式 (4.19) は

$$\begin{aligned} \langle\, \boldsymbol{k}, \lambda\,|\,\delta\rho\,|\,\boldsymbol{k}+\boldsymbol{q}, \nu\,\rangle &= -e\,[f(\varepsilon_{\boldsymbol{k}+\boldsymbol{q}\nu}) - f(\varepsilon_{\boldsymbol{k}\lambda})] \\ &\times \sum_{\boldsymbol{G}} \frac{\langle\, \boldsymbol{k}, \lambda\,|\,e^{-i(\boldsymbol{q}+\boldsymbol{G})\cdot\boldsymbol{r} - i\omega t + \eta t}\,|\,\boldsymbol{k}+\boldsymbol{q}, \nu\,\rangle}{\omega - \varepsilon_{\boldsymbol{k}\lambda} + \varepsilon_{\boldsymbol{k}+\boldsymbol{q}\nu} + i\eta}\varphi_{\boldsymbol{G}}^{\mathrm{tot}}(\boldsymbol{q}, \omega) \end{aligned} \tag{4.22}$$

ここで $f(\varepsilon)$ は Fermi 分布関数である．そして，

$$\rho^{\rm ind}_{\boldsymbol{G}}(\boldsymbol{q},\omega) = -2e\sum_{\boldsymbol{k}}^{\rm BZ}\sum_{\lambda}\langle\,\boldsymbol{k},\lambda\,|\,\delta\rho\, e^{i(\boldsymbol{q}+\boldsymbol{G})\cdot\boldsymbol{r}-i\omega t-\eta t}\,|\,\boldsymbol{k},\lambda\,\rangle$$
$$= -2e\sum_{\boldsymbol{k}}^{\rm BZ}\sum_{\lambda}\sum_{\nu}\langle\,\boldsymbol{k},\lambda\,|\,\delta\rho\,|\,\boldsymbol{k}+\boldsymbol{q},\nu\,\rangle\langle\,\boldsymbol{k}+\boldsymbol{q},\nu\,|\,e^{i(\boldsymbol{q}+\boldsymbol{G})\cdot\boldsymbol{r}-i\omega t-\eta t}\,|\,\boldsymbol{k},\lambda\,\rangle \tag{4.23}$$

（スピン 2 重性を考慮して係数を 2 倍した），および

$$\phi^{\rm ind}_{\boldsymbol{G}}(\boldsymbol{q},\omega) = \frac{4\pi}{\Omega(\boldsymbol{q}+\boldsymbol{G})^2}\rho^{\rm ind}_{\boldsymbol{G}}(\boldsymbol{q},\omega) \tag{4.24}$$

に注意して（Ω は単位胞の体積である），電気感受率を

$$\chi(\boldsymbol{r},\boldsymbol{r}';\omega) = \sum_{\boldsymbol{q}}\sum_{\boldsymbol{G}}\sum_{\boldsymbol{G}'} e^{i(\boldsymbol{q}+\boldsymbol{G})\cdot\boldsymbol{r}}\chi_{\boldsymbol{G}\boldsymbol{G}'}(\boldsymbol{q},\omega)e^{-i(\boldsymbol{q}+\boldsymbol{G}')\cdot\boldsymbol{r}'} \tag{4.25}$$

と展開し，これらを式 (4.10b) と合わせると，

$$\chi_{\boldsymbol{G}\boldsymbol{G}'}(\boldsymbol{q},\omega) = -\frac{2e^2}{\Omega(\boldsymbol{q}+\boldsymbol{G})^2}\sum_{\boldsymbol{k}}^{\rm BZ}\sum_{\lambda}\sum_{\nu}[f(\varepsilon_{\boldsymbol{k}+\boldsymbol{q}\nu}) - f(\varepsilon_{\boldsymbol{k}\lambda})]$$
$$\times\frac{\langle\,\boldsymbol{k},\lambda\,|\,e^{-i(\boldsymbol{q}+\boldsymbol{G})\cdot\boldsymbol{r}}\,|\,\boldsymbol{k}+\boldsymbol{q},\nu\,\rangle\langle\,\boldsymbol{k}+\boldsymbol{q},\nu\,|\,e^{i(\boldsymbol{q}+\boldsymbol{G}')\cdot\boldsymbol{r}'}\,|\,\boldsymbol{k},\lambda\,\rangle}{\omega-\varepsilon_{\boldsymbol{k}\lambda}+\varepsilon_{\boldsymbol{k}+\boldsymbol{q}\nu}+i\eta} \tag{4.26}$$

が得られる．Fermi 分布関数の因子のために，λ と ν についての和のどちらかは非占有状態 ($\mathcal{E}$) についてとり，他方は占有状態 ($\mathcal{O}$) についてとることになる．式 (4.26) より $\boldsymbol{G}=\boldsymbol{G}'=0$ の電気感受率は次のように求まる．

$$\chi_{\boldsymbol{00}}(\boldsymbol{q},\omega) = -\frac{2}{\Omega q^2}\sum_{\boldsymbol{k}}^{\rm BZ}\sum_{\lambda}\sum_{\nu}[f(\varepsilon_{\boldsymbol{k}+\boldsymbol{q}\nu}) - f(\varepsilon_{\boldsymbol{k}\lambda})]$$
$$\times\frac{\langle\boldsymbol{k},\lambda|\mathrm{e}^{-i\boldsymbol{q}\cdot\boldsymbol{r}}|\boldsymbol{k}+\boldsymbol{q},\nu\rangle\langle\boldsymbol{k}+\boldsymbol{q},\nu|\mathrm{e}^{i\boldsymbol{q}\cdot\boldsymbol{r}'}|\boldsymbol{k},\lambda\rangle}{\omega-\varepsilon_{\boldsymbol{k}\lambda}+\varepsilon_{\boldsymbol{k}+\boldsymbol{q}\nu}+i\delta} \tag{4.27}$$

したがって，式 (4.13b), (4.13c) より，分極関数は，

$$P^0_{\boldsymbol{G}\boldsymbol{G}'}(\boldsymbol{q},\omega) = 2\sum_{\boldsymbol{k}}^{\rm BZ}\sum_{\lambda}\sum_{\nu}[f(\varepsilon_{\boldsymbol{k}+\boldsymbol{q}\nu}) - f(\varepsilon_{\boldsymbol{k}\lambda})]$$

$$\times \frac{\langle \boldsymbol{k}, \lambda | \mathrm{e}^{-i(\boldsymbol{q}+\boldsymbol{G})\cdot \boldsymbol{r}} | \boldsymbol{k}+\boldsymbol{q}, \nu \rangle \langle \boldsymbol{k}+\boldsymbol{q}, \nu | \mathrm{e}^{i(\boldsymbol{q}+\boldsymbol{G}')\cdot \boldsymbol{r}'} | \boldsymbol{k}, \lambda \rangle}{\omega - \varepsilon_{\boldsymbol{k}\lambda} + \varepsilon_{\boldsymbol{k}+\boldsymbol{q}\nu} + i\eta} \tag{4.28}$$

となる．ここでも係数の 2 はスピンの 2 重性を考慮したものである．運動量移行ベクトル $\boldsymbol{q}$ をある特定の方向に固定した場合は波数ベクトル $\boldsymbol{k}$ に関する和は第 1 Brilloum 帯の全領域についてとる必要があるが，$\boldsymbol{q}$ を対称性から等価な星 (star) について後から平均するなら，$\boldsymbol{k}$ の和は既約第 1 Brilloum 帯のみでよい．膨大な数の非占有状態があるので，十分な数の状態を和に含めることはかなり大変である．これは**射影演算子の方法**を使えば回避できる．つまり，

$$\sum_{\nu} |\boldsymbol{k}, \nu\rangle\langle \boldsymbol{k}, \nu| = \sum_{\nu} |\boldsymbol{k}+\boldsymbol{q}, \nu\rangle\langle \boldsymbol{k}+\boldsymbol{q}, \nu| = 1, \tag{4.29}$$

なる Kohn–Sham 固有状態の完全性と占有状態への射影演算子

$$\mathcal{P}_{\boldsymbol{k}} = \sum_{\nu}^{\mathrm{occ}} |\boldsymbol{k}, \nu\rangle\langle \boldsymbol{k}, \nu|, \quad \mathcal{P}_{\boldsymbol{k}+\boldsymbol{q}} = \sum_{\nu}^{\mathrm{occ}} |\boldsymbol{k}+\boldsymbol{q}, \nu\rangle\langle \boldsymbol{k}+\boldsymbol{q}, \nu| \tag{4.30}$$

を用い，非占有状態に関する和 (emp) を占有状態に関する和 (occ) に換える．

$$\sum_{\nu}^{\mathrm{emp}} |\boldsymbol{k}, \nu\rangle\langle \boldsymbol{k}, \nu| = 1 - \mathcal{P}_{\boldsymbol{k}}, \quad \sum_{\nu}^{\mathrm{emp}} |\boldsymbol{k}+\boldsymbol{q}, \nu\rangle\langle \boldsymbol{k}+\boldsymbol{q}, \nu| = 1 - \mathcal{P}_{\boldsymbol{k}+\boldsymbol{q}} \tag{4.31}$$

この代数を用いると，式 (4.28) は数学的に次式と等価であることがわかる．

$$\begin{aligned} P^{0}_{\boldsymbol{G}\boldsymbol{G}'}(\boldsymbol{q}, \omega) = 2 \sum_{\boldsymbol{k}}^{\mathrm{BZ}} \sum_{\lambda}^{\mathrm{occ}} \Bigg[& \langle \boldsymbol{k}+\boldsymbol{q}, \lambda | \mathrm{e}^{i(\boldsymbol{q}+\boldsymbol{G}')\cdot \boldsymbol{r}'} \frac{1}{\omega - H + \varepsilon_{\boldsymbol{k}+\boldsymbol{q}\lambda} + i\delta} \mathrm{e}^{-i(\boldsymbol{q}+\boldsymbol{G})\cdot \boldsymbol{r}} \\ & \times |\boldsymbol{k}+\boldsymbol{q}, \lambda\rangle + \langle \boldsymbol{k}, \lambda | \mathrm{e}^{-i(\boldsymbol{q}+\boldsymbol{G})\cdot \boldsymbol{r}} \frac{1}{\omega - H + \varepsilon_{\boldsymbol{k}\lambda} + i\delta} \mathrm{e}^{i(\boldsymbol{q}+\boldsymbol{G}')\cdot \boldsymbol{r}'} |\boldsymbol{k}, \lambda\rangle \Bigg] \end{aligned} \tag{4.32}$$

ここで，H は基底関数空間での Kohn–Sham ハミルトニアン行列を表す．この代数は分極関数の計算のみならず，摂動論を使う他の計算でも使える．ただし，不完全基底の LCAO 法では使えない（混合基底法では使える）．分極関数 $P_{\boldsymbol{G}\boldsymbol{G}'}(\boldsymbol{q}, \omega)$ が求まると，誘電関数 $\epsilon_{\boldsymbol{G}\boldsymbol{G}'}(\boldsymbol{q}, \omega)$ は式 (4.13a)，(4.13c) より，

$$\epsilon_{\boldsymbol{G}\boldsymbol{G}'}(\boldsymbol{q}, \omega) = \delta_{\boldsymbol{G}\boldsymbol{G}'} - \widetilde{V}(\boldsymbol{q}+\boldsymbol{G}) P_{\boldsymbol{G}\boldsymbol{G}'}(\boldsymbol{q}, \omega) \tag{4.33}$$

で求まる．$\widetilde{V}(\boldsymbol{q}+\boldsymbol{G}) = 4\pi/(\Omega|\boldsymbol{q}+\boldsymbol{G}|^2)$ は $V(\boldsymbol{r}-\boldsymbol{r}')$ の Fourier 変換である．

ここで $\mathcal{H}$ と $\boldsymbol{r}$ の間の次の交換関係から導かれる重要な関係を説明しておく．

$$[\mathcal{H}, \boldsymbol{r}] = \mathcal{H}\boldsymbol{r} - \boldsymbol{r}\mathcal{H} = -\nabla \tag{4.34}$$

この式に左から $\langle \boldsymbol{k}', \nu|$ をかけ，右から $|\boldsymbol{k}, \lambda\rangle$ をかけると

$$(\varepsilon_{\boldsymbol{k}'\nu} - \varepsilon_{\boldsymbol{k}\lambda})\langle \boldsymbol{k}', \nu|\boldsymbol{r}|\boldsymbol{k}, \lambda\rangle = -\langle \boldsymbol{k}', \nu|\nabla|\boldsymbol{k}, \lambda\rangle \tag{4.35}$$

が得られる．この式より，$\boldsymbol{q} \to 0$ の極限で，式 (4.27) は次式となる：

$$\chi_{\mathbf{00}}(\mathbf{0}, \omega) = -\frac{2}{3\Omega}\sum_{\boldsymbol{k}}^{\mathrm{BZ}}\sum_{\lambda}\sum_{\nu}\frac{[f(\varepsilon_{\boldsymbol{k}\nu}) - f(\varepsilon_{\boldsymbol{k}\lambda})]}{(\varepsilon_{\boldsymbol{k}\nu} - \varepsilon_{\boldsymbol{k}\lambda})^2} \times \frac{\langle \boldsymbol{k}, \lambda|\nabla|\boldsymbol{k}, \nu\rangle \cdot \langle \boldsymbol{k}, \nu|\nabla|\boldsymbol{k}, \lambda\rangle}{\omega - \varepsilon_{\boldsymbol{k}\lambda} + \varepsilon_{\boldsymbol{k}\nu} + i\delta} \tag{4.36}$$

実際の計算では内殻電子状態はほとんど寄与しないので，式 (4.27) の和に含める必要がない．例えば，シリコンやダイアモンドでは，擬ポテンシャルを使った計算と使わない全電子計算は同じ $\epsilon(\mathbf{0}, 0)$ の値を与える（シリコンは約 14.5，ダイアモンドは約 5.9）．全電子計算によるシリコンの $\epsilon(\mathbf{0}, \omega)$ を図 4.1 に示す．シリコンの $\epsilon(\mathbf{0}, 0)$ の実験値は 12.0 であり，この違いは LDA に起因する．

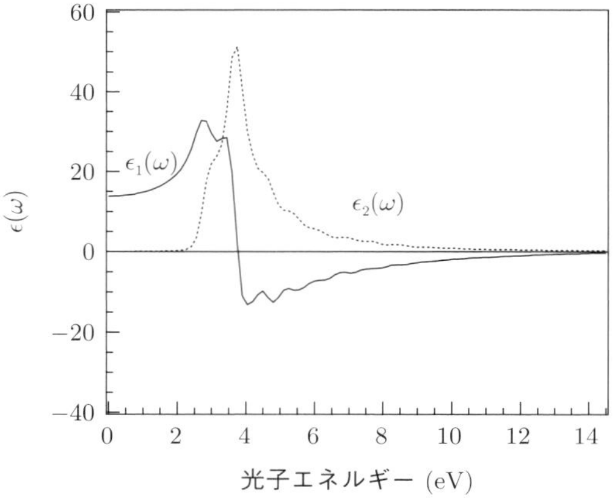

図 4.1　シリコンの誘電関数 $\epsilon(\mathbf{0}, \omega) = \epsilon_1(\omega) + i\epsilon_2(\omega)$（全電子混合基底法）

孤立した原子・分子では，分母に Ω を含まず波数ベクトル $\boldsymbol{k}$ の和もない式 (4.27)–(4.36) を用いる．始状態 $\boldsymbol{k},\lambda$ から終状態 $\boldsymbol{k}',\nu$ への光学遷移強度を表す

$$f_{\boldsymbol{k},\lambda,\boldsymbol{k}',\nu} = \frac{2}{3}|\langle \boldsymbol{k},\lambda|\boldsymbol{r}|\boldsymbol{k}',\nu\rangle|^2(\varepsilon_{\boldsymbol{k}'\nu} - \varepsilon_{\boldsymbol{k}\lambda}) = \frac{2}{3}\frac{|\langle \boldsymbol{k},\lambda|\nabla|\boldsymbol{k}',\nu\rangle|^2}{\varepsilon_{\boldsymbol{k}'\nu} - \varepsilon_{\boldsymbol{k}\lambda}} \tag{4.37}$$

は**振動子強度**と呼ばれ，これは次に述べる f **総和則**を満たす．式 (4.37) の 2 番目の等号には式 (4.35) を用いた．振動子強度は，$\exp(i\boldsymbol{q}\cdot\boldsymbol{r}) \approx 1 + i\boldsymbol{q}\cdot\boldsymbol{r}$（$\boldsymbol{q}$ は光の波数ベクトル）の**双極子近似**が成り立つ範囲で，電子の光学遷移のスペクトル強度を与える．

f 総和則の導出には交換関係 (4.34) を用いる．この式を $\langle \boldsymbol{k},\lambda|, |\boldsymbol{k},\nu\rangle$ で挟み，

$$(\varepsilon_{\boldsymbol{k}'\nu} - \varepsilon_{\boldsymbol{k}\lambda})\langle \boldsymbol{k},\lambda|\boldsymbol{r}|\boldsymbol{k}',\nu\rangle = \langle \boldsymbol{k},\lambda|\nabla|\boldsymbol{k}',\nu\rangle \tag{4.38}$$

が得られる．さらに，式 (4.35) に $\langle \boldsymbol{k},\lambda|\boldsymbol{r}|\boldsymbol{k}',\nu\rangle$ をかけ，式 (4.38) に $\langle \boldsymbol{k}',\nu|\boldsymbol{r}|\boldsymbol{k},\lambda\rangle$ をかけ，この 2 式を加え合わせて，最後にすべての ν に関する和をとると

$$\begin{aligned} 2\sum_{\nu}(\varepsilon_{\boldsymbol{k}'\nu} - \varepsilon_{\boldsymbol{k}\lambda})|\langle \boldsymbol{k},\lambda|\boldsymbol{r}|\boldsymbol{k}',\nu\rangle|^2 &= -\sum_{\nu}\langle \boldsymbol{k},\lambda|\boldsymbol{r}|\boldsymbol{k}',\nu\rangle\cdot\langle \boldsymbol{k}',\nu|\nabla|\boldsymbol{k},\lambda\rangle \\ +\sum_{\nu}\langle \boldsymbol{k},\lambda|\nabla|\boldsymbol{k}',\nu\rangle\cdot\langle \boldsymbol{k}',\nu|\boldsymbol{r}|\boldsymbol{k},\lambda\rangle &= \langle \boldsymbol{k},\lambda|(\nabla\cdot\boldsymbol{r} - \boldsymbol{r}\cdot\nabla)|\boldsymbol{k},\lambda\rangle = 3 \end{aligned} \tag{4.39}$$

が得られる．もしすべての初期状態，つまり，占有状態 λ についての和 (occ) をとるなら，左辺の終状態 ν についての和は非占有状態についての和 (emp) になる．なぜなら，ν の占有状態についての和の部分は方程式の非対称性から厳密に 0 になるからである．すると，次の f 総和則が得られる．

$$\sum_{\lambda}^{\mathrm{occ}}\sum_{\nu}^{\mathrm{emp}} f_{\boldsymbol{k}\lambda,\boldsymbol{k}'\nu} = \frac{2}{3}\sum_{\lambda}^{\mathrm{occ}}\sum_{\nu}^{\mathrm{emp}}|\langle \boldsymbol{k},\lambda|\boldsymbol{r}|\boldsymbol{k}',\nu\rangle|^2(\varepsilon_{\boldsymbol{k}'\nu} - \varepsilon_{\boldsymbol{k}\lambda}) = N \tag{4.40}$$

ここで N は単位胞中の電子数である．**分極率**，つまり分母に Ω のない式 (4.27) で $\boldsymbol{q} = \omega = 0$ としたものは振動子強度を用いて

$$\chi_{\mathbf{00}}(\mathbf{0}, 0) = \sum_{\lambda}^{\mathrm{occ}}\sum_{\nu}^{\mathrm{emp}} \frac{f_{\lambda,\nu}}{(\varepsilon_\nu - \varepsilon_\lambda)^2} \tag{4.41}$$

のように表せる．この和は，エネルギー分母を最高占有分子軌道 (HOMO) と 最

低非占有分子軌道 (LUMO) の エネルギー差であるエネルギーギャップ ε_{g} の大きさで近似したとすると，f 総和則を用いて評価することができる．

$$\chi_{\mathbf{00}}(\mathbf{0},0) \sim \frac{Ne^4 a_{\mathrm{B}}}{\varepsilon_{\mathrm{g}}^2} \tag{4.42}$$

N は電子数，e は電荷素量，a_{B} は Bohr 半径である．したがって，分極率は a_{B}^3 の次元を持つ．分子では，分極率はおおざっぱに言って，$\sim$ (分子の半径)^3 の値になる．ヘリウム原子の分極率は 1935 年の Pauling–Wilson の教科書で 0.205 Å^3 と見積もられており，この値は実験値と非常に近い値になっている．多くの原子分子の分極率の値は Bonin と Kresin の本 [76] にまとまっている．

4.1.3　反磁性帯磁率・NMR 化学シフト

同様の方法で，半導体や絶縁体の**帯磁率**（磁化率，磁気感受率ともいう）を考えることもできる [77]．伝導電子がないので，これらの結晶の帯磁率は負で，反磁性である．帯磁率は単位体積あたりの全エネルギーを磁場 $\boldsymbol{B}$ で 2 階微分したものとして定義される．磁場を扱うためにベクトルポテンシャル $\boldsymbol{A}$ を導入する．ベクトルポテンシャル $\boldsymbol{A}$ 中の 1 電子ハミルトニアンは次式となる．

$$\mathcal{H} = \frac{1}{2m}\left(-i\hbar\nabla + \frac{e}{c}\boldsymbol{A}\right)^2 + v(\boldsymbol{r}) \tag{4.43}$$

$v(\boldsymbol{r})$ は周期的ポテンシャルを表し，c は光速で，原子単位では 137.0 である．以後，いつものように，$\hbar = m = e = 1$ とする．上で扱った電気感受率の問題と同様に，有限の波数ベクトル $\boldsymbol{q}$ で空間的に振動している，z 方向にかかった大きさ b の磁場を考える．すると，$\boldsymbol{B}(\boldsymbol{r}) = b[0,0,\sqrt{2}\cos(\boldsymbol{q}\cdot\boldsymbol{r})] = \nabla\times\boldsymbol{A}$ より，ベクトルポテンシャルは $A(\boldsymbol{r}) = b[0,\sqrt{2}\sin(\boldsymbol{q}\cdot\boldsymbol{r})/q,0]$ となる．ここで，b は 2 乗平均の平方根の値であり，極大値は $\sqrt{2}$ 倍して，$\sqrt{2}b$ とする必要がある．$\mathcal{H}^{(1)} = \boldsymbol{p}\cdot\boldsymbol{A}/c$, $\mathcal{H}^{(2)} = A^2/2c^2$ と書くと，帯磁率はスピンの 2 重性を考慮して

$$\begin{aligned}
\chi_{zz}(\boldsymbol{q}) &= -\frac{d^2E}{db^2} \\
&= -\frac{4}{\Omega c^2}\sum_{\boldsymbol{k}'}\sum_{\lambda}^{\mathrm{occ}}\left(\sum_{\boldsymbol{k}}\sum_{\nu}^{\mathrm{emp}}\frac{|\langle\phi_{\boldsymbol{k}'\lambda}|\mathcal{H}^{(1)}|\phi_{\boldsymbol{k}\nu}\rangle|^2}{\varepsilon_{\boldsymbol{k}'\lambda}-\varepsilon_{\boldsymbol{k}\nu}} + \langle\phi_{\boldsymbol{k}'\lambda}|\mathcal{H}^{(2)}|\phi_{\boldsymbol{k}'\lambda}\rangle\right) \\
&= -\frac{2}{\Omega c^2 q^2}\sum_{\boldsymbol{k}}[g(\boldsymbol{k}+\boldsymbol{q},\boldsymbol{k}) + g(\boldsymbol{k}-\boldsymbol{q},\boldsymbol{k})] - \frac{N}{\Omega c^2 q^2},
\end{aligned} \tag{4.44}$$

で求まる．ここで N, Ω は単位胞の電子数と体積であり，関数 $g(\boldsymbol{k}+\boldsymbol{q}, \boldsymbol{k})$ は

$$g(\boldsymbol{k}+\boldsymbol{q}, \boldsymbol{k}) = \sum_{\lambda}^{\mathrm{occ}} \sum_{\nu}^{\mathrm{emp}} \frac{|\langle \boldsymbol{k}+\boldsymbol{q}, \lambda| \frac{1}{2}(\mathrm{e}^{i\boldsymbol{q}\cdot\boldsymbol{r}} \nabla_y + \nabla_y \mathrm{e}^{i\boldsymbol{q}\cdot\boldsymbol{r}}) |\boldsymbol{k}, \nu\rangle|^2}{\varepsilon_{\boldsymbol{k}+\boldsymbol{q}\lambda} - \varepsilon_{\boldsymbol{k}\nu}}, \tag{4.45}$$

で定義される．準位 λ, ν についての和は，それぞれ，すべての占有状態 (occ) とすべての非占有状態 (emp) についてとる．$\boldsymbol{q} \to 0$ の極限で，式 (4.44) の右辺の 2 つの項はそれぞれ発散する．しかし，f 総和則 (4.40) のおかげで，

$$2 \sum_{\boldsymbol{k}} \sum_{\lambda}^{\mathrm{occ}} \sum_{\nu}^{\mathrm{emp}} f_{\boldsymbol{k}\lambda, \boldsymbol{k}\nu} = \mathcal{N} = -4 \sum_{\boldsymbol{k}} g(\boldsymbol{k}, \boldsymbol{k}) \tag{4.46}$$

が成り立つ．したがって，$\chi_{zz}(\boldsymbol{q})$ は有限値を持つ．式 (4.46) を式 (4.44) に代入すると次式となり，$\boldsymbol{q} \to 0$ の極限で有限である．

$$\chi_{zz}(\boldsymbol{q}) = -\frac{2}{\Omega c^2} \sum_{\boldsymbol{k}} \frac{g(\boldsymbol{k}+\boldsymbol{q}, \boldsymbol{k}) - 2g(\boldsymbol{k}, \boldsymbol{k}) + g(\boldsymbol{k}-\boldsymbol{q}, \boldsymbol{k})}{q^2} \tag{4.47}$$

電気感受率と異なり，帯磁率には内殻電子も外殻電子と同様に寄与する．そこで，占有バンド $\mathcal{O}$ を内殻電子バンド $\mathcal{C}$ と価電子バンド $\mathcal{V}$ に分けて，

$$\chi = \chi_{\mathcal{C},\mathcal{E}} + \chi_{\mathcal{V},\mathcal{E}} = \chi_{\mathrm{core}} - \chi_{\mathcal{C},\mathcal{V}} + \chi_{\mathcal{V},\mathcal{E}} \tag{4.48}$$

のように寄与を分解してみよう．ここで $\chi_{\mathcal{C},\mathcal{E}}$ は，内殻 $\mathcal{C}$ の λ と非占有 $\mathcal{E}$ の ν について和をとった式 (4.45) と式 (4.47) で与えられる．χ_{core} は内殻電子の感受率であり，化学的な環境に敏感ではないので，孤立原子に対して

$$\chi_{\mathrm{core}} = \chi_{\mathcal{C},\mathcal{E}} + \chi_{\mathcal{C},\mathcal{V}} \simeq -\frac{1}{\Omega c^2} \sum_{i} \sum_{\lambda \in \mathcal{C}} \langle \phi_\lambda(\boldsymbol{r} - \boldsymbol{R}_i) | r^2 | \phi_\lambda(\boldsymbol{r} - \boldsymbol{R}_i) \rangle \tag{4.49}$$

のように計算したもので置き換えてもよい．ここで $\phi_\lambda(\boldsymbol{r} - \boldsymbol{R}_i)$ は $\boldsymbol{R}_i$ にいる原子の波動関数である．寄与 $\chi_{\mathcal{C},\mathcal{V}}$ を評価するには全電子計算を行う必要がある．しかし，全電子混合基底法を用いた計算 [45] によると，この寄与は典型的な半導体や希ガスでは小さいことがわかっている．それゆえ，擬ポテンシャル法を用いて，式 (4.48)，(4.49) から帯磁率を計算し，$\chi_{\mathcal{C},\mathcal{V}}$ を無視しても構わない．いくつかの希ガスや典型的な半導体に対する結果を表 4.1 と表 4.2 に載せる．

表 4.1　希ガスの LDA 反磁性帯磁率 [45]．単位は $10^{-6}\mathrm{cm}^3/\mathrm{mole}$ で，全 LDA 反磁性帯磁率は $\chi^{\mathrm{LDA}} = \chi_{\mathrm{core}} + \chi_{\mathcal{V},\mathcal{C}} + \chi^{\mathrm{LDA}}_{\mathcal{V},\mathcal{E}}$ であり，最後の 2 列は，孤立希ガス原子の LDA 値と実験値を表す

	$\chi_{\mathcal{C}}$	$\chi_{\mathcal{V},\mathcal{C}}$	$\chi_{\mathcal{V},\mathcal{E}}$	χ^{LDA}	$\chi^{\mathrm{LDA}}_{\mathrm{atom}}$	$\chi^{\mathrm{exp}}_{\mathrm{atom}}$
Ne	−0.05	0.03	−7.79	−7.81	−7.80	−7.2
Ar	−1.19	0.07	−20.04	−21.16	−20.84	−19.4
Kr	−5.41	0.23	−25.13	−30.31	−31.37	−28

表 4.2　半導体の LDA 反磁性帯磁率 [45]．単位は C_2, Si_2, GaAs and GaP のモルあたりの $10^{-6}\mathrm{cm}^3/\mathrm{mole}$ である．Si に対する括弧内の理論値は Γ 点の LDA ギャップを実験値に合うようにシザーズ演算子で広げて計算したもの

	χ^{LDA}	χ^{exp}
C	−10.6	−11.8
Si	−1.2 (−7.6)	−6.4
GaAs	−28.4	−33
GaP	−26.0	−30

核磁気共鳴 (NMR) で測定される**化学シフト**（σ）は分子や物質中の原子のイオン化度を精密に測定する強力な手段である．この原理は，磁場中の原子核スピンは Zeeman 分裂するので，その分裂幅に相当した振動数の交流磁場を印加すれば，核スピンが Zeeman 準位間を状態遷移することである．この共鳴周波数により，原子核位置での磁場，つまり外部磁場と電子の作る磁場の和がわかる．閉殻の反磁性物質では，電子の作る磁場は外部磁場を打ち消す方向に生ずるので，これは磁場の遮蔽効果とみなせる．電子密度が高ければ遮蔽は強く，原子核位置での磁場は弱くなる．電子密度が低ければ遮蔽は弱く，原子核位置での磁場は外部磁場に近づいて強くなる．これが化学シフトを決める．つまり，化学シフトとは，特定の原子の周りに存在する電子密度に関係した量となる．化学シフトを定量的に評価するためには，電子が原子核位置に作る磁場の強さを計算する必要がある．これには前項の反磁性帯磁率の計算が応用できる．反磁性帯磁率では，一様な外部磁場に対する一様な磁化を計算したが，NMR 化学シフトの場合には，一様な外部磁場に対する原子核位置での磁場を計算する．これが一様磁場に重畳して，原子核位置でのトータルな磁場を決める．

試料に一様な外部磁場 $\boldsymbol{B}_{\mathrm{ext}}$ をかけると各電子はサイクロトロン運動をし，電

流密度 $\boldsymbol{J}_{\rm in}(\boldsymbol{r})$ が生じ，これが磁場 $\boldsymbol{B}_{\rm in}(\boldsymbol{r})$ を誘起する．NMR 実験と同様に，$\boldsymbol{B}_{\rm ext}$ が十分小さいときには，これらの間には比例関係が成り立つ：

$$\boldsymbol{B}_{\rm in}(\boldsymbol{r}) = -\overleftrightarrow{\sigma}(\boldsymbol{r})\boldsymbol{B}_{\rm ext} \tag{4.50}$$

この $\overleftrightarrow{\sigma}(\boldsymbol{r})$ が**化学シフトテンソル**である．NMR により，$\overleftrightarrow{\sigma}$ の対称部分 $\sigma(\boldsymbol{r}) = (1/3)\,{\rm Tr}[\overleftrightarrow{\sigma}(\boldsymbol{r})]$ の原子核位置での値を測定できる．σ の第一原理計算が結晶に対して行われている [78]．周期系では $\overleftrightarrow{\sigma}(\boldsymbol{r})$ も周期的であり，Fourier 級数で

$$\overleftrightarrow{\sigma}(\boldsymbol{r}) = \sum_{\boldsymbol{G}} \overleftrightarrow{\sigma}(\boldsymbol{G}){\rm e}^{i\boldsymbol{G}\cdot\boldsymbol{r}} \tag{4.51}$$

と展開できる．ここで，$\boldsymbol{G}$ は逆格子ベクトルである．$\overleftrightarrow{\sigma}(\boldsymbol{G}=\boldsymbol{0})$ の値は試料の形状に依存し，形状依存の全エネルギーから決まる．球形の試料の場合には

$$\overleftrightarrow{\sigma}(\boldsymbol{G}=\boldsymbol{0}) = -\frac{8\pi}{3}\overleftrightarrow{\chi}(0,0) \tag{4.52}$$

となる．ここで，$\overleftrightarrow{\chi}(0,0)$ は式 (4.47) で $\boldsymbol{q} \to 0$ の極限をとった巨視的な帯磁率である．一方，$\boldsymbol{G} \neq 0$ の Fourie 成分は

$$\overleftrightarrow{\sigma}(\boldsymbol{G}) = -4\pi\overleftrightarrow{\chi}(\boldsymbol{G},0) \tag{4.53}$$

で与えられる．ここで，$\overleftrightarrow{\chi}(\boldsymbol{G},0)$ は，外部磁場 $\boldsymbol{B}(\boldsymbol{r}) = B_{\boldsymbol{0}}\hat{\boldsymbol{b}}_{\boldsymbol{0}} + B_{-\boldsymbol{G}}\hat{\boldsymbol{b}}_{-\boldsymbol{G}}e^{-i\boldsymbol{G}\cdot\boldsymbol{r}}$（$\hat{\boldsymbol{b}}_{\boldsymbol{0}}$, $\hat{\boldsymbol{b}}_{-\boldsymbol{G}}$ は単位ベクトル）が存在する空間中での，系の単位体積あたりの全エネルギー $E(\boldsymbol{B})$ を $B_{\boldsymbol{0}}$ と $B_{-\boldsymbol{G}}$ でそれぞれ微分して（つまり 2 階微分して）

$$\begin{aligned}
\hat{\boldsymbol{b}}_{-\boldsymbol{G}}\cdot\overleftrightarrow{\chi}(\boldsymbol{G},0)\cdot\hat{\boldsymbol{b}}_{\boldsymbol{0}} &= -\left.\frac{\partial^2 E(\boldsymbol{B})}{\partial B_{\boldsymbol{0}}\partial B_{-\boldsymbol{G}}}\right|_{\boldsymbol{B}=0} \\
&= -\lim_{q\to 0}\frac{1}{2qc^2G^2}[f(\hat{\boldsymbol{q}}\times\hat{\boldsymbol{b}}_{\boldsymbol{0}}, \boldsymbol{G}\times\hat{\boldsymbol{b}}_{-\boldsymbol{G}}, \boldsymbol{G}, \boldsymbol{q}) \\
&\quad - f(\hat{\boldsymbol{q}}\times\hat{\boldsymbol{b}}_{\boldsymbol{0}}, \boldsymbol{G}\times\hat{\boldsymbol{b}}_{-\boldsymbol{G}}, \boldsymbol{G}, -\boldsymbol{q})]
\end{aligned} \tag{4.54}$$

となる [78]．ここで $\hat{\boldsymbol{q}} = \boldsymbol{q}/q$ であり，関数 $f(\boldsymbol{a}_0, \boldsymbol{a}_1, \boldsymbol{G}, \boldsymbol{q})$ は

$$
\begin{aligned}
&f(\boldsymbol{a}_0, \boldsymbol{a}_1, \boldsymbol{G}, \boldsymbol{q}) \\
&= -\frac{1}{2}\sum_{\boldsymbol{k}}\sum_{\lambda}^{\mathcal{O}}\sum_{\nu}^{\mathcal{E}} \left[\frac{\langle \boldsymbol{k},\lambda|\boldsymbol{a}_1\cdot\mathcal{D}_{-\boldsymbol{G}-\boldsymbol{q}}|\boldsymbol{k}+\boldsymbol{q},\nu\rangle\langle\boldsymbol{k}+\boldsymbol{q},\nu|\boldsymbol{a}_0\cdot\mathcal{D}_{\boldsymbol{q}}|\boldsymbol{k},\lambda\rangle}{\varepsilon_{\boldsymbol{k}\lambda}-\varepsilon_{\boldsymbol{k}+\boldsymbol{q}\nu}} \right. \\
&\qquad \left. + \frac{\langle \boldsymbol{k},\lambda|\boldsymbol{a}_0\cdot\mathcal{D}_{\boldsymbol{q}}|\boldsymbol{k}-\boldsymbol{q},\nu\rangle\langle\boldsymbol{k}-q\,\nu|\boldsymbol{a}_1\cdot\mathcal{D}_{-\boldsymbol{G}-\boldsymbol{q}}|\boldsymbol{k},\lambda\rangle}{\varepsilon_{\boldsymbol{k}\lambda}-\varepsilon_{\boldsymbol{k}-\boldsymbol{q},\nu}} \right]
\end{aligned} \tag{4.55}
$$

で与えられ，$\mathcal{D}_{\boldsymbol{q}} = e^{i\boldsymbol{q}\cdot\boldsymbol{r}}\nabla + \nabla e^{i\boldsymbol{q}\cdot\boldsymbol{r}}$ である．式 (4.54)，(4.55) で計算された HF 分子の化学シフト σ は 28.4 ppm であり，その実験値は 28.5 ppm である [78]．同じ式を用いて 4.2 K での HF 結晶に対して計算された値は 20.71 ppm であり，214 K での液体 HF で測定された値は 21.45 ppm となっている．

4.2　線形応答

久保の線形応答理論の素晴らしいところは，外部からの刺激のない熱平衡系の相関関数が外部からの刺激への応答を表すところにある．相関関数は次章に述べるようなダイアグラムの方法で便利に計算でき，揺動散逸定理によって，応答関数に解析接続することができる．本節では，そのエッセンスと実際の第一原理計算への応用について，フォノン，電子格子相互作用，ポーラロン，赤外吸収，Raman 散乱，電気伝導度，熱伝導度の順番で詳しく解説していく．

4.2.1　フォノン

摂動論により，絶縁体，半導体，金属のフォノンスペクトルを計算することができる．断熱近似の範囲で，フォノンに関係する格子変形は電子に作用する静的な摂動とみなすことができる．ここでは，Giannozzi ら [79] により与えられたバネ定数を計算する方法を紹介する．E を系の全エネルギー，$u_{n\alpha}(\boldsymbol{R})$ を最安定位置からの原子変位とし，バネ定数行列を次式で定義する．

$$
W_{i\alpha,j\beta}(\boldsymbol{R}-\boldsymbol{R}') = \frac{\partial^2 E}{\partial u_{i\alpha}(\boldsymbol{R})\partial u_{j\beta}(\boldsymbol{R}')} \tag{4.56}
$$

$\boldsymbol{R}$, $\boldsymbol{R}'$ は単位胞を指す格子ベクトルで，i, j は単位胞中の原子に順番を付けた番

号，$\alpha, \beta\ (= x, y, z)$ は変位の方向を表す．並進対称性があるので，バネ定数を

$$W_{i\alpha,j\beta}(\boldsymbol{R}) = \sum_{\boldsymbol{q}} \mathrm{e}^{i\boldsymbol{q}\cdot\boldsymbol{R}} \widetilde{W}_{i\alpha,j\beta}(\boldsymbol{q}) \tag{4.57}$$

のように Fourier 変換するのが便利である．この $\boldsymbol{q}$ 表示により，格子変位は

$$u_{i\alpha}(\boldsymbol{R}) = \sum_{\boldsymbol{q}} \mathrm{e}^{i\boldsymbol{q}\cdot\boldsymbol{R}} \widetilde{u}_{i\alpha}(\boldsymbol{q}) \tag{4.58}$$

と書ける．バネ定数行列 $\widetilde{W}_{i\alpha,j\beta}(\boldsymbol{q})$ からフォノンの分散関係を計算する方法は固体物理学の標準的なテキストで解説されているので，ここでは省略する．

バネ定数はイオンからの寄与と電子からの寄与に分けられる．

$$\widetilde{W}_{i\alpha,j\beta}(\boldsymbol{q}) = \widetilde{W}^{\mathrm{ion}}_{i\alpha,j\beta}(\boldsymbol{q}) + \widetilde{W}^{\mathrm{elec}}_{i\alpha,j\beta}(\boldsymbol{q}) \tag{4.59}$$

イオンからの寄与 $\widetilde{W}^{\mathrm{ion}}$ は Ewald 和の 2 階微分で評価できる．

$$\begin{aligned}
\widetilde{W}^{\mathrm{ion}}_{i\alpha,j\beta}(\boldsymbol{q}) &= \frac{\partial^2 V_{\mathrm{ion-ion}}(\boldsymbol{q})}{\partial\widetilde{u}_{i\alpha}(\boldsymbol{q})\partial\widetilde{u}_{j\beta}(\boldsymbol{q})} \\
&= \frac{4\pi Z_i Z_j \mathrm{e}^2}{\Omega} \sum_{\boldsymbol{G}\neq-\boldsymbol{q}} \frac{\mathrm{e}^{-(\boldsymbol{q}+\boldsymbol{G})^2/4\varepsilon}}{(\boldsymbol{q}+\boldsymbol{G})^2} \mathrm{e}^{i(\boldsymbol{q}+\boldsymbol{G})\cdot(\boldsymbol{\tau}_i-\boldsymbol{\tau}_j)} (q_\alpha + G_\alpha)(q_\beta + G_\beta) \\
&- \delta_{ij} \frac{4\pi Z_i \mathrm{e}^2}{\Omega} \sum_{\boldsymbol{G}\neq 0} \frac{\mathrm{e}^{-G^2/4\varepsilon}}{G^2} \sum_l Z_l \cos[\boldsymbol{G}\cdot(\boldsymbol{\tau}_i - \boldsymbol{\tau}_l)] G_\alpha G_\beta
\end{aligned} \tag{4.60}$$

ここで，ε は実空間の和の項が無視できるくらい十分に大きく選ぶ必要がある．$\boldsymbol{\tau}_i$ は単位胞中の原子位置を表す．式 (4.58) の電子からの寄与 $\widetilde{W}^{\mathrm{elec}}$ は，力に対する Hellmann–Feynman の定理を適用できる場合には，次式で与えられる．

$$\begin{aligned}
&\widetilde{W}^{\mathrm{elec}}_{i\alpha,j\beta}(\boldsymbol{q}) = \\
&\int \left[\frac{\partial n(\boldsymbol{r})}{\partial\widetilde{u}_{i\alpha}(\boldsymbol{q})}\right]^* \frac{\partial v_{\mathrm{ion}}(\boldsymbol{r})}{\partial\widetilde{u}_{j\beta}(\boldsymbol{q})} d\boldsymbol{r} + \delta_{ij} \int n_0(\boldsymbol{r}) \frac{\partial^2 v_{\mathrm{ion}}(\boldsymbol{r})}{\partial\widetilde{u}_{i\alpha}(\boldsymbol{q}=0)\partial\widetilde{u}_{j\beta}(\boldsymbol{q}=0)} d\boldsymbol{r}
\end{aligned} \tag{4.61}$$

$n(\boldsymbol{r})$ と $n_0(\boldsymbol{r})$ はイオンが変位した後の電子密度と，前の平衡位置での電子密度を表す．$v_{\mathrm{ion}}(\boldsymbol{r})$ はイオン的な擬ポテンシャルを表すが，全電子計算の場合には原子核の点電荷の作る Coulomb ポテンシャルを表す．

$v_{\rm ion}(\boldsymbol{r})$ の原子位置に関する微分は非常に簡単である．それゆえ，式 (4.61) の右辺第 2 項の 2 階微分の評価には摂動論は必要ない．一方，第 1 項は，

$$\sum_{\boldsymbol{G}} \left[\frac{\partial \widetilde{n}(\boldsymbol{q}+\boldsymbol{G})}{\partial \widetilde{u}_{i\alpha}(\boldsymbol{q})}\right]^* \frac{\partial \widetilde{v}_{\rm ion}(\boldsymbol{q}+\boldsymbol{G})}{\partial \widetilde{u}_{j\beta}(\boldsymbol{q})} \tag{4.62}$$

となる．ここで，$v_{\rm ion}(\boldsymbol{r})$ は局所的であると仮定した．（非局所的な擬ポテンシャルの場合の取り扱いについては Giannozzi [79] を見よ．）次式に注意する．

$$\frac{\partial \widetilde{v}_{\rm ion}(\boldsymbol{q}+\boldsymbol{G})}{\partial \widetilde{u}_{j\beta}(\boldsymbol{q})} = -i(q_\beta + G_\beta)\mathrm{e}^{-i(\boldsymbol{q}+\boldsymbol{G})\cdot\boldsymbol{\tau}_j}\widetilde{v}(\boldsymbol{q}+\boldsymbol{G}) \tag{4.63}$$

$\widetilde{v}(\boldsymbol{q}+\boldsymbol{G})$ はイオンポテンシャル $v_{\rm ion}(\boldsymbol{r}+\boldsymbol{\tau}_j+\boldsymbol{R})$ の Fourier 変換である．全電子計算では，それは $-Z_j/[\Omega(\boldsymbol{q}+\boldsymbol{G})^2]$ で与えられる．1 次の摂動論により，

$$\begin{aligned}&\Delta\widetilde{n}(\boldsymbol{q}+\boldsymbol{G})\\ &= \frac{4}{M\Omega}\sum_{\boldsymbol{k}}\sum_{\lambda}^{\rm occ}\sum_{\nu}^{\rm emp}\frac{\langle \boldsymbol{k},\lambda|\mathrm{e}^{-i(\boldsymbol{q}+\boldsymbol{G})\cdot\boldsymbol{r}}|\boldsymbol{k}+\boldsymbol{q},\nu\rangle\langle \boldsymbol{k}+\boldsymbol{q},\nu|\,\Delta V_{\rm SCF}(\mathbf{r})\,|\boldsymbol{k},\lambda\rangle}{\varepsilon_{\boldsymbol{k}\lambda}-\varepsilon_{\boldsymbol{k}+\boldsymbol{q}\nu}}\end{aligned} \tag{4.64}$$

である．$\Delta V_{\rm SCF}$ は Kohn–Sham 方程式 (2.75) の自己無撞着ポテンシャルの格子歪みによる “ずれ” を表す．記号を簡単化するために，有限の差分を用いているが，原子変位に関する微分を意味する．摂動の 1 次までで，この “ずれ” は

$$\Delta V_{\rm SCF}(\boldsymbol{r}) = \Delta v_{\rm ion}(\boldsymbol{r}) + \int \frac{\Delta n(\boldsymbol{r}')}{|\boldsymbol{r}-\boldsymbol{r}'|}d\boldsymbol{r}' + \Delta n(\boldsymbol{r})\left[\frac{\delta\mu_{\rm xc}}{\delta n}\right]_{n=n_0(\boldsymbol{r})} \tag{4.65}$$

となる．式 (4.64), (4.65) は繰り返し解き直す必要がある．行列要素 (4.64) は

$$\langle \boldsymbol{k}+\boldsymbol{q},\nu|\,\Delta V_{\rm SCF}\,|\boldsymbol{k},\lambda\rangle = \sum_{\boldsymbol{G}'}\langle \boldsymbol{k}+\boldsymbol{q},\nu|\mathrm{e}^{i(\boldsymbol{q}+\boldsymbol{G}')\cdot\boldsymbol{r}'}|\boldsymbol{k},\lambda\rangle\Delta\widetilde{V}_{\rm SCF}(\boldsymbol{q}+\boldsymbol{G}') \tag{4.66}$$

のように書き直せる．Fourier 空間では，式 (4.65) の右辺の 3 つの項は，それぞれ，$\Delta\widetilde{v}_{\rm ion}(\boldsymbol{q}+\boldsymbol{G})$（これは 式 (4.63) と同じである），

$$\Delta\widetilde{V}_{\rm H}(\boldsymbol{q}+\boldsymbol{G}) = \frac{\partial \widetilde{V}_{\rm H}(\boldsymbol{q}+\boldsymbol{G})}{\partial \widetilde{u}_{j\beta}(\boldsymbol{q})} = \Omega\widetilde{v}(\boldsymbol{q}+\boldsymbol{G})\Delta\widetilde{n}(\boldsymbol{q}+\boldsymbol{G}) \tag{4.67}$$

そして，次の式のように評価される．

$$\Delta \widetilde{V}_{\mathrm{xc}}(\boldsymbol{q}+\boldsymbol{G}) = \frac{\partial \widetilde{V}_{\mathrm{xc}}(\boldsymbol{q}+\boldsymbol{G})}{\partial \widetilde{u}_{j\beta}(\boldsymbol{q})} = \Omega \sum_{\boldsymbol{G}'} \widetilde{f}_{\mathrm{xc}}(\boldsymbol{q}+\boldsymbol{G}, \boldsymbol{q}+\boldsymbol{G}') \Delta \widetilde{n}(\boldsymbol{q}+\boldsymbol{G}') \quad (4.68)$$

ここで f_{xc} は交換相関エネルギー E_{xc} の電子密度に関する 2 階微分であり，

$$f_{\mathrm{xc}}(\boldsymbol{r}, \boldsymbol{r}') = \left. \frac{\delta^2 E_{\mathrm{xc}}[n]}{\delta n(\boldsymbol{r}) \delta n(\boldsymbol{r}')} \right|_{\rho=\rho_0(\boldsymbol{r})} \quad (4.69)$$

と表される．$\widetilde{f}_{\mathrm{xc}}$ はこの Fourier 変換である．LDA の場合には，$f_{\mathrm{xc}}(\boldsymbol{r}, \boldsymbol{r}')$ と $\widetilde{f}_{\mathrm{xc}}(\boldsymbol{q}+\boldsymbol{G}, \boldsymbol{q}+\boldsymbol{G}')$ はそれぞれ $\delta(\boldsymbol{r}-\boldsymbol{r}')$ と $\delta_{\boldsymbol{G}\boldsymbol{G}'}$ に比例する．

しかし式 (4.66) を伴う式 (4.64) の計算は，各 $\boldsymbol{q}$ に対して $\boldsymbol{G}, \boldsymbol{G}', \nu, \lambda$ の和が必要なので難しい．便利な方法は行列計算を用いることである．Baroni ら [80] と de Gironcoli [81] の**密度汎関数摂動理論 (density functional perturbation theory, DFPT)** は，被摂動系からの小さなずれに対して式 (3.40) を線形化して

$$\Delta n(\boldsymbol{r}) = 4\mathrm{Re} \sum_{\lambda}^{\mathrm{occ}} \sum_{\boldsymbol{k} \in 1\mathrm{stBZ}} \phi^*_{\boldsymbol{k}\lambda}(\boldsymbol{r}) \Delta \phi_{\boldsymbol{k}+\boldsymbol{q}\lambda}(\boldsymbol{r}) \quad (4.70)$$

とする．ここで Re は実部をとることを意味する．標準的な 1 次の摂動論により，Kohn–Sham (KS) 軌道の変化 $\Delta \phi_{\boldsymbol{k}+\boldsymbol{q}\lambda}(\boldsymbol{r})$ に対する方程式が導かれる：

$$(H - \varepsilon_{\boldsymbol{k}\lambda}) \Delta \phi_{\boldsymbol{k}+\boldsymbol{q}\lambda}(\boldsymbol{r}) = -\left[\Delta V_{\mathrm{SCF}}(\boldsymbol{r}) - \Delta \varepsilon_{\boldsymbol{k}\lambda}\right] \phi_{\boldsymbol{k}\lambda}(\boldsymbol{r}) \quad (4.71)$$

$\Delta \varepsilon_{\boldsymbol{k}\lambda} = \langle \boldsymbol{k}+\boldsymbol{q}, \lambda | \Delta V_{\mathrm{SCF}} | \boldsymbol{k}, \lambda \rangle$ は KS 固有値 $\varepsilon_{\boldsymbol{k}\lambda}$ の 1 次の変化量である．

摂動 $\Delta \widetilde{V}_{\mathrm{SCF}}(\boldsymbol{q}+\boldsymbol{G})$ は運動量移行 $\boldsymbol{q}$ を伴う．式 (4.71) と式 (4.64) を比較すると，この摂動で占有状態 $\phi_{\boldsymbol{k}\lambda}$ と非占有状態 $\phi_{\boldsymbol{k}+\boldsymbol{q}\nu}$ は結合するが，占有状態同士 $\phi_{\boldsymbol{k}\lambda}, \phi_{\boldsymbol{k}+\boldsymbol{q}\lambda'}$ は結合しないことがわかる．そのため，占有状態 $\phi_{\boldsymbol{k}\lambda}$ のみに作用する摂動の効果は非占有状態 $\phi_{\boldsymbol{k}+\boldsymbol{q}\nu}$ の線形結合のみで表される．式 (4.71) の左辺は，線形演算子 $\mathcal{L} = H - \varepsilon_{\boldsymbol{k}\lambda}$ が（$\varepsilon_{\boldsymbol{k}\lambda} \sim \varepsilon_{\boldsymbol{k}+\boldsymbol{q}\lambda'}$ のときに）0 になるか非常に小さくなるので特異的であり，その単純な逆演算子 $\mathcal{L}^{-1}$ は発散する．それゆえ，式 (4.30) で定義される射影演算子 $\mathcal{P}_{\boldsymbol{k}+\boldsymbol{q}}$ を用いて，式 (4.71) の右辺から占有状態の成分を取り除く必要がある．また，それと同時に，$\mathcal{L}$ の 0 か小さい固有値を取り除くために，ハミルトニアンに $\alpha \mathcal{P}_{\boldsymbol{k}+\boldsymbol{q}}$ という項を加える必要

がある．この項は $\mathcal{P}_{\boldsymbol{k}+\boldsymbol{q}}\Delta\phi_{\boldsymbol{k}+\boldsymbol{q}\lambda}=0$ のように作られているので，$\Delta\phi_{\boldsymbol{k}+\boldsymbol{q}\lambda}$ には何の影響も及ぼさない．したがって，式 (4.71) は

$$(H+\alpha\mathcal{P}_{\boldsymbol{k}+\boldsymbol{q}}-\varepsilon_{\boldsymbol{k}\lambda})\Delta\phi_{\boldsymbol{k}+\boldsymbol{q}\lambda}(\boldsymbol{r})=-(1-\mathcal{P}_{\boldsymbol{k}+\boldsymbol{q}})\Delta V_{\mathrm{SCF}}\phi_{\boldsymbol{k}\lambda}(\boldsymbol{r}) \tag{4.72}$$

と書き換えられる．式 (4.72) を解くことによって，KS 軌道の変化 $\Delta\phi_{\boldsymbol{k}+\boldsymbol{q}\lambda}(\boldsymbol{r})$ を計算でき，これを式 (4.70) に用いる．演算子 $H+\alpha\mathcal{P}_{\boldsymbol{k}+\boldsymbol{q}}-\varepsilon_{\boldsymbol{k}\lambda}$ は，パラメータ α を $\varepsilon_{\mathrm{F}}-\varepsilon_{\boldsymbol{k}\lambda}$ よりも少し大きく設定することで，特異的でなくすことができる [80,81]．このアルゴリズムは半導体や絶縁体だけでなく，金属にも適用可能である．詳しくは，de Gironcoli [81] の論文を参照されたい．

式 (4.64) または式 (4.70)，(4.72) を式 (4.65) とともに解く際，最初の摂動 ΔV_{SCF} は式 (4.63) の原子核からのポテンシャルとする．すると，式 (4.64) または式 (4.70)，(4.72) から $\Delta\tilde{n}(\boldsymbol{q}+\boldsymbol{G})$ が計算され，ΔV_{SCF} が式 (4.65) の Fourie 変換で更新される．これを ΔV_{SCF} が許容値よりも小さくなるまで繰り返す．

以上の DFPT 法は，大きなスーパーセル中の 1 つの原子位置をわずかに動かしてすべての原子に働く力を直接第一原理計算する**直接法**と比較される．直接法は，Brillouin 帯の特に高い対称点のフォノンエネルギーを評価できる [82]．

4.2.2　電子格子相互作用，ポーラロン，赤外吸収，Raman 散乱

式 (4.66) の行列要素 $\langle\boldsymbol{k}+\boldsymbol{q},\nu|\,\Delta V_{\mathrm{SCF}}\,|\boldsymbol{k},\lambda\rangle$ は，**電子格子相互作用**の計算にも用いることができる．このやり方は Giustino のレビュー [83] に詳しく記述されている．p 番目の単位胞中の i 番目の原子の $\alpha\ (=x,y,z)$ 成分の変位は

$$\Delta u_{i\alpha p}=\sqrt{\frac{M_0}{N_pM_i}}\sum_{\boldsymbol{q},n}\mathrm{e}^{i\boldsymbol{q}\cdot\boldsymbol{R}_p}e_{i\alpha n}(\boldsymbol{q})l_{\boldsymbol{q}n}(a_{\boldsymbol{q}n}+a^{\dagger}_{-\boldsymbol{q}n}) \tag{4.73}$$

と表される．ここで，$l_{\boldsymbol{q}n}$ 零点振動振幅

$$l_{\boldsymbol{q}n}=\sqrt{\frac{\hbar}{2M_0\omega_{\boldsymbol{q}n}}} \tag{4.74}$$

であり，M_0 は $l_{\boldsymbol{q}n}$ に長さの次元を与えるための任意の参照質量であり，$e_{i\alpha\nu}$ は n 番目の基準振動に対応する動力学行列の固有ベクトルであり，N_p は単位

胞の総数，$a_{\boldsymbol{q}n}$ と $a^{\dagger}_{-\boldsymbol{q}n}$ は n 番目の分岐の運動量 $\boldsymbol{q}$ を持つフォノンの**消滅演算子**と**生成演算子**である．すると，電子格子結合定数は

$$g_{\nu\lambda n}(\boldsymbol{k},\boldsymbol{q}) = \langle \boldsymbol{k}+\boldsymbol{q},\nu|\,\Delta_{\boldsymbol{q}n}V_{\mathrm{SCF}}\,|\boldsymbol{k},\lambda\rangle \tag{4.75}$$

で与えられる．ここで，$\Delta_{\boldsymbol{q}n}V_{\mathrm{SCF}}$ は次式を介して ΔV_{SCF} で与えられる．

$$\Delta_{\boldsymbol{q}n}V_{\mathrm{SCF}} = l_{\boldsymbol{q}n}\sum_{i,\alpha}\sqrt{\frac{M_0}{M_i}}e_{i\alpha n}(\boldsymbol{q})\Delta V_{\mathrm{SCF}} \tag{4.76}$$

分極ベクトル $\boldsymbol{P}$ の原子の変位ベクトル $\boldsymbol{u}$ に関する微分で定義される **Born 有効電荷** (4.85) Z_i^* が 0 でない極性物質では，双極子からのポテンシャル ΔV_{SCF} への寄与が支配的になる．この寄与は長距離であり，$|\boldsymbol{R}_p|^{-2}$ のように減衰し，Fourier 空間では $\boldsymbol{q}$ が 0 に近づくと $|\boldsymbol{q}|^{-1}$ のように発散する．それゆえ，$\boldsymbol{q}$ の細かいメッシュ分割が必要になる．物理的には，この特異性はいわゆる Fröhlich 電子格子結合 [84] に関係しており，この長距離の振る舞いは

$$\begin{aligned} g^{\mathcal{L}}_{\nu\lambda n}(\boldsymbol{k},\boldsymbol{q}) &= i\frac{4\pi}{\Omega}\frac{e^2}{4\pi\varepsilon_0}\sum_i\sqrt{\frac{\hbar}{2N_pM_i\omega_{\boldsymbol{q}n}}}\sum_{\boldsymbol{G}\neq-\boldsymbol{q}}\frac{(\boldsymbol{q}+\boldsymbol{G})\cdot\boldsymbol{Z}_i^*\cdot\boldsymbol{e}_{in}(\boldsymbol{q})}{(\boldsymbol{q}+\boldsymbol{G})\cdot\boldsymbol{\varepsilon}^{\infty}\cdot(\boldsymbol{q}+\boldsymbol{G})} \\ &\quad\times\langle\boldsymbol{k}+\boldsymbol{q},\nu|\mathrm{e}^{i(\boldsymbol{q}+\boldsymbol{G})\cdot(\boldsymbol{r}-\boldsymbol{\tau}_i)}|\boldsymbol{k},\lambda\rangle \end{aligned} \tag{4.77}$$

で表される．ここで，$\boldsymbol{Z}_i^*$ と $\boldsymbol{\varepsilon}^{\infty}$ は Born 有効電荷テンソルと $\omega=\infty$ の極限での誘電率テンソルである．小さな $\boldsymbol{q}$ では $g^{\mathcal{L}}_{\nu\lambda n}(\boldsymbol{k},\boldsymbol{q})$ が支配的になるが，この特異的な寄与を含ませることにより，密度汎関数摂動法による結果を，より広い範囲で滑らかに内挿する必要がある．この計算には Wannier 内挿がよく用いられる．最大局在化した Wannier 関数は長距離で急速に減衰し，限られた数の単位胞のみを扱えばよく，膨大な数の $\boldsymbol{k}$ 点や $\boldsymbol{q}$ 点の計算を回避できる [83].

電子格子相互作用に関係する**緩和時間** $\tau_{\mathrm{el-ph}}$ が最近，電子格子自己エネルギーの虚部から，関係式 $1/\tau_{\mathrm{el-ph}} = \mathrm{Im}\,\Sigma^{\mathrm{el-ph}}_{\boldsymbol{k}\nu}$ を介して計算された [83,85].

$$\begin{aligned} \mathrm{Im}\,\Sigma^{\mathrm{el-ph}}_{\boldsymbol{k}\nu} &= \sum_{\lambda,n,\boldsymbol{q}}|g_{\nu\lambda n}(\boldsymbol{k},\boldsymbol{q})|^2\mathrm{Im}\left[\frac{N_{\boldsymbol{q}n}+1-f(\varepsilon_{\boldsymbol{k}\lambda})}{\varepsilon_{\boldsymbol{k}\nu}-\varepsilon_{\lambda\boldsymbol{k}+\boldsymbol{q}}-\omega_{\boldsymbol{q}n}-i\delta}\right. \\ &\quad\left.+\frac{N_{\boldsymbol{q}n}+f(\varepsilon_{\boldsymbol{k}\lambda})}{\varepsilon_{\boldsymbol{k}\nu}-\varepsilon_{\lambda\boldsymbol{k}+\boldsymbol{q}}+\omega_{\boldsymbol{q}n}-i\delta}\right] \end{aligned} \tag{4.78}$$

Im は虚部，$N_{\boldsymbol{q}n}, f(\varepsilon_{\boldsymbol{k}\lambda})$ は Bose（フォノン），Fermi（電子）分布関数を表す．

電子格子相互作用の 1 つの効果として，1933 年に Laudau によって初めて提唱された誘電体のポーラロンがある．電子が誘電体の結晶中を移動すると，Coulomb 相互作用により近くの原子核が電子が進む方向に引きずられて電子の電荷を包み込むように遮蔽する．このため，電子はフォノンの衣を着た準粒子として振る舞い，これをポーラロンという．ポーラロンの有効質量は裸の電子の質量よりも大きくなる．ポーラロンを記述するには大きなスーパーセルを用意して，電子の周りの格子ひずみを扱う必要があったが，最近，第一原理計算された電子格子相互作用を用い，基本単位胞のみの計算で，大きく広がったポーラロンの空間分布を扱えるようになった [86]．これは密度汎関数理論の範囲であるが，電子格子相互作用に対して Bethe–Salpeter 方程式を解くような仕方で（第 5 章を見よ），ポーラロンの計算を行うものである．

赤外 (infrared, IR) 吸収とは，分子や結晶のフォノンが電気分極の振動を伴う場合に光（フォトン）と直接相互作用して，赤外線を吸収してフォノンモードが励起される現象である．電気分極の振動を伴うモードと，伴わないモードがあるので，電気分極の振動を伴うフォノンモードを IR 活性モードという．

赤外吸収の強さは，電荷 q_i の粒子（電子やイオン）の位置 $\boldsymbol{r}_i$ が巨視的な電場 $\boldsymbol{\mathcal{E}}(\boldsymbol{r},t)$ で動くことによるエネルギー損失の大きさに等しく，

$$W(t) = \sum_i q_i \boldsymbol{\mathcal{E}}(\boldsymbol{r},t) \cdot \frac{d\boldsymbol{r}_i}{dt} = \int \boldsymbol{\mathcal{E}}(\boldsymbol{r},t) \cdot \frac{d\boldsymbol{P}(\boldsymbol{r},t)}{dt} \tag{4.79}$$

で与えられる．$\boldsymbol{P}(\boldsymbol{r},t)$ は分極（単位体積あたりの電気双極子モーメント）である．光の振動数を ω として $\boldsymbol{\mathcal{E}}(\boldsymbol{r},t), \boldsymbol{P}(\boldsymbol{r},t) \propto e^{i\omega t}$ を仮定すると，式 (4.79) は

$$W(\omega) = 2\omega\Omega \operatorname{Im}\left[\, \boldsymbol{\mathcal{E}}^*(\boldsymbol{r},t) \cdot \boldsymbol{P}(\boldsymbol{r},t) \,\right] \tag{4.80}$$

となる．Ω は単位胞の体積である．分極の時間に関する Fourier 変換は

$$\boldsymbol{P}_\alpha(\boldsymbol{r},\omega) = \frac{1}{4\pi} \sum_{\alpha'} \left[\, \epsilon_{\alpha\alpha'}(\omega) - \delta_{\alpha\alpha'} \,\right] \mathcal{E}_{\alpha'}(\boldsymbol{r},\omega) \tag{4.81}$$

であり，$\epsilon_{\alpha\alpha'}(\omega)$ は次式で定義される低振動数誘電テンソルである [87].

$$\epsilon_{\alpha\alpha'}(\omega) = \epsilon_{\alpha\alpha'}(\infty) + \frac{4\pi}{\Omega}\sum_m \frac{S_{m,\,\alpha\alpha'}}{\omega_m^2 - (\omega + i\Gamma)^2} \tag{4.82}$$

ここで $S_{m,\,\alpha\alpha'}$ はモード振動子強度と呼ばれる量で，$\epsilon_{\alpha\alpha'}(\infty)$ は静電的な誘電テンソル，ω_m は横光学 (TO) フォノンモード m の振動数である．定数 Γ は $\epsilon(\omega)$ の共鳴振動数での発散を正確に扱うために導入される減衰係数であり，任意であるが，例えば 2 cm^{-1} などに選ぶ．モード振動子強度は

$$S_{m,\,\alpha\alpha'} = \left[\sum_{I,\beta} Z^*_{\alpha\beta,I} U_m(I,\beta)\right]\left[\sum_{I',\beta'} Z^*_{\alpha'\beta',I'} U_m(I',\beta')\right] \tag{4.83}$$

で定義される．ここで $Z^*_{\alpha\beta,I}$ は Born 有効電荷であり，$U_m(I,\alpha)$ はモード m での質量 M_I の原子 $\boldsymbol{R}_I$ の β 方向の変位であり，

$$\sum_{I,\alpha} M_I U_m(I,\alpha) U_n(I,\alpha) = \delta_{mn} \tag{4.84}$$

のように規格化される．Born 有効電荷は

$$Z^*_{\alpha\beta,I} = -\frac{\partial^2 E}{\partial \mathcal{E}_\alpha \partial R_{I,\,\beta}} = \Omega\frac{\partial P_\alpha}{\partial R_{I,\,\beta}} = \frac{\partial F_{I,\,\beta}}{\partial \mathcal{E}_\alpha} \tag{4.85}$$

のように定義される．これは電場 x, y, z の 1 階微分なので，既約表現が x, y, z で表されるようなフォノンモードが赤外活性となる．系に境界条件などがある場合には，それに応じて電場と分極の式を立てて，方程式を解く必要がある．

Raman 散乱とはフォノンの生成・消滅を伴う光の非弾性散乱である．物質に光が入射すると，物質はその光を一旦吸収して電子が励起準位に励起され，再び光を放出して元の準位に落ちる．しかし，エネルギー準位は電子準位にフォノン準位を加えたものなので，励起フォノンの個数によってエネルギー準位は等間隔に分裂している．そのどこの準位から光を吸収して叩き上がり，どこの準位に落ちるかで，入射光と散乱光のエネルギーがフォノン振動数の整数倍だけ異なる等間隔のスペクトルが得られる．これが Raman スペクトルである．入射光のエネルギーよりも散乱光のエネルギーのほうが小さい場合を Stokes シフトといい，入射光のエネルギーよりも散乱光のエネルギーのほうが大きい場合を反 Stokes シフトという．Raman スペクトルを計算するには，全エネルギー

を電場で2階微分し，さらに原子変位で1階微分した**Raman テンソル**

$$I_{\alpha\alpha'}^{\mathrm{Raman}} = \frac{\partial^3 E}{\partial \mathcal{E}_\alpha \partial \mathcal{E}_{\alpha'} \partial Q_I} = \frac{\partial \epsilon_{\alpha\alpha'}}{dQ_I} \tag{4.86}$$

を計算する必要がある．電場 x, y, z に関する2階微分であることから，既約表現が $x^2, y^2, z^2, xy, yz, zx$ で表されるようなフォノンモードが Raman 活性となる（このことから系が反転対称性を持つ場合には，赤外活性と Raman 活性は両立しないことがわかる）．Raman 散乱断面積は Raman テンソルによって，

$$\frac{d\sigma}{d\Omega} = \frac{(\omega_0 - \omega_m)^4}{c^4} |\, \boldsymbol{e}_{\mathrm{s}} \cdot I \cdot \boldsymbol{e}_0 \,|^2 \frac{h(n_m + 1)}{2\omega_m} \tag{4.87}$$

のように表される．ここで ω_0, ω_m は入射光とフォノンの振動数であり，$\boldsymbol{e}_0, \boldsymbol{e}_{\mathrm{s}}$ は入射光と散乱光の電場ベクトルの方向を向いた単位ベクトル，n_m は

$$n_m = \left[\exp\left(\frac{\hbar\omega_m}{k_{\mathrm{B}}T} \right) - 1 \right]^{-1} \tag{4.88}$$

で与えられるフォノンの熱励起数を表す．表面増強ラマンなどの計算を行う場合には，式 (4.86) の電場での2階微分の1階微分を表面の局所電場での微分に置き換える必要がある．このような計算が今後行われるようになる日は近い．

4.2.3　電気伝導度

電子の流れの密度演算子 $\boldsymbol{J}^{\mathrm{particle}}(\boldsymbol{r}, t)$ は1電子有効ハミルトニアン $\mathcal{H}$ のベクトルポテンシャル $\boldsymbol{A}(\boldsymbol{r}, t)$ に対する変分として定義される．

$$\frac{\delta \mathcal{H}}{\delta \boldsymbol{A}(\boldsymbol{r}, t)} = \frac{e}{c} \boldsymbol{J}^{\mathrm{particle}}(\boldsymbol{r}, t) \tag{4.89}$$

これより電子の**電流密度演算子** $\boldsymbol{J}(\boldsymbol{r}, t)$ は

$$\boldsymbol{J}(\boldsymbol{r}, t) = -e\boldsymbol{J}^{\mathrm{particle}}(\boldsymbol{r}, t) = \boldsymbol{j}^{\mathrm{p}}(\boldsymbol{r}, t) + \boldsymbol{j}^{\mathrm{d}}(\boldsymbol{r}, t) \tag{4.90}$$

となり，ここで，$\boldsymbol{j}^{\mathrm{p}}(\boldsymbol{r}, t)$ は次式で定義される**常磁性電流密度**である．

$$\boldsymbol{j}^{\mathrm{p}}(\boldsymbol{r}, t) = \frac{i\hbar e}{2m} \sum_{i=1}^{N} \{ \nabla \delta(\boldsymbol{r} - \boldsymbol{r}_i) + \delta(\boldsymbol{r} - \boldsymbol{r}_i) \nabla \} \tag{4.91}$$

$\boldsymbol{j}^{\rm d}(\boldsymbol{r},t)$ は**反磁性電流密度**で，数密度演算子 $\hat{n}(\boldsymbol{r},t)=\sum_{i=1}^{N}\delta(\boldsymbol{r}-\boldsymbol{r}_i)$ を用いて

$$\boldsymbol{j}^{\rm d}(\boldsymbol{r},t)=-\frac{e^2}{mc}\hat{n}(\boldsymbol{r},t)\boldsymbol{A}(\boldsymbol{r},t) \tag{4.92}$$

で定義される．式 (4.89) と式 (4.90) より，ハミルトニアンは $\boldsymbol{A}$ の 1 次で

$$\mathcal{H}_1=-\frac{1}{c}\int \boldsymbol{J}(\boldsymbol{r},t)\cdot\boldsymbol{A}(\boldsymbol{r},t)d\boldsymbol{r} \tag{4.93}$$

だけ変化することがわかる．以後，いつものように $\hbar=m=e=1$ とする．

$\boldsymbol{A}=0$ のハミルトニアン $\mathcal{H}_0$ を被摂動系に選び，$\mathcal{H}_1$ を摂動と考え，完全なハミルトニアンを $\mathcal{H}=\mathcal{H}_0+\mathcal{H}_1$ と書く．ただし，$\boldsymbol{A}$ に対する**線形応答**を考えるので，$O(\boldsymbol{A}^2)$ の項は無視する．**相互作用表示**を用いて，**時間発展演算子**

$$U(t,t')=e^{i\mathcal{H}_0t}e^{-i\mathcal{H}(t-t')}e^{-i\mathcal{H}_0t'},\quad U(t,t')\,|\,\Psi(t')\,\rangle=|\,\Psi(t)\,\rangle \tag{4.94}$$

$$i\frac{\partial}{\partial t}U(t,t')=\widetilde{\mathcal{H}}_1(t)U(t,t'),\quad \widetilde{\mathcal{H}}_1(t)=e^{i\mathcal{H}_0t}\mathcal{H}_1e^{-i\mathcal{H}_0t} \tag{4.95}$$

を導入する．境界条件 $U(t,t)=1$ を満たす解は，$\mathcal{H}_1$ について 1 次までで

$$U(t,t')\sim 1-i\int_{t'}^{t}dt''\widetilde{\mathcal{H}}_1(t'') \tag{4.96}$$

で与えられる．時刻 $t=-\infty$ では摂動はないので，電子状態 $|\,\Psi(-\infty)\,\rangle=|\,\Phi\,\rangle$ は被摂動系の基底状態にある．そこで，時刻 t での電子状態 $|\,\Psi(t)\,\rangle$ は

$$|\,\Psi(t)\,\rangle=U(t,-\infty)\,|\,\Phi\,\rangle\sim\left(1-i\int_{t'}^{t}\widetilde{\mathcal{H}}_1(t')dt'\right)|\,\Phi\,\rangle \tag{4.97}$$

となる．これより電流密度の期待値は，$\boldsymbol{A}$ の 1 次までで次のように求まる．

$$\langle\,\Psi(t)\,|\,\widetilde{\boldsymbol{J}}(\boldsymbol{r},t)\,|\,\Psi(t)\,\rangle=\langle\,\Phi\,|\,\boldsymbol{J}(\boldsymbol{r},t)\,|\,\Phi\,\rangle-i\int_{-\infty}^{t}dt'\langle\,\Phi\,|\,[\widetilde{\boldsymbol{j}^{\rm p}}(\boldsymbol{r},t),\widetilde{\mathcal{H}}_1(t')]\,|\,\Phi\,\rangle \tag{4.98}$$

$$\widetilde{\boldsymbol{j}^{\rm p}}(\boldsymbol{r},t)=e^{i\mathcal{H}_0t}\boldsymbol{j}^{\rm p}(\boldsymbol{r},t)e^{-i\mathcal{H}_0t} \tag{4.99}$$

式 (4.98) に (4.95) の第 2 式と式 (4.93) を代入し，次の**久保公式**を得る [88].

$$\langle \Psi(t) \,|\, \widetilde{J}_\alpha(\boldsymbol{r},t) \,|\, \Psi(t) \rangle = \langle \Phi \,|\, j^{\mathrm{p}}_\alpha(\boldsymbol{r},t) \,|\, \Phi \rangle - \frac{1}{c} n(\boldsymbol{r},t) A_\alpha(\boldsymbol{r},t)$$
$$- \frac{i}{c} \sum_{\alpha'} \int_{-\infty}^{t} dt' \int d\boldsymbol{r}' \langle \Phi \,|\, [\widetilde{j^{\mathrm{p}}}_\alpha(\boldsymbol{r},t), \widetilde{j^{\mathrm{p}}}_{\alpha'}(\boldsymbol{r}',t')] \,|\, \Phi \rangle A_\beta(\boldsymbol{r}',t') \quad (4.100)$$

ここで $n(\boldsymbol{r},t)$ は電子密度であり，$\alpha, \alpha' = x, y, z$ である．式 (4.100) の右辺第 1 項は 0 次の常磁性電流密度であり，第 2 項は反磁性項と呼ばれる．第 3 項は

$$\frac{1}{c} \sum_{\alpha'} \int_{-\infty}^{t} dt' \int d\boldsymbol{r}' \mathcal{S}_{\alpha\alpha'}(\boldsymbol{r},\boldsymbol{r}';t-t') A_{\alpha'}(\boldsymbol{r}',t') \quad (4.101)$$

と書ける．ただし，ここで次式で定義される**電流応答関数**を導入した．

$$\mathcal{S}_{\alpha\alpha'}(\boldsymbol{r},\boldsymbol{r}';t-t') = -i\theta(t-t') \langle \Phi \,|\, [\widetilde{j^{\mathrm{p}}}_\alpha(\boldsymbol{r},t), \widetilde{j^{\mathrm{p}}}_{\alpha'}(\boldsymbol{r}',t')] \,|\, \Phi \rangle \quad (4.102)$$

式 (4.102) の応答関数は遅延関数であり，

$$\mathcal{S}^{\mathrm{T}}_{\alpha\alpha'}(\boldsymbol{r}-\boldsymbol{r}',t-t') = -i \langle \Phi \,|\, \mathrm{T}[\widetilde{j^{\mathrm{p}}}_\alpha(\boldsymbol{r},t) \widetilde{j^{\mathrm{p}}}_{\alpha'}(\boldsymbol{r}',t')] \,|\, \Phi \rangle \quad (4.103)$$

で定義される時間順序付けられた**2 粒子 Green 関数**から計算できる．ここで，T は**時間順序演算子**であり，より早い時刻の演算子を右に移動する（生成・消滅演算子の場合には，順番を入れ替えるごとに符号を変える必要がある）．その関係式は**揺動散逸定理 (fluctuation dissipation theorem)** と呼ばれ，Fourier 変換した ω 空間では次のように表される．

$$\mathrm{Re}\mathcal{S}_{\alpha\alpha'}(\boldsymbol{r},\boldsymbol{r}';\omega) = \mathrm{Re}\mathcal{S}^{\mathrm{T}}_{\alpha\alpha'}(\boldsymbol{r}-\boldsymbol{r}',\omega) \quad (4.104a)$$
$$\mathrm{Im}\mathcal{S}_{\alpha\alpha'}(\boldsymbol{r},\boldsymbol{r}';\omega) = \frac{\omega}{|\omega|} \mathrm{Im}\mathcal{S}^{\mathrm{T}}_{\alpha\alpha'}(\boldsymbol{r},\boldsymbol{r}';\omega) \quad (4.104b)$$

時間順序付けられた Green 関数は多体摂動論の **Wick の定理**により計算される．以上の線形応答理論を電流応答関数の代わりに**密度応答関数**に適用すれば，2 粒子 Green 関数，分極関数，誘電関数の関係を導くこともできる [89].

伝導度テンソルは Ohm の法則で定義される．Ohm の法則は ω 空間で

$$J_\alpha = \sum_{\alpha'}^{3} \sigma_{\alpha\alpha'}(\omega) E_\beta = \frac{i\omega}{c} \sum_{\alpha'} \sigma_{\alpha\alpha'}(\omega) A_\beta \quad (4.105)$$

と表される．それゆえ，伝導度は応答関数から

$$\sigma_{\alpha\alpha'}(\omega) = \frac{S_{\alpha\alpha'}(\omega)}{i\omega} \tag{4.106}$$

のように計算され，直流伝導度はこの式の $\omega \to 0$ の極限として得られる．直流伝導度は有限なので，$\mathcal{S}_{\alpha\alpha'}(\omega)$ は $\omega \to 0$ 極限で反磁性項と厳密に打ち消し合わなければならない．バルク金属で完全結晶の場合には，式 (4.106) からわかるように，直流伝導度は絶対零度で無限大に発散する．しかし，実際には絶対零度であっても，格子欠陥や不純物などの効果として，直流伝導度は有限になる．

久保公式と等価で便利な表式が 1958 年に Greenwood [90] により与えられた：

$$\begin{aligned}\sigma_{\alpha\alpha'} &= \frac{2\pi}{\Omega\omega}\sum_{\boldsymbol{k}}\sum_{\lambda}\sum_{\nu}\langle \boldsymbol{k},\lambda|\nabla_\alpha|\boldsymbol{k},\nu\rangle\langle \boldsymbol{k},\nu|\nabla_{\alpha'}|\boldsymbol{k},\lambda\rangle \\ &\quad \times [f_0(\varepsilon_{\boldsymbol{k}\lambda}) - f_0(\varepsilon_{\boldsymbol{k}\nu})]\delta(\varepsilon_{\boldsymbol{k}\lambda} - \varepsilon_{\boldsymbol{k}\nu} - \omega)\end{aligned} \tag{4.107}$$

ここで Ω は単位胞の体積であり，スピンの 2 重性を考慮した．この相互作用していない表式は**久保–Greenwood 公式**と呼ばれる．この公式を用いると，式 (4.36) で与えられる電気感受率の虚部 の $\boldsymbol{q} \to 0$ の極限が電気伝導度 $\sigma(\omega)$ に

$$\mathrm{Im}\chi_{\alpha\alpha'}(0,\omega) = \frac{\sigma_{\alpha\alpha'}(\omega)}{\omega} \tag{4.108}$$

で関係していることがわかる．乱れた系で第一原理分子動力学シミュレーションを行い，そのサンプルを平均することにより，久保–Greenwood 公式を用いた電気伝導度を第一原理計算することができる．Silvestrelli ら [91] のように，

$$\sigma(\omega) = \frac{\rho_e e^2\tau}{\Omega m}\frac{1}{1+\omega^2\tau} \tag{4.109}$$

なる Drude 関数に得られた $\sigma(\omega)$ をフィットして，**緩和時間** τ を求められる．

Landauer [92] による全く異なるアプローチもある．量子抵抗に対する Landauer の公式を導こう．図 4.2 の左側の電子浴は Fermi 準位 μ_1 まで電子で占有されていて，右側の電子浴は Fermi 準位 μ_2 まで電子で占有されているとする．すると Fermi 準位の差に起因して左の電子浴から右の電子浴に向かって

$$J = ev_{\mathrm{F}}\frac{\partial n}{\partial\varepsilon}(\mu_1 - \mu_2) \tag{4.110}$$

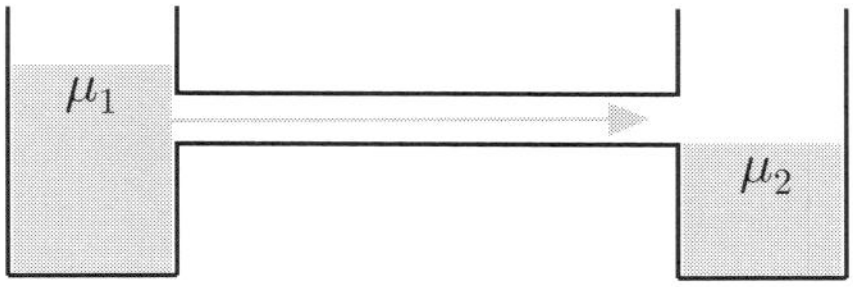

図 **4.2**　Landauer 公式で考えている系の配置

だけのバリスティック電流が放出される．ここで $\partial n/\partial \varepsilon$ は導線の単位体積あたりの状態密度，$v_{\rm F}$ は電子の Fermi 速度である．導線が極めて細い 1 次元理想伝導体の場合には，導線の長さを a として，波数 k は l を整数として

$$k = \frac{2\pi l}{a} \tag{4.111}$$

と量子化される．したがって，$\Delta k = 2\pi \Delta l/a$ である．電子スピンの 2 重性を考慮すると，単位長さあたりの状態数は $\Delta n = 2\Delta l/a$ である．これらを合わせると $\Delta n/\Delta k = (2/a)(\Delta l/\Delta k) = 1/\pi$ が得られる．したがって，フェルミエネルギー付近で $\varepsilon = v_{\rm F} p = \hbar k v_{\rm F}$（つまり $\Delta\varepsilon = \hbar v_{\rm F}\Delta k$）であることを考慮して，

$$\frac{\partial n}{\partial \varepsilon} = \frac{\Delta n}{\Delta \varepsilon} = \frac{1}{\pi\hbar v_{\rm F}} \tag{4.112}$$

が得られる．これを式 (4.110) に代入すると，

$$J = \frac{e}{\pi\hbar}(\mu_1 - \mu_2) = \frac{2e}{h}(\mu_1 - \mu_2) \tag{4.113}$$

が得られる．電子浴の Fermi 準位の差は電子浴の電位差 V と

$$eV = \mu_1 - \mu_2 \tag{4.114}$$

で関係している．したがって，電気伝導度（コンダクタンス）G は

$$G = \frac{J}{V} = \frac{2e^2}{h} \tag{4.115}$$

と求まる．これは理想的な 1 次元伝導体の電気伝導度である．電気伝導の 1 次元のチャネルが M 個あるときには電気伝導度は

$$G = \frac{2e^2}{h} M \tag{4.116}$$

となる．2 つの電子浴の間の 1 次元チャネル中にバリア（試料）が挟まれていて，キャリアの透過確率が T で，反射確率が R の場合には，実際に流れる正味の電流 J は透過分のみなので，電気伝導度 G とともに次式で与えられる：

$$J = \frac{2e}{h} T(\mu_1 - \mu_2), \quad G = \frac{2e^2}{h} T \tag{4.117}$$

この式が成り立つためには，Fermi 準位 μ_1 と μ_2 の差は，T（および R）のエネルギー依存性が無視できるように十分小さく選ぶ必要がある．この公式は線形応答理論（久保公式）からも導かれる [93]．電位差を 1 次元のチャネル中に置かれたバリア（試料）の両端で測定する場合には式 (4.117) は変更を要するが，その詳細は省略する．このアプローチでは応答関数ではなく透過係数 T を評価する．これらの公式を **Landauer 公式**という．この方法は主として 1 次元もしくは擬 1 次元系に適用され，強束縛 (tight binding) 近似で扱われることが多い．量子ワイヤのようなメゾスケール系に適用され，成功している [94]．

4.2.4 熱伝導度

電気伝導度と同様に，熱伝導度も線形応答理論から得ることができる．この場合の誘導場は温度勾配である．熱的な勾配を外部的な力学的な場とみなして，1964 年に Luttinger は **Green–久保 (GK) 公式**として知られている形式的な導出を与えた [88, 95, 96]．GK 公式は古典極限で熱伝導度テンソルが熱平衡での熱流の相関関数の時間積分であることを教えてくれる．

$$\kappa_{\alpha\alpha'} = \frac{1}{\Omega k_B T^2} \int_0^\infty dt \langle J_\alpha(t) J_{\alpha'}(0) \rangle \tag{4.118}$$

ここで $\alpha, \alpha' = x, y, z$ であり，Ω は系の体積，$\langle ... \rangle$ は熱平均を表し，T は絶対温度である．$\boldsymbol{J}$ は熱流であり，$\partial \mathcal{H}(\boldsymbol{r}, t)/\partial t + \nabla \cdot \mathcal{J}(\boldsymbol{r}, t) = 0$ で定義される熱流密度ベクトル $\mathcal{J}$ の体積積分に相当する（$\mathcal{H}(\boldsymbol{r}, t)$ は局所エネルギーであり，この式は熱流密度ベクトルの縦成分のみを定義する）．GK 公式 (4.118) の量子版は

$$\kappa_{\alpha\alpha'} = \frac{1}{\Omega T} \lim_{\eta \to 0} \int_0^\beta d\lambda \int_0^\infty dt \, e^{-\eta t} \langle J_\alpha(t + i\lambda) J_{\alpha'}(0) \rangle \tag{4.119}$$

である．ここで，$\beta = 1/k_{\mathrm{B}}T$ とおいた．

GK 公式はどの場合にも成り立つ熱伝導度の基礎的な定義となる．相関関数は摂動のない系の熱平衡状態での熱平均で与えられるが，線形応答理論によれば，それは外部摂動に対する線形な応答も表す．κ には電子とフォノンの 2 つが寄与する．金属では電子の寄与がフォノンの寄与を 1 桁以上上回る場合が多いが，熱電材料や不純物ドープされた半導体では 2 つの寄与は同じオーダである．

κ への電子の寄与は，次の **Wiedemann–Franz** 則でも近似的に評価できる．

$$\kappa_{\mathrm{el}} = LT\frac{\sigma}{\tau} \tag{4.120}$$

$L = (\pi k_{\mathrm{B}}/e)^2/3$ は Lorentz 数であり，σ は電気伝導度である．緩和時間 τ の評価には，電子格子散乱や不純物散乱などの効果を考える必要がある．電子格子散乱による緩和時間 $\tau_{\mathrm{el-ph}}$ は電子格子相互作用で現れた式 (4.78) で計算できる．不純物散乱による緩和時間 τ_{imp} は電気伝導度から式 (4.109) で得られる．κ_{el} を求めるためのトータルな緩和時間は，次の **Mathiessen** 則から得られる．

$$\frac{1}{\tau} = \frac{1}{\tau_{\mathrm{el-ph}}} + \frac{1}{\tau_{\mathrm{imp}}} \tag{4.121}$$

一方，熱伝導度 κ へのフォノンの寄与については，緩和時間近似でフォノン密度に対する Boltzmann 方程式を立てると，時間に依存しない定常状態で

$$\kappa_{\alpha\alpha'} = \frac{1}{\Omega}\sum_{\boldsymbol{q},j} v_\alpha(\boldsymbol{q},j)v_{\alpha'}(\boldsymbol{q},j)\tau(\boldsymbol{q},j)\frac{\partial}{\partial T}\varepsilon(\omega(\boldsymbol{q},j),T) \tag{4.122}$$

が得られる．$v_\alpha(\boldsymbol{q},j)$ はフォノン速度，$\tau(\boldsymbol{q},j)$ はフォノン緩和時間，$\varepsilon(\omega(\boldsymbol{q},j),T)$ は Bose–Einstein 分布関数で計算される $\boldsymbol{q},j$ モードのフォノン平均エネルギーである．フォノンの緩和時間を計算するには，非調和項によるフォノン・フォノン散乱や境界や不純物によるフォノン散乱を扱う必要がある．

非調和項の第一原理計算が可能である [97]．4 次以上の非調和項はフォノンの衝突確率が低いため，低温〜中温領域では無視できる．3 次の非調和項は，2 つのフォノンが 1 つに合体したり，1 つのフォノンが 2 つに分かれる 3 フォノン過程を与える．3 フォノン行列要素 V は立方 force constant Ψ_{ijk} により

$$V_{\boldsymbol{q}_1\boldsymbol{q}_2\boldsymbol{q}_3} = \left(\frac{\hbar}{2}\right)^{3/2} \sum_{ijk} \frac{\Psi_{ijk}\, e_i^{\boldsymbol{q}_1} e_j^{\boldsymbol{q}_2} e_k^{\boldsymbol{q}_3}}{\sqrt{m_i m_j m_k\, \omega_{\boldsymbol{q}_1}\, \omega_{\boldsymbol{q}_2}\, \omega_{\boldsymbol{q}_3}}}\, e^{i(\boldsymbol{q}_1\cdot\boldsymbol{R}_i+\boldsymbol{q}_2\cdot\boldsymbol{R}_j+\boldsymbol{q}_3\cdot\boldsymbol{R}_k)} \tag{4.123}$$

で与えられる．Ψ_{ijk} の並進対称性から，3 つの運動量の和が 0（通常過程）か逆格子ベクトル $\boldsymbol{G}$（**ウムクラップ過程**）に等しくなければならない．フォノン波数 $\boldsymbol{q}_i$ がどうのように定義されるかによって，通常過程とウムクラップ過程の分類は異なる．この表式は逆空間で逆格子ベクトルだけ並進移動させた場合でも不変 $(V_{\boldsymbol{q}_1\boldsymbol{q}_2\boldsymbol{q}_3} = V_{\boldsymbol{q}_1+\boldsymbol{G}_1,\boldsymbol{q}_2+\boldsymbol{G}_2,\boldsymbol{q}_3+\boldsymbol{G}_3})$ なので，3 つのベクトルとも第 1 Brillouin 帯の中に限られる．これにより，フォノンの**自己エネルギー**は

$$\Sigma(\boldsymbol{q},\omega) = -\frac{1}{2\hbar^2} \sum_{\substack{\boldsymbol{q}_1,\boldsymbol{q}_2\\ \epsilon=\pm1}} |V_{\boldsymbol{q}_1\boldsymbol{q}_2\boldsymbol{q}}|^2 \left(\frac{1+n(\boldsymbol{q}_1)+n(\boldsymbol{q}_2)}{\omega(\boldsymbol{q}_1)+\omega(\boldsymbol{q}_2)+\epsilon\omega_c} + \frac{n(\boldsymbol{q}_2)-n(\boldsymbol{q}_1)}{\omega(\boldsymbol{q}_1)-\omega(\boldsymbol{q}_2)+\epsilon\omega_c} \right) \tag{4.124}$$

で与えられる [98]．ここで $\boldsymbol{q}_1, \boldsymbol{q}_2, \boldsymbol{q}$ は 3 フォノン過程に関係する 3 つのフォノンモードを表し，$\omega_c = \omega + i0^+$ であり，$n(\boldsymbol{q}_i)$ は Bose–Einstein 分布関数である．これより，**フォノン寿命**は $1/2\tau_{\boldsymbol{q}j}^{\rm 3phonon} = Im\,\Sigma(\boldsymbol{q},\omega(\boldsymbol{q},j))$ で与えられる．フォノン・フォノン散乱は高温では $1/\tau_{\boldsymbol{q}j}^{\rm 3phonon} \propto \omega^2(\boldsymbol{q},j)T$ のように振る舞う．

境界によるフォノン散乱（境界散乱）に対しては近似式 $1/\tau_{\boldsymbol{q}j}^{\rm boundary} \approx v(\boldsymbol{q},j)/L$ が使える．ここで L は壁と壁の間の特徴的な長さを表す．この項は振動数依存性がなく，低振動数領域つまり低温で重要になる．不純物散乱に対しては，**Rayleigh 公式** $1/\tau_{\boldsymbol{q}j}^{\rm impurity} \propto \omega^4(\boldsymbol{q},j)$ か田村 [99] の精密な表式から求まる：

$$1/\tau_{\boldsymbol{q}j}^{\rm impurity} = \frac{\pi n_{\rm atom}}{6}\,\omega^2(\boldsymbol{q},j)\,N(\omega(\boldsymbol{q},j)) \sum_i f_i \left(\frac{\delta m_i}{\overline{m}}\right)^2 \tag{4.125}$$

$n_{\rm atom}$ は原子密度，$N(\omega)$ はフォノン状態密度，f_i は i 番目の原子種の存在比を表す．この式は温度に依存せず，低振動数で ω^4 に比例するので，点欠陥は主に短波長高振動数フォノンを散乱し，長波長低振動数領域への影響は小さい．

熱伝導度へのフォノンの寄与は，熱平衡の分子動力学シミュレーションから求めることもできる．この目的には，式 (4.118) と等価な Einstein による定式化が便利である．これは $\boldsymbol{J}$ の時間積分，つまり，$d\boldsymbol{G}/dt = \boldsymbol{J}$ を満たす**エネル**

ギー変位 $\boldsymbol{G}$ を扱うものである．$\boldsymbol{G}$ を用いると，熱伝導テンソルは

$$\kappa_{\alpha\alpha'} = \frac{1}{\Omega k_B T^2} \lim_{t\to\infty} \frac{\langle [G_\alpha(t) - G_\alpha(0)][G_{\alpha'}(t) - G_{\alpha'}(0)] \rangle}{2t} \tag{4.126}$$

と表される．これもやはり熱平均である．巨視的な仕事がない場合には，熱とエネルギーは同じものなので，これら 2 つのやり方は同等であるとみなせる．

$\boldsymbol{J}$ や $\boldsymbol{G}$ の微視的な意味を考えよう．熱流密度を $\mathcal{J} = \partial\mathcal{G}/\partial t$ と書き，連続の式を時間について積分すると $\mathcal{H} + \nabla \cdot \mathcal{G} = 0$ が得られる（積分定数は全エネルギーの原点をずらす）．これより，$\mathcal{G}$ の縦成分に対する式を抽出できる．Fourier 変換し，$\mathcal{H}(\boldsymbol{q}) - i\boldsymbol{q} \cdot \mathcal{G}(\boldsymbol{q}) = 0$ から $\mathcal{G}_l(\boldsymbol{q}) = -i\boldsymbol{q}\mathcal{H}(\boldsymbol{q})/q^2$ が得られる（添字の l は縦成分を表す）．$\mathcal{G}$ の空間積分 $\mathcal{G}(\boldsymbol{q} \to 0)$ がエネルギー変位 $\boldsymbol{G}$ を与える．したがって，残された問題は，系の局所エネルギーをいかに定義するかである．2 体ポテンシャル $V(\boldsymbol{r})$ で相互作用する系では，原子 i の局所エネルギー e_i を

$$H = \sum_i e_i, \quad e_i = \frac{\boldsymbol{p}_i^2}{2m_i} + \frac{1}{2} \sum_{j \neq i} V(\boldsymbol{r}_{ij}) \tag{4.127}$$

と定義できる．より複雑な多体相互作用では局所エネルギーをユニークに定義できないが，その選び方は熱伝導度に影響しない．エネルギー密度 $\mathcal{H}$ は

$$\mathcal{H}(\boldsymbol{r}, t) = \left\langle \sum_i e_i \, \delta(\boldsymbol{r} - \boldsymbol{r}_i(t)) \right\rangle \tag{4.128}$$

と定義される．アンサンブル平均 $\langle ... \rangle$ は粒子位置 $\boldsymbol{r}_i(t)$ の分布のために，デルタ関数は事実上広がったものになる．式 (4.128) を Fourie 変換して

$$\mathcal{H}(\boldsymbol{q}, t) = \int \frac{d\boldsymbol{r}}{\Omega} \mathcal{H}(\boldsymbol{r}, t) \, \mathrm{e}^{i\boldsymbol{q}\cdot\boldsymbol{r}} = \frac{1}{\Omega} \left\langle \sum_i e_i \, \mathrm{e}^{i\boldsymbol{q}\cdot\boldsymbol{r}_i} \right\rangle \tag{4.129}$$

のように $\boldsymbol{q}$ 空間で考えよう．$\boldsymbol{q} \to 0$ の近傍で Taylor 展開すると，

$$\mathcal{H}(\boldsymbol{q} \to 0, t) \approx \frac{1}{\Omega} \left\langle \sum_i e_i (1 + i\boldsymbol{q} \cdot \boldsymbol{r}_i) \right\rangle = \frac{1}{\Omega} \left(E + i\boldsymbol{q} \cdot \left\langle \sum_i e_i \boldsymbol{r}_i \right\rangle \right) \tag{4.130}$$

となる．$\mathcal{G}(\boldsymbol{q} \to 0)$ は $\mathcal{H}(\boldsymbol{q}, t)$ の $\boldsymbol{q}$ に比例する項に相当する．そこで，エネル

ギーの基準値を $E=0$ に選ぶと，$\boldsymbol{G}$ は $\langle\sum_i e_i \boldsymbol{r}_i\rangle$ であることがわかる．$\boldsymbol{G}$ がエネルギー変位と呼ばれるのはこのためである．それは局所エネルギーで重みづけられた粒子位置の和であり，双極子モーメントの定義に似ている（各原子の電荷を各原子のエネルギーに置き換えればよい）．$E=0$ と選ぶと，このベクトルは座標原点の選び方に依存しなくなる．これらのベクトル

$$\boldsymbol{G}(t)=\sum_i e_i \boldsymbol{r}_i \tag{4.131}$$

$$\boldsymbol{J}(t)=\sum_i \frac{de_i}{dt}\boldsymbol{r}_i+e_i\boldsymbol{v}_i \tag{4.132}$$

を用いて，式 (4.118) や式 (4.126) から熱伝導度を評価できる．Einstein の定式化では $\boldsymbol{G}(t)-\boldsymbol{G}(0)$ の差のみが表れる．全エネルギー $E=\sum_i e_i$ が保存する NEV シミュレーションでは，座標の原点の選び方は結果に影響しない．実際にはこの条件は厳密には成り立たないので，エネルギー変位を $\boldsymbol{G}(t)=\sum_i(e_i(t)-\frac{E(t)}{N})\boldsymbol{r}_i$ と定義して，各時刻で $\sum_i(e_i(t)-\bar{e}(t))=0$ とするのがよい．

4.3　スピン相互作用

各準位は↑スピンと↓スピンの 2 電子が占有してスピン 1 重項を形成するが，開殻系では↑↑,↓↓のスピンの 2 電子が異なる軌道を占有してスピン多重項を形成する．**Hund 則**によれば孤立原子では最も高いスピン多重項が最安定となる．しかし，結晶になると 10^{23} 個もの電子が存在するので，結晶全体のスピン多重度を問題にすることは難しいが，この場合にも結晶全体の磁化は計算できる．通常，磁化のほとんどの成分は電子のスピン磁気モーメントにより生ずる．密度汎関数理論は $3d$ 遷移金属のうち Fe, Co, Ni のみが自発磁化を持つことを予測し，Cr がスピン波的な反強磁性状態になることを予測する．半導体や絶縁体の反磁性帯磁率の計算方法は 4.1.3 項に述べた通りである．本節では，常磁性帯磁率，スピン軌道相互作用，超微細相互作用について説明する．

4.3.1　Pauli 常磁性と Landau 反磁性，スピン軌道相互作用

強磁性や反強磁性などのスピン秩序がなければ金属は常磁性を示す．金属中

の↑スピンと↓スピンの電子は磁場中で Zeeman エネルギーだけ分裂するので，Fermi 面まで占有される電子数は↑スピンと↓スピンで異なる．この電子の持つスピン磁気モーメントにより，金属は磁場の方向に磁化する．この磁化の大きさは外部磁場に比例し，磁場がなければ 0 である．これが **Pauli 常磁性**で，比例係数は Pauli 常磁性帯磁率と呼ばれ，正である．磁場中では自由電子は軌道運動としてサイクロトロン運動もするので，その効果を量子力学的に扱うと，調和振動子の量子力学と同様に（de Haas–van Alphen 効果の取り扱いと同様に）解析でき，外部磁場とは逆向きに磁場の大きさに比例した軌道磁気モーメントが生ずることがわかる．これが **Landau 反磁性**で，誘起される磁化の外部磁場に対する比例係数は Landau 反磁性帯磁率と呼ばれ，負である．自由電子の場合には，Pauli の常磁性帯磁率 χ^{para} と Landau 反磁性帯磁率 χ^{dia} は

$$\chi^{\mathrm{para}} = \mu_{\mathrm{B}}^2 N(\varepsilon_{\mathrm{F}}), \quad \chi^{\mathrm{dia}} = -\frac{1}{3}\mu_{\mathrm{B}}^2 N(\varepsilon_{\mathrm{F}}) \tag{4.133}$$

となる．$\mu_{\mathrm{B}} = e\hbar/2mc$ は Bohr 磁子であり，$N(\varepsilon_{\mathrm{F}})$ は Fermi エネルギー ε_{F} での状態密度を表す．式 (4.133) から明らかなように，Pauli 常磁性帯磁率と Landau 反磁性帯磁率は $1 : -\frac{1}{3}$ の関係があり，Pauli 常磁性帯磁率のほうが大きいために，Landau 反磁性は完全に打ち消され，金属は常磁性を示す．

これまで，非相対論的極限のみを扱い，相対論的な効果を無視してきた．**相対論的効果**は原子番号が増えると大きくなる．一般に $3d$ 遷移金属よりも重い元素では相対論的効果が効くようになり，光速を c，電子の速度を v と書くことにすると，$O(v^2/c^2)$ までの補正を取り入れることが必要になる．ウランのような非常に重い元素の場合には，Dirac 方程式を用いて完全な相対論的計算を行うことが必要な場合もある．密度汎関数理論の完全な相対論的な定式化は Engel と Dreizler [100] により行われているので，興味ある読者は参照されたい．$O(v^2/c^2)$ まで相対論的補正を含む中心力場中の 1 電子 Schrödinger 方程式は

$$\mathcal{H} = \mathcal{H}_{\mathrm{NR}} - \frac{p^4}{8m^3c^2} + \frac{\hbar^2}{4m^2c^2}\frac{1}{r}\frac{dV}{dr}(\boldsymbol{\sigma}\cdot\boldsymbol{L}) + \frac{\hbar^2}{8m^2c^2}\nabla^2 V \tag{4.134}$$

となる．ここで，$\mathcal{H}_{\mathrm{NR}}$ は非相対論的極限でのハミルトニアンである．第 1 項 $-p^4/8m^3c^2$ は**運動量補正項**で，運動エネルギー $p^2/2m$ への相対論的補正を表

している．第 2 項は $\boldsymbol{\sigma} \cdot \boldsymbol{L}$ に比例し，**スピン軌道相互作用**と呼ばれ，スピン磁気モーメントの異方性の原因となる．最後の項は **Darwin 項**で，中心力ポテンシャルへの補正を表している．もし中心力ポテンシャル $V(r)$ が純粋の Coulomb ポテンシャル $-Ze^2/r$ で与えられるなら，Darwin 項は $\pi Ze^2\hbar^2\delta(\boldsymbol{r})/2m^2c^2$ となり，原点に波動関数の振幅を持つ s 軌道のみが影響を受ける．運動量補正項と Darwin 項は半相対論効果あるいは**スカラー相対論効果**を表すという．

スピン軌道相互作用は様々な効果をもたらす．孤立原子ではスピンと軌道角運動量の合成角運動量の大きさ j が良い量子数となり，これによりスピン縮退が解け，状態が分裂する．ナトリウム D 線の 2 重スペクトルはこのスピン軌道分裂による．スピン軌道分裂に関しては数多くの第一原理計算が行われているが，ここでは著者らの全電子混合基底法にインプリメントした研究 [101] を引用しておく．原子・分子や Si 結晶の内殻軌道の分裂幅は実験を良く再現している．最近では，スピン軌道相互作用による Rashba 効果やトポロジカル絶縁体が興味を集めている．この他，量子デバイスでもスピンに依存した微細なエネルギー構造の制御が重要であり，スピン軌道相互作用が鍵になる．

4.3.2 超微細 (hyperfine) 構造

超微細構造 (hyperfine structure) は，電子スピン磁気モーメントと原子核スピン磁気モーメントとの間に働く**超微細相互作用 (hyperfine interaction)**

$$\hat{H}_{\mathrm{hf}} = \boldsymbol{S}^t A \boldsymbol{I} \tag{4.135}$$

に起因する．$\boldsymbol{S}$ は電子のスピン角運動量，$\boldsymbol{I}$ は原子核のスピン角運動量である．$\boldsymbol{S}^t$ の肩の t は列ベクトル $\boldsymbol{S}$ の転置をとることを意味する．ここで

$$A_{\alpha\beta} = a\,\delta_{\alpha\beta} + b_{\alpha\beta} \tag{4.136}$$

は 2 階のテンソルであり，ハイパーファインテンソルという．a は等方性項（フェルミ接触相互作用）を表し，$b_{\alpha\beta}$ は異方性項（双極子–双極子相互作用）を表す 2 階テンソルである．電子スピンと核スピンの磁気モーメント $\boldsymbol{\mu_S}, \boldsymbol{\mu_I}$ は

$$\boldsymbol{\mu_S} = -g_e\mu_B\boldsymbol{S}, \qquad \boldsymbol{\mu_I} = g_n\mu_n\boldsymbol{I} \tag{4.137}$$

で与えられる．g_e は電子の g 因子であり，2.002319 の値を持つ．g_n は原子核の g 因子であり，表 4.3 のような値を持つ．一方，μ_B, μ_n は

$$\mu_B = \frac{e\hbar}{2m}, \qquad \mu_n = \frac{e\hbar}{2M} \tag{4.138}$$

で定義される電子の Bohr 磁子と核子の（Bohr 磁子に対応する）磁気モーメント単位である．ここで m は電子質量であり，M は陽子と中性子の質量の平均値で，およそ $M = 1836m$ である．1 つの磁気モーメント $\boldsymbol{\mu}_1$ が作る双極子磁場 $\boldsymbol{H}_1(\boldsymbol{r})$ 中の，もう 1 つの磁気モーメント $\boldsymbol{\mu}_2$ の持つ磁気エネルギー U は

$$U = -\boldsymbol{\mu}_2 \cdot \boldsymbol{H}_1(\boldsymbol{r}) \tag{4.139}$$

で与えられる．双極子磁場 $\boldsymbol{H}_1(\boldsymbol{r})$ には $\boldsymbol{r} = \boldsymbol{0}$ の寄与と $\boldsymbol{r} \neq \boldsymbol{0}$ の寄与がある．

$\boldsymbol{r} = \boldsymbol{0}$ の寄与は**等方性項**と呼ばれ，**Fermi 接触相互作用**を表す．$\boldsymbol{r} = \boldsymbol{0}$ では

$$\boldsymbol{H}_1(\boldsymbol{0}) = \frac{2\mu_0}{3}\boldsymbol{\mu}_1\,\delta(\boldsymbol{r}) \tag{4.140}$$

だけの双極子磁場が生ずる．この磁場による磁気エネルギー U は

$$U = -\frac{2\mu_0}{3}\boldsymbol{\mu}_1 \cdot \boldsymbol{\mu}_2\,\delta(\boldsymbol{r}) \tag{4.141}$$

となる．これに電子スピン密度 $n_s(\boldsymbol{r})$ をかけて積分すると，

$$\int U(\boldsymbol{r})n_s(\boldsymbol{r})dr = -\frac{2\mu_0}{3}\boldsymbol{\mu}_1 \cdot \boldsymbol{\mu}_2 n_s(0) = \frac{2}{3}\mu_0 g_e \mu_e g_n \mu_n n_s(0)\boldsymbol{S} \cdot \boldsymbol{I}_I \tag{4.142}$$

表 4.3　原子核のスピン I と g 因子

原子核	スピン I	g_n	原子核	スピン I	g_n
^{1}H	1/2	5.585	^{14}N	1	0.404
^{2}D	1	0.857	^{15}N	1	−0.566
^{3}He	1/2	−4.256	^{17}O	5/2	−0.757
^{7}Li	1/2	−0.785	^{19}F	1/2	5.258
^{9}Be	1/2	1.404	^{23}Na	1/2	1.478
^{11}B	1/2	1.793	^{25}Mg	1/2	−0.342
^{13}C	1/2	1.404	^{33}S	1/2	0.429

となり，ハイパーファインテンソルの等方性項 a が導かれる．

$$a = \frac{2}{3}\mu_0 g_e \mu_e g_n \mu_n n_s(0) \tag{4.143}$$

原子核位置 ($\boldsymbol{r} = \boldsymbol{0}$) に電子スピン密度を持つ軌道はスピン偏極した s 軌道のみなので，s 電子のみが接触相互作用を持つ．

次に双極子磁場の $\boldsymbol{r} \neq \boldsymbol{0}$ の寄与について考える．この項は**異方性項**と呼ばれ，**双極子-双極子相互作用**を表す．磁場 $\boldsymbol{H}_1(\boldsymbol{r})$ は

$$\boldsymbol{H}_1(\boldsymbol{r}) = -\frac{\mu_0}{4\pi}\left\{\frac{\boldsymbol{\mu}_1}{r^3} - \frac{3(\boldsymbol{\mu}_1 \cdot \boldsymbol{r})\boldsymbol{r}}{r^5}\right\} \tag{4.144}$$

と表される．この磁場中のもう一方の磁気モーメントの磁気エネルギー U は

$$U = \frac{\mu_0}{4\pi}\left\{\frac{\boldsymbol{\mu}_1 \cdot \boldsymbol{\mu}_2}{r^3} - \frac{3(\boldsymbol{\mu}_1 \cdot \boldsymbol{r})(\boldsymbol{\mu}_2 \cdot \boldsymbol{r})}{r^5}\right\} \tag{4.145}$$

となる．式 (4.137) を用いれば，異方性項のハミルトニアン $\hat{H}_{dip}$ は

$$\hat{H}_{\mathrm{dip}} = -\frac{1}{4\pi}\mu_0 g_e \mu_B g_n \mu_n \left\{\frac{\boldsymbol{S} \cdot \boldsymbol{I}}{r^3} - \frac{3(\boldsymbol{S} \cdot \boldsymbol{r})(\boldsymbol{I} \cdot \boldsymbol{r})}{r^5}\right\} \tag{4.146}$$

となる．さらにこの式を変形すると，

$$\hat{H}_{\mathrm{dip}} = -\frac{1}{4\pi}\mu_0 g_e \mu_B g_n \mu_n \begin{bmatrix} S_x & S_y & S_z \end{bmatrix} \begin{bmatrix} \frac{r^2 - 3x^2}{r^5} & -\frac{3xy}{r^5} & -\frac{3zx}{r^5} \\ -\frac{3xy}{r^5} & \frac{r^2 - 3y^2}{r^5} & \frac{3yz}{r^5} \\ \frac{3zx}{r^5} & -\frac{3yz}{r^5} & \frac{r^2 - 3z^2}{r^5} \end{bmatrix} \begin{bmatrix} I_x \\ I_y \\ I_z \end{bmatrix} \tag{4.147}$$

となり，異方性項 $b_{\alpha\beta}$ が導かれる．このテンソルは立方調和関数を用いて

$$b_{\alpha\beta} = \frac{\mu_0 g_e \mu_B g_n \mu_n}{4\pi r^3} T_{\alpha\beta} \tag{4.148}$$

$$T = \sqrt{\frac{4\pi}{5}} \begin{pmatrix} -K_{2,4} + \sqrt{3}K_{2,5} & \sqrt{3}K_{2,1} & \sqrt{3}K_{2,3} \\ \sqrt{3}K_{2,1} & -K_{2,4} - \sqrt{3}K_{2,5} & \sqrt{3}K_{2,2} \\ \sqrt{3}K_{2,3} & \sqrt{3}K_{2,2} & 2K_{2,4} \end{pmatrix} \tag{4.149}$$

と書き換えられる．最後に $n_s(\boldsymbol{r})$ をかけて積分して，次式が得られる．

$$\hat{b}_{\alpha\beta} = \frac{\mu_0 g_e \mu_B g_n \mu_n}{4\pi} \sum_{\lambda}^{\mathrm{occ}} \int \frac{n_s(\boldsymbol{r})}{r^3} T_{\alpha\beta}(\hat{\boldsymbol{r}}) d\boldsymbol{r} \tag{4.150}$$

異方性項 $b_{\alpha\beta}$ に現れる立方調和関数は d 軌道に相当する $L = 2$ のみである．

電子とそれ自身が属する原子の原子核との相互作用は同一中心の積分で計算できるが，それ以外の原子核の持つ磁気モーメントとの相互作用も存在する．そのため，厳密な評価のためには，近接原子からの寄与を考慮する必要がある．自身の原子核以外からの寄与は次式で与えられる．

$$b_{\alpha\beta} = \frac{\mu_0 g_e \mu_B g_n \mu_n}{4\pi} \int \frac{n_s(\boldsymbol{r})}{|\boldsymbol{r} - \boldsymbol{R}|^3} T_{\alpha\beta}(\widehat{\boldsymbol{r} - \boldsymbol{R}}) d\boldsymbol{r} \tag{4.151}$$

$\boldsymbol{R}$ は基準原子を始点とした，近接の原子の位置ベクトルである．また $T(\widehat{\boldsymbol{r} - \boldsymbol{R}})$ は，式 (4.149) の行列を $(\boldsymbol{r} - \boldsymbol{R})$ を中心とした立方調和関数で表したものである．密度汎関数理論による原子分子の超微細構造の複数の計算が行われているが，著者らの全電子混合基底法にインプリメントした研究を引用しておく [102]．原子やイオン，ZnH や ZnF 分子での計算結果と実験値の一致は良好である．具体的には，Fermi 接触相互作用の等方性項 a の計算結果（実験値）は，アルカリ金属元素（原子）について，^{7}Li: 401.6 (401.7), ^{23}Na: 902.2 (885.8), ^{39}K: 233.1 (230.9) MHz である．また，アルカリ土類金属元素イオンについては，^{23}Mg$^+$: -601.7 (-596.3), ^{43}Ca$^+$: -825.0 (-806.4), ^{87}Sr$^+$: -874.0 ($-990 \sim -1000.5$) MHz である．一方，双極子-双極子相互作用の異方性項 $b_{\mathrm{ani}} = b_{\mathrm{ani},\parallel} - b_{\mathrm{ani},\perp} = 3b_{zz}/2$ の計算結果（実験値）は，第 2 周期原子について，^{11}B (^{2}P): 58.5 (55.1), ^{13}C (^{3}P): 105.2 (93.8), ^{17}O (^{4}S): 152.9 (150.4) MHz である．さらに，^{67}Zn^{1}H 分子の ^{1}H については $a_{\mathrm{H}} = 435.3$ (478) MHz，$b_{\mathrm{H,\,ani}} = -0.1$ (-1 ± 2) MHz であり，^{67}Zn^{19}F 分子の ^{19}F については $a_{\mathrm{F}} = 358.1$ (320) MHz，$b_{\mathrm{F,\,ani}} = 820.7$ (816) MHz である [102]．ただし，分子の $b_{\mathrm{H,\,ani}}$ 以外には実験値に 2 つの値があるため，計算値と比較できるほうの値を記載している．

第5章 準粒子描像

複雑に相関した多電子の運動を記述することは難しいことなので，各電子を相互作用の衣を着た独立な粒子として扱えないかと考えるのは自然なことである．Einstein の光電効果としても知られる光電子分光の初期状態と終状態の差を 1 つの粒子とみなすことにより，自然な形で衣を着た独立粒子を導入することができる．この粒子は準粒子と呼ばれる．準粒子理論では，独立粒子の描像を保ちながら，電子相関をほぼ完全に取り入れた，厳密に近い理論を構築することができる．これを**独立粒子描像**という．準粒子理論は Green 関数やダイアグラムを用いるために高度だが，この理論の枠組みで一番よく用いられるのが GW 近似であり，GW 近似を行ったうえで Bethe–Salpeter 方程式を解いて光吸収スペクトルを計算することが最近では標準的な計算手段になりつつある．

5.1 拡張準粒子理論

準粒子理論で計算されるスペクトルは光電子分光の実験スペクトルと厳密に一致することが保証されている．しかも，光電子分光実験のターゲットが基底状態に限らないと同様に，拡張準粒子理論であれば基底状態に限らず，任意の電子励起固有状態に適用できる．最近では，準粒子理論に基づく計算コードの開発が多方面で進められており，最近の論文数の増加には目覚しいものがある．準粒子理論を理解するには多体摂動論に基づく Green 関数法を勉強しなければならないが，その正確な記述は他書に譲ることにして，本節ではなるべく簡単な方法で最も適用の幅が広い拡張準粒子理論の枠組みを説明していきたい．多体摂動論の定式化は，R. P. Feynman の「統計力学」の教科書を参考にした．

5.1.1　拡張準粒子の概念

準粒子の概念を拡張した拡張準粒子の定義から始めよう．初期状態は中性 N 電子系の基底状態でも励起状態でもよいし，帯電した $M(\neq N)$ 電子系の励起状態でもよい．この状態を $|\Psi_\gamma^M\rangle$ と書き，その全エネルギーを E_γ^M と書く．これらは固有値方程式 $H|\Psi_\gamma^M\rangle = E_\gamma^M|\Psi_\gamma^M\rangle$ を満たす．電子は互いに Coulomb 相互作用しているので独立ではない．しかし，準粒子描像によれば状態 $|\Psi_\gamma^M\rangle$ を独立な準粒子の組で記述できる．考え方のヒントは Einstein の光電効果にある．光電効果は現在では，光電子分光法として物質の電子状態を調べる重要な実験手段であり，ターゲットは基底状態に限らない．光電子放出により，系は $(M-1)$ 電子励起状態 $|\Psi_\mu^{M-1}\rangle$ になり，これは固有値方程式 $H|\Psi_\mu^{M-1}\rangle = E_\mu^{M-1}|\Psi_\mu^{M-1}\rangle$ を満たす．対応する全エネルギー E_μ^{M-1} は，エネルギー保存則により

$$E_\mu^{M-1} - E_\gamma^M = h\nu - K \tag{5.1a}$$

を満たす．ここで $h\nu$ は入射フォトンのエネルギーであり，K は放出された光電子の運動エネルギーである（簡単のため孤立系を考え，仕事関数は無視した）．この順過程の逆過程として電子を吸収してフォトンを放出する逆光電子分光では，系は $(M+1)$ 電子励起状態 $|\Psi_\nu^{M+1}\rangle$ になり，これは固有値方程式 $H|\Psi_\nu^{M+1}\rangle = E_\nu^{M+1}|\Psi_\nu^{M+1}\rangle$ を満たす．この場合には，全エネルギーの保存は

$$E_\gamma^M - E_\nu^{M+1} = h\nu - K \tag{5.1b}$$

となる．しかし，終状態がすべての可能な $(M\pm1)$ 電子状態になり得るとは限らない．1 フォトンの光学過程では $(M\pm1)$ 電子状態であっても，多くの電子配置が初期状態と全く異なるような複雑な励起状態は実現不可能である．したがって，そのような終状態の振幅は極めて小さいか 0 である．ここで重要なのは，初期状態と終状態の違いは電子 1 個分だけである，ということで，この電子 1 個分の違いを粒子とみなして**拡張準粒子 (extended quasiparticle, EQP)** と呼ぶ．EQP とは本当の粒子ではなく，あくまで電子 1 個分の違いを表す粒子のような励起を指す．順過程では電子 1 個が抜けた孔を EQP とみなし，この孔は実質的に正の電荷を持った粒子のように振る舞うので**正孔 (hole)** と呼ぶ．

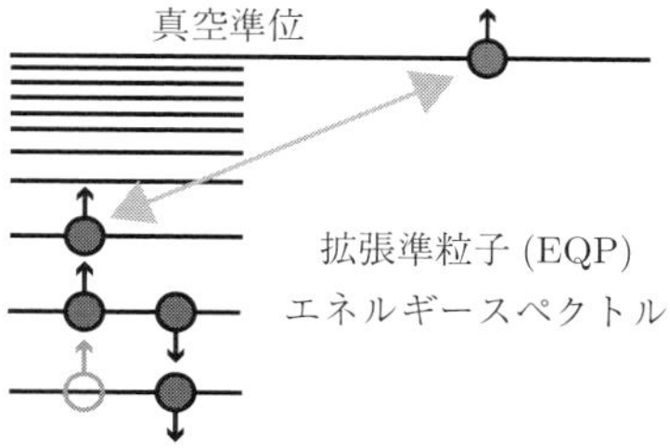

図 5.1 拡張準粒子 (EQP) エネルギーの意味．占有と非占有が入り混じった初期状態と真空準位の間で電子 1 個を授受する際の，その 1 電子分の系のエネルギー

逆過程では電子 1 が加わった追加分を EQP とみなし，これは実質的に負の電荷を持った電子のように振る舞うことから**粒子 (particle)** または電子 (electron) と呼ぶ．このように EQP とは物質の初期状態に対する励起を表す概念である．いずれの過程でも，初期状態と終状態の全エネルギーの差は測定可能で，前者の場合の式 (6.1) は電子 1 個を奪って真空準位に持っていくのに必要なエネルギーを表し，後者の場合の (5.1b) 式は真空準位にある電子を系に付け加えたときに放出されるエネルギーを表す．これらのエネルギーの符号を変えたもの

$$\varepsilon_\mu = E_\gamma^M - E_\mu^{M-1}, \tag{5.2a}$$

$$\varepsilon_\nu = E_\nu^{M+1} - E_\gamma^M \tag{5.2b}$$

は Koopmans の定理そのものを表し，これを**拡張準粒子エネルギー (extended quasiparticle (EQP) energy)** と呼ぶ．つまり，正孔のエネルギーとは占有軌道に孔を空けたときのエネルギーを表し，電子（粒子）のエネルギーとは非占有軌道に電子を置いたときのエネルギーを表す．EQP エネルギーは真空準位から測った絶対値を与える．したがって，正孔のエネルギーの最大値は**イオン化ポテンシャル**の符号を負にしたものに等しい．この準位の軌道を最高占有軌道 (highest occupied molecular orbital, HOMO) といい，結晶の場合は価電子帯最高 (valence band maximum, VBM) という．一方，電子のエネルギーの最低値は**電子親和力**の符号を負にしたものに等しい．この準位の軌道を最低非占有軌道 (lowest unoccupied molecular orbital, LUMO) といい，結晶の場合は伝導電子帯最低 (conduction band minimum, CBM) という．

次に**拡張準粒子波動関数 (extended quasiparticle (EQP) wave function)** を定義しよう．EQP は 1 フォトンの光電子分光過程における初期状態と終状態の差の 1 電子分なので，その波動関数はその 1 電子分の波動関数とすればよい．順過程の場合には，場の消滅演算子 $\hat{\psi}_s(\boldsymbol{r})$ を用いて初期状態 $|\,\Psi_\gamma^M\,\rangle$ の $(\boldsymbol{r},s)$ の点から電子 1 個を取り去り，その $(M-1)$ 電子状態と終状態 $|\,\Psi_\mu^{M-1}\,\rangle$ との内積を正孔の EQP 波動関数として定義する（$\boldsymbol{r},s$ は空間とスピンの座標）．

$$\phi_\mu(\boldsymbol{r},s)=\langle\,\Psi_\mu^{M-1}\,|\,\hat{\psi}_s(\boldsymbol{r})\,|\,\Psi_\gamma^M\,\rangle \tag{5.3a}$$

逆過程の場合には，場の生成演算子 $\hat{\psi}_s^\dagger(\boldsymbol{r})$ を用いて初期状態の $(\boldsymbol{r},s)$ の点に電子 1 個を付け，その $(M+1)$ 電子状態と終状態 $|\,\Psi_\nu^{M+1}\,\rangle$ との内積

$$\phi_\nu^*(\boldsymbol{r},s)=\langle\,\Psi_\nu^{M+1}\,|\,\hat{\psi}_s^\dagger(\boldsymbol{r})\,|\,\Psi_\gamma^M\,\rangle \tag{5.3b}$$

を電子の EQP 波動関数の複素共役として定義する．EQP 波動関数は，初期状態と終状態で $\hat{\psi}_s(\boldsymbol{r}),\hat{\psi}_s^\dagger(\boldsymbol{r})$ を挟んだ重なり行列なので重なり振幅とも呼ばれる．EQP 波動関数は初期状態と終状態の電子 1 個分の差の振幅を表す（図 5.2）．

初期状態 $|\,\Psi_\gamma^M\,\rangle$ の全電子スピン密度は占有 (μ: occ) 軌道の絶対値 2 乗の和

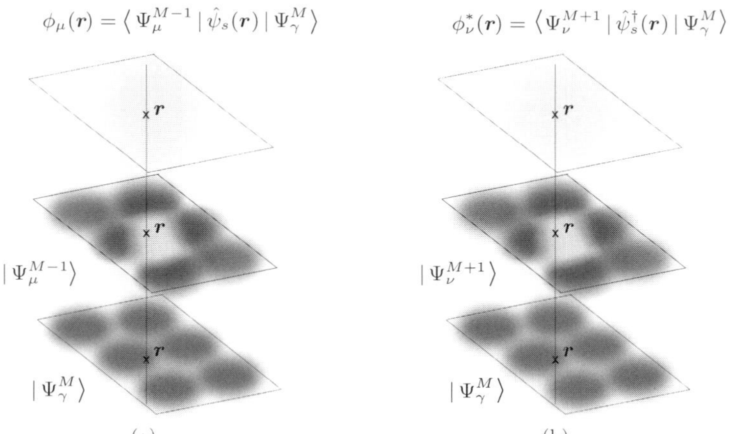

図 5.2 拡張準粒子 (EQP) 波動関数の意味

$$
\begin{aligned}
n_s(\boldsymbol{r}) &= \langle\, \Psi_\gamma^M \,|\, \hat{\psi}_s^\dagger(\boldsymbol{r})\hat{\psi}_s(\boldsymbol{r}) \,|\, \Psi_\gamma^M \,\rangle \\
&= \sum_\mu^{\mathrm{occ}} \langle\, \Psi_\gamma^M \,|\, \hat{\psi}_s^\dagger(\boldsymbol{r}) \,|\, \Psi_\mu^{M-1} \,\rangle\langle\, \Psi_\mu^{M-1} \,|\, \hat{\psi}_s(\boldsymbol{r}) \,|\, \Psi_\gamma^M \,\rangle \\
&= \sum_\mu^{\mathrm{occ}} |\phi_\mu(\boldsymbol{r}, s)|^2
\end{aligned} \tag{5.4}
$$

で与えられる．次の $(M-1)$ 電子系の固有状態 $|\,\Psi_\mu^{M-1}\,\rangle$ の完全性を用いた．

$$
\sum_\mu^{\mathrm{occ}} |\,\Psi_\mu^{M-1}\,\rangle\langle\,\Psi_\mu^{M-1}\,| = 1 \tag{5.5}
$$

1 体のハミルトニアンは運動エネルギー $\hat{T}$ と外部ポテンシャル $\hat{v}$ の和で

$$
H^{(1)} = \hat{T} + \hat{v} = \sum_s \int \hat{\psi}_s^\dagger(\boldsymbol{r}) h_s^{(1)}(\boldsymbol{r}) \hat{\psi}_s(\boldsymbol{r}) d\boldsymbol{r}, \tag{5.6}
$$

$$
h_s^{(1)}(\boldsymbol{r}) = -\frac{\hbar^2}{2m}\nabla^2 + v(\boldsymbol{r}) \tag{5.7}
$$

であり（$v(\boldsymbol{r})$ は原子核の作る Coulomb ポテンシャルを表す），これらの期待値は

$$
\begin{aligned}
\langle \hat{T} \rangle &= -\frac{\hbar^2}{2m} \langle\, \Psi_\gamma^M \,|\, \sum_s \int \hat{\psi}_s^\dagger(\boldsymbol{r}) \nabla^2 \hat{\psi}_s(\boldsymbol{r}) d\boldsymbol{r} \,|\, \Psi_\gamma^M \,\rangle \\
&= -\frac{\hbar^2}{2m} \sum_\mu^{\mathrm{occ}} \sum_s \int \phi_\mu^*(\boldsymbol{r}, s) \nabla^2 \phi_\mu(\boldsymbol{r}, s) d\boldsymbol{r},
\end{aligned} \tag{5.8}
$$

$$
\begin{aligned}
\langle \hat{v} \rangle &= \langle\, \Psi_\gamma^M \,|\, \sum_s \int \hat{\psi}_s^\dagger(\boldsymbol{r}) v(\boldsymbol{r}) \hat{\psi}_s(\boldsymbol{r}) d\boldsymbol{r} \,|\, \Psi_\gamma^M \,\rangle \\
&= \sum_\mu^{\mathrm{occ}} \sum_s \int v(\boldsymbol{r}) \, |\phi_\mu(\boldsymbol{r}, s)|^2 \, d\boldsymbol{r}
\end{aligned} \tag{5.9}
$$

のように EQP 波動関数のみで書ける．実際，EQP 波動関数は密度行列

$$
\gamma_s(\boldsymbol{r}, \boldsymbol{r}') = \langle\, \Psi_\gamma^M \,|\, \hat{\psi}_s^\dagger(\boldsymbol{r}') \hat{\psi}_s(\boldsymbol{r}) \,|\, \Psi_\gamma^M \,\rangle = \sum_\mu^{\mathrm{occ}} \phi_\mu(\boldsymbol{r}, s) \phi_\mu^*(\boldsymbol{r}', s) \tag{5.10}
$$

を対角的にする表現を与えるが，正規直交系にはなっていない点で，量子化学分野で Löwdin [103] によって配置間相互作用 (CI) との関連で導入された**自然**

スピン軌道 (**natural spin orbital**) とは異なる．スピン密度 $n_s(\boldsymbol{r})$ は $\gamma_s(\boldsymbol{r},\boldsymbol{r})$ であり，これらを用いて運動エネルギーと外部ポテンシャルの期待値は

$$\langle\hat{T}\rangle = -\frac{\hbar^2}{2m}\sum_s\int\lim_{\boldsymbol{r}'\to\boldsymbol{r}}\nabla^2\gamma_s(\boldsymbol{r},\boldsymbol{r}')d\boldsymbol{r} \tag{5.11}$$

$$\langle\hat{v}\rangle = \sum_s\int v(\boldsymbol{r})n_s(\boldsymbol{r})d\boldsymbol{r} \tag{5.12}$$

となる．場の演算子の反交換関係

$$\left\{\hat{\psi}_s(\boldsymbol{r}),\hat{\psi}^\dagger_{s'}(\boldsymbol{r}')\right\} = \delta(\boldsymbol{r}-\boldsymbol{r}')\delta_{ss'} \tag{5.13}$$

と $(M+1)$ 電子系のハミルトニアンの固有状態 $|\,\Psi_\nu^{M+1}\,\rangle$ の完全性

$$\sum_\nu^{\text{emp}}|\,\Psi_\nu^{M+1}\,\rangle\langle\,\Psi_\nu^{M+1}\,| = 1 \tag{5.14}$$

を用いれば，占有 (μ: occ)・非占有 (ν: emp) EQP 波動関数は完全性

$$\begin{aligned}&\sum_\mu^{\text{occ}}\phi_\mu(\boldsymbol{r},s)\phi^*_\mu(\boldsymbol{r}',s') + \sum_\nu^{\text{emp}}\phi_\nu(\boldsymbol{r},s)\phi^*_\nu(\boldsymbol{r}',s')\\ &= \sum_\lambda^{\text{all}}\phi_\lambda(\boldsymbol{r},s)\phi^*_\lambda(\boldsymbol{r}',s') = \delta(\boldsymbol{r}-\boldsymbol{r}')\delta_{ss'}\end{aligned} \tag{5.15}$$

を満たすことがただちにわかる．さらに，EQP 波動関数の重なり行列 S が等冪性 (idempotency) $S=S^2$ を満たすことは

$$\begin{aligned}S_{\lambda\lambda'} &= \sum_s\int\phi^*_\lambda(\boldsymbol{r},s)\phi_{\lambda'}(\boldsymbol{r},s)d\boldsymbol{r}\\ &= \sum_{ss'}\int\phi^*_\lambda(\boldsymbol{r},s)\delta(\boldsymbol{r}-\boldsymbol{r}')\delta_{ss'}\phi_{\lambda'}(\boldsymbol{r}',s')d\boldsymbol{r}d\boldsymbol{r}'\\ &= \sum_{ss'}\int\phi^*_\lambda(\boldsymbol{r},s)\sum_{\lambda''}^{\text{all}}\phi_{\lambda''}(\boldsymbol{r},s)\phi^*_{\lambda''}(\boldsymbol{r}',s')\ \phi_{\lambda'}(\boldsymbol{r}',s')d\boldsymbol{r}d\boldsymbol{r}'\\ &= \sum_{\lambda''}^{\text{all}}\sum_s\int\phi^*_\lambda(\boldsymbol{r},s)\phi_{\lambda''}(\boldsymbol{r},s)d\boldsymbol{r}\sum_{s'}\int\phi^*_{\lambda''}(\boldsymbol{r}',s')\phi_{\lambda'}(\boldsymbol{r}',s')d\boldsymbol{r}'\\ &= \sum_{\lambda''}^{\text{all}}S_{\lambda\lambda''}S_{\lambda''\lambda'}\end{aligned} \tag{5.16}$$

からわかる．第 3 の等号で EQP 波動関数の完全性 (5.15) を用いた．したがって，重なり行列 S をユニタリー変換 $\widetilde{S} = U^{\dagger}SU$ で対角化すれば，得られる対角行列 $\widetilde{S}$ は $\widetilde{S}(\widetilde{S}-1)=0$ を満たし，$\widetilde{S}$ の対角要素は 1 か 0 でなければならない．この対角要素が 0 を含むことができるので，EQP 波動関数は一般には正規直交性の条件を満たさず，互いに一次独立でもない．物理的には，このことは，$(M \pm 1)$ 電子系の固有状態には多重励起状態を含むあらゆる状態が含まれていて，初期状態から 1 フォトンの光電子分光過程で移れる終状態よりもずっとたくさんの励起状態が存在することを意味している．光電子分光ではこれらの関係ない励起状態への遷移確率は 0 とみなして，それらの振幅は 0 としてよい．重要なのは，初期状態と 1 電子分だけの違いのある状態を残すことだけである．初期状態から大きく変化した多重励起状態は重なり行列から排除してよいのである．このようにすれば，EQP 波動関数は互いに直交しないが 1 に規格化することが可能となる．このことは**高橋–Ward 恒等式**の $q = (\boldsymbol{q}, \omega - \omega') \to 0$ 極限で正当化される．詳しくは次章か著者らの論文 [104, 105] を参照頂きたい．

5.1.2 拡張準粒子 (EQP) 方程式

さて，EQP エネルギーと EQP 波動関数が定義できたので，これらが満たす基本方程式の導出に移ろう．ハミルトニアン H は $H = H^{(1)} + H^{(2)}$ と書け，1 体部分 (5.7) と 2 体部分，つまり電子間相互作用

$$H^{(2)} = \frac{1}{2}\sum_{ss'}\int \hat{\psi}_s^{\dagger}(\boldsymbol{r})\hat{\psi}_{s'}^{\dagger}(\boldsymbol{r}')V(\boldsymbol{r}-\boldsymbol{r}')\hat{\psi}_{s'}(\boldsymbol{r}')\hat{\psi}_s(\boldsymbol{r})d\boldsymbol{r}d\boldsymbol{r}',$$
$$V(\boldsymbol{r}-\boldsymbol{r}') = \frac{1}{|\boldsymbol{r}-\boldsymbol{r}'|} \tag{5.17}$$

の和になる．場の消滅演算子 $\hat{\psi}_s(\boldsymbol{r})$ と H の交換関係は

$$[\hat{\psi}_s(\boldsymbol{r}), H] = h_s^{(1)}\hat{\psi}_s(\boldsymbol{r}) + \sum_{s'}\int \hat{\psi}_s^{\dagger}(\boldsymbol{r}')V(\boldsymbol{r}'-\boldsymbol{r})\hat{\psi}_{s'}(\boldsymbol{r}')\hat{\psi}_s(\boldsymbol{r})d\boldsymbol{r}'. \tag{5.18}$$

となる．これを $\langle \Psi_{\mu}^{M-1} |$ と $| \Psi_{\gamma}^{M} \rangle$ あるいは $\langle \Psi_{\gamma}^{M} |$ と $| \Psi_{\nu}^{M+1} \rangle$ で挟み，式 (5.2) と式 (5.3) を用いると，次の 2 つの式が得られる．

$$\varepsilon_{\mu}\phi_{\mu}(\boldsymbol{r}, s) = h_s^{(1)}(\boldsymbol{r})\phi_{\mu}(\boldsymbol{r}, s)$$
$$+ \sum_{s'}\int V(\boldsymbol{r}'-\boldsymbol{r})\langle \Psi_{\mu}^{M-1} | \hat{\psi}_{s'}^{\dagger}(\boldsymbol{r}')\hat{\psi}_{s'}(\boldsymbol{r}')\hat{\psi}_s(\boldsymbol{r}) | \Psi_{\gamma}^{M} \rangle d\boldsymbol{r}' \tag{5.19a}$$

$$\varepsilon_\nu \phi_\nu(\boldsymbol{r}, s) = h_s^{(1)}(\boldsymbol{r})\phi_\nu(\boldsymbol{r}, s) + \sum_{s'} \int V(\boldsymbol{r}' - \boldsymbol{r}) \langle \Psi_\gamma^M \,|\, \hat{\psi}_{s'}^\dagger(\boldsymbol{r}')\hat{\psi}_{s'}(\boldsymbol{r}')\hat{\psi}_s(\boldsymbol{r}) \,|\, \Psi_\nu^{M+1} \rangle d\boldsymbol{r}' \tag{5.19b}$$

EQP 波動関数のみの閉じた式を求めたいので，**自己エネルギー**と呼ばれるエネルギー依存の非局所的な関数 $\Sigma_s(\boldsymbol{r}, \boldsymbol{r}'; \varepsilon_\lambda)$ を導入し，式 (5.19b) の右辺第 2 項を

$$\sum_{s'} \int V(\boldsymbol{r}' - \boldsymbol{r}) \langle \Psi_\mu^{M-1} \,|\, \hat{\psi}_{s'}^\dagger(\boldsymbol{r}')\hat{\psi}_{s'}(\boldsymbol{r}')\hat{\psi}_s(\boldsymbol{r}) \,|\, \Psi_\gamma^{M} \rangle d\boldsymbol{r}' = \int \Sigma_s(\boldsymbol{r}, \boldsymbol{r}', E_\gamma^M - E_\mu^{M-1}) \langle \Psi_\mu^{M-1} \,|\, \hat{\psi}_s(\boldsymbol{r}') \,|\, \Psi_\gamma^M \rangle d\boldsymbol{r}' \tag{5.20a}$$

$$\sum_{s'} \int V(\boldsymbol{r}' - \boldsymbol{r}) \langle \Psi_\gamma^{M} \,|\, \hat{\psi}_{s'}^\dagger(\boldsymbol{r}')\hat{\psi}_{s'}(\boldsymbol{r}')\hat{\psi}_s(\boldsymbol{r}) \,|\, \Psi_\nu^{M+1} \rangle d\boldsymbol{r}' = \int \Sigma_s(\boldsymbol{r}, \boldsymbol{r}', E_\nu^{M+1} - E_\gamma^{M}) \langle \Psi_\gamma^{M} \,|\, \hat{\psi}_s(\boldsymbol{r}') \,|\, \Psi_\nu^{M+1} \rangle d\boldsymbol{r}' \tag{5.20b}$$

と書き換える．自己エネルギーは次節の多体摂動論で計算できる．式 (5.20a) で M を $M+1$，μ を γ，γ を ν に置き換えると，$\langle \Psi_\mu^{M-1} |$ と $| \Psi_\gamma^M \rangle$ は $\langle \Psi_\gamma^M |$ と $| \Psi_\nu^{M+1} \rangle$ に置き換わり，$E_\gamma^M - E_\mu^{M-1}$ は $E_\nu^{M+1} - E_\gamma^M$ に置き換わるので（これらは $\varepsilon_\mu, \varepsilon_\nu$ に等しい），式 (5.20b) が得られることに注意する．つまり，初期状態 $| \Psi_\gamma^M \rangle$ が任意の励起固有状態でよいなら，2 つの恒等式 (5.20a), (5.20b) は両立する．これらの式 (5.20a), (5.20b) は重要な公式であるが，大抵の教科書は基底状態のみを扱っている．しかし，これらの公式が同時に成り立つなら，多体摂動論はいかなる励起固有状態から出発しても成り立つと考えるべきである．実際，著者グループは最近，多体摂動論に基づくワンショット GW 近似や自己無撞着 GWΓ 法を用いて，任意の電子励起状態に対して本章の理論を適用することが可能であることを検証した（5.2.1 項，5.2.4 項参照）．

式 (5.20a) と式 (5.20b) から，ただちに**拡張準粒子 (EQP) 方程式**

$$h_s^{(1)}(\boldsymbol{r})\phi_\mu(\boldsymbol{r}, s) + \int \Sigma_s(\boldsymbol{r}, \boldsymbol{r}', \varepsilon_\mu)\phi_\mu(\boldsymbol{r}', s) d\boldsymbol{r}' = \varepsilon_\mu \phi_\mu(\boldsymbol{r}, s) \tag{5.21a}$$

$$h_s^{(1)}(\boldsymbol{r})\phi_\nu(\boldsymbol{r}, s) + \int \Sigma_s(\boldsymbol{r}, \boldsymbol{r}', \varepsilon_\nu)\phi_\nu(\boldsymbol{r}', s) d\boldsymbol{r}' = \varepsilon_\nu \phi_\nu(\boldsymbol{r}, s) \tag{5.21b}$$

が得られる．自己エネルギーにはエネルギー依存性があるため，これはエルミー

トな固有値問題にはなっておらず，方程式を EQP 状態 1 つずつ別々に解いていく必要がある．このように得られる EQP 波動関数は互いに直交しない．しかも EQP 波動関数のノルム $\langle \phi_\lambda | \phi_\lambda \rangle$ は 1 よりも小さい [106]．これをまともに扱おうとすると，有限の M 電子系でさえ無限個の占有軌道 $\phi_\mu(\boldsymbol{r}, s)$ が必要になり，とても計算できない．そこで自己エネルギーの扱いを工夫したり [107]，エネルギー依存性を線形近似することにより [108, 109]，$\langle \phi_\lambda | \phi_\lambda \rangle$ を 1 に規格化する（第 6 章参照）．式 (5.20a) の両辺に $\frac{1}{2}\langle \Psi_\gamma^M | \hat{\psi}_s^\dagger(\boldsymbol{r}) | \Psi_\mu^{M-1} \rangle = \frac{1}{2}\phi_\mu^*(\boldsymbol{r}, s)$ をかけて μ と s について和をとり，$\boldsymbol{r}$ で積分して完全性の式 (5.5) を用いると，初期状態 $|\Psi_\gamma^M\rangle$ に対する電子間 Coulomb 相互作用の期待値が得られる．

$$
\begin{aligned}
E_{\text{int}} &= \frac{1}{2}\sum_{ss'} V(\boldsymbol{r} - \boldsymbol{r}')\langle \Psi_\gamma^M | \hat{\psi}_s^\dagger(\boldsymbol{r})\hat{\psi}_{s'}^\dagger(\boldsymbol{r}')\hat{\psi}_{s'}(\boldsymbol{r}')\hat{\psi}_s(\boldsymbol{r}) | \Psi_\gamma^M \rangle d\boldsymbol{r}d\boldsymbol{r}' \\
&= \frac{1}{2}\sum_{\mu}^{\text{occ}}\sum_{s}\int \phi_\mu^*(\boldsymbol{r}, s)\Sigma_s(\boldsymbol{r}, \boldsymbol{r}'; \varepsilon_\mu)\phi_\mu(\boldsymbol{r}', s)d\boldsymbol{r}d\boldsymbol{r}'
\end{aligned}
\tag{5.22}
$$

この式は **Galitskii–Migdal の式** [110] と呼ばれる式（ここで G_s は Green 関数）

$$
E_{\text{int}} = -\frac{i}{2}\int_{-\infty}^{\infty}\frac{d\omega}{2\pi}e^{i\eta\omega}\int \Sigma_s(\boldsymbol{r}, \boldsymbol{r}'; \omega)G_s(\boldsymbol{r}', \boldsymbol{r}; \omega)d\boldsymbol{r}' \tag{5.23}
$$

の EQP 表現である．式 (5.21) は Green 関数に対する Dyson 方程式からも得られるので，式 (5.20) と式 (5.22) は Green 関数による定式化とすべて矛盾しない．重要なことは，自己エネルギーのエネルギー依存性が式 (5.21a)，(5.22) に同じ形で現れ，EQP 波動関数を準位ごとに 1 つずつ計算していくことが可能なことである．つまり，EQP という概念は近似ではなく，EQP 理論は厳密に正しい．しかも，式 (5.22) は基底状態のみならず，任意の励起固有状態に対しても成り立つ．このことは自己エネルギーが初期状態 $|\Psi_\gamma^M\rangle$ の全エネルギー E_γ^M を決めるのに必要十分な情報を持つことを意味する．実際，自己エネルギーがわかれば式 (5.21) を解いて EQP エネルギーと EQP 波動関数が決まり，式 (5.8) から運動エネルギー期待値 $\langle \hat{T} \rangle$，(5.9) から外部ポテンシャルエネルギーの期待値 $\langle \hat{v} \rangle$，式 (5.22) から電子間相互作用エネルギーの期待値 E_{int} が求まり，これらの和として全エネルギーの期待値（ハミルトニアンの固有値）が求まる．（全エネルギーを評価するには Green 関数に対する変分原理を満たす **Luttinger–Ward**

汎関数 [111] を用いるべきである [109].）式 (5.4) から電子スピン密度 $n_s(\boldsymbol{r})$ も簡単に求まる．自己エネルギーの計算方法を次節で説明する．

5.1.3 多体摂動論

はじめに，EQP の消滅演算子 $\hat{a}_\lambda$ と生成演算子 $\hat{a}_\lambda^\dagger$ を関係式

$$\hat{\psi}_s(\boldsymbol{r})\,|\,\Psi_\gamma^M\,\rangle = \sum_\mu^{\mathrm{occ}} |\,\Psi_\mu^{M-1}\,\rangle\langle\,\Psi_\mu^{M-1}\,|\,\hat{\psi}_s(\boldsymbol{r})\,|\,\Psi_\gamma^M\,\rangle = \sum_\mu^{\mathrm{occ}} \hat{a}_\mu\,|\,\Psi_\gamma^M\,\rangle\phi_\mu(\boldsymbol{r},s),$$

$$\hat{\psi}_s^\dagger(\boldsymbol{r})\,|\,\Psi_\gamma^M\,\rangle = \sum_\nu^{\mathrm{emp}} |\,\Psi_\nu^{M+1}\,\rangle\langle\,\Psi_\nu^{M+1}\,|\,\hat{\psi}_s^\dagger(\boldsymbol{r})\,|\,\Psi_\gamma^M\,\rangle = \sum_\nu^{\mathrm{emp}} \hat{a}_\nu^\dagger\,|\,\Psi_\gamma^M\,\rangle\phi_\nu^*(\boldsymbol{r},s)$$

を満たし，かつ，非占有 (emp) EQP 状態 ν と占有 (occ) EQP 状態 μ に対して $\hat{a}_\nu\,|\,\Psi_\gamma^M\,\rangle = \hat{a}_\mu^\dagger\,|\,\Psi_\gamma^M\,\rangle = 0$ を満たすように導入することにする．これらの関係式により，場の演算子は $\hat{a}_\lambda$, $\hat{a}_\lambda^\dagger$ を用いて

$$\hat{\psi}_s(\boldsymbol{r}) = \sum_\lambda \phi_\lambda(\boldsymbol{r},s)\hat{a}_\lambda \tag{5.25a}$$

$$\hat{\psi}_{s'}^\dagger(\boldsymbol{r}') = \sum_{\lambda'} \phi_{\lambda'}^*(\boldsymbol{r}',s')\hat{a}_{\lambda'}^\dagger \tag{5.25b}$$

のように展開できることがわかる．ここで展開係数は EQP 波動関数であり，λ, λ' は μ と ν の両方を含んでいる．すると場の演算子の反交換関係は

$$\left\{\hat{\psi}_s(\boldsymbol{r}),\hat{\psi}_{s'}^\dagger(\boldsymbol{r}')\right\} = \sum_{\lambda\lambda'} \phi_\lambda(\boldsymbol{r},s)\phi_{\lambda'}^*(\boldsymbol{r}',s')\left\{\hat{a}_\lambda,\hat{a}_{\lambda'}^\dagger\right\} = \delta(\boldsymbol{r}-\boldsymbol{r}')\delta_{ss'} \tag{5.26a}$$

$$\left\{\hat{\psi}_s(\boldsymbol{r}),\hat{\psi}_{s'}(\boldsymbol{r}')\right\} = \sum_{\lambda\lambda'} \phi_\lambda(\boldsymbol{r},s)\phi_{\lambda'}(\boldsymbol{r}',s')\left\{\hat{a}_\lambda,\hat{a}_{\lambda'}\right\} = 0 \tag{5.26b}$$

$$\left\{\hat{\psi}_s^\dagger(\boldsymbol{r}),\hat{\psi}_{s'}^\dagger(\boldsymbol{r}')\right\} = \sum_{\lambda\lambda'} \phi_\lambda^*(\boldsymbol{r},s)\phi_{\lambda'}^*(\boldsymbol{r}',s')\left\{\hat{a}_\lambda^\dagger,\hat{a}_{\lambda'}^\dagger\right\} = 0 \tag{5.26c}$$

と書け，EQP の生成消滅演算子も次の反交換関係を満たすことがわかる．

$$\left\{\hat{a}_\lambda,\hat{a}_{\lambda'}^\dagger\right\} = \delta_{\lambda\lambda'},\quad \left\{\hat{a}_\lambda,\hat{a}_{\lambda'}\right\} = 0,\quad \left\{\hat{a}_\lambda^\dagger,\hat{a}_{\lambda'}^\dagger\right\} = 0 \tag{5.27}$$

式 (5.27) を代入した式 (5.26a) の最後の等号は EQP 波動関数の完全性 (5.15) のみを使うので，(5.27) は EQP 波動関数が互いに直交しない場合でも成り立つ．

拡張準粒子 (EQP) が 1 つもない系が光電子分光の初期状態であり，EQP が 1 つ存在する系が終状態である．系に EQP が 2 個以上存在すれば，EQP 間の距離が近づくと EQP は相互作用し合う．このように EQP は実際には相互作用するが，仮に EQP 間の相互作用を 0 と仮定してみよう．この仮想系では，EQP が何個存在しても，それらは互いに相互作用しない．この仮想系を被摂動系に選ぶことにする．すると，EQP 間の相互作用をこの被摂動系に対して摂動として加える必要がある．このようにして互いに相互作用する拡張準粒子系を摂動論を用いて記述することを試みよう．実は，このような取り扱いによって，Green 関数を用いた多体摂動論の展開式と全く同じ展開式を求めることができる．

EQP 間の相互作用をスイッチオフした仮想系（被摂動系）は

$$H' = H^{(1)} + H^{(2)}_{\text{self}} \tag{5.28}$$

なるハミルトニアンで記述される．ここで，$H^{(2)}_{\text{self}}$ は異なる EQP 間の相互作用は一切含まず，この被摂動系に内在した自己エネルギー Σ_s を構成するのに必要な電子間相互作用のみを含む，$H^{(2)}$ の限定された作用を表す．つまり，電子間の相互作用 $H^{(2)}$ を 2 つの作用に分け，1 つはこの被摂動系の自己エネルギーを構成する電子間相互作用 $H^{(2)}_{\text{self}}$ とし，もう 1 つはこの自己エネルギーとは無関係の EQP 間の相互作用のみを記述する電子間相互作用 $H^{(2)} - H^{(2)}_{\text{self}}$ とする．$H^{(2)}_{\text{self}}$ は被摂動系の自己エネルギーを構成する以外の目的に対しては無効になる．この被摂動系のハミルトニアンの固有値問題は

$$H' \,|\, \Phi^{M+n}_{\alpha} \rangle = E'^{M+n}_{\alpha} \,|\, \Phi^{M+n}_{\alpha} \rangle \tag{5.29}$$

と書かれ，ここで $M+n$ はこの系の全電子数を表しており，n は準粒子としての電子の数から正孔の数を引いた数を表している．したがって，$n = 0, \pm 1$ で EQP が 0 個か，たかだか 1 個しか存在しない状態はもともとの系と同じ状態を表すことになる．これらの状態では，EQP 間の相互作用が存在しないからである．したがって，$n = 0$ の状態のエネルギー E'^{M}_{γ} は真の系の初期状態のエネルギー E^{M}_{γ} に等しい．被摂動系のすべての他の固有状態は $|\, \Phi^{M}_{\gamma} \rangle$ にいくつかの $\hat{a}_{\lambda}$ と $\hat{a}^{\dagger}_{\lambda}$ を演算することで作ることができる．この被摂動系に対して，

$$H'' = H^{(2)} - H^{(2)}_{\text{self}} \tag{5.30}$$

を摂動ハミルトニアンとする．これは被摂動系の自己エネルギーを構成する以外の目的に対してのみ有効となる EQP 間の相互作用を表す．式 (5.30) を摂動と考え，**Brillouin–Wigner の摂動論**を適用する．Brillouin–Wigner の摂動論は基底状態に限らず，任意の励起固有状態でも成り立つことに注意しておく．

$$\left(E^M_\gamma - H'\right) |\, \Psi^M_\gamma \,\rangle = H'' \,|\, \Psi^M_\gamma \,\rangle \tag{5.31}$$

の両辺に次の射影演算子 P を演算し，H' が P と交換することに注意すると，

$$P = 1 - |\, \Phi^M_\gamma \,\rangle\langle\, \Phi^M_\gamma \,| \tag{5.32}$$

$$\left(E^M_\gamma - H'\right) P \,|\, \Psi^M_\gamma \,\rangle = PH'' \,|\, \Psi^M_\gamma \,\rangle \tag{5.33}$$

が得られる．式 (5.33) は

$$|\, \Psi^M_\gamma \,\rangle = |\, \Phi^M_\gamma \,\rangle\langle\, \Phi^M_\gamma \,|\, \Psi^M_\gamma \,\rangle + \frac{1}{E^M_\gamma - H'} PH'' \,|\, \Psi^M_\gamma \,\rangle \tag{5.34}$$

のように書き換えることができる．ここで $1/(E^M_\gamma - H')$ はレゾルベントと呼ばれる $E^M_\gamma - H'$ の逆演算子である．これを反復代入していくと次式となる．

$$\begin{aligned}\frac{|\, \Psi^M_\gamma \,\rangle}{\langle\, \Phi^M_\gamma \,|\, \Psi^M_\gamma \,\rangle} &= |\, \Phi^M_\gamma \,\rangle + \frac{1}{E^M_\gamma - H'} PH'' \,|\, \Phi^M_\gamma \,\rangle \\ &\quad + \frac{1}{E^M_\gamma - H'} PH'' \frac{1}{E^M_\gamma - H'} PH'' \,|\, \Phi^M_\gamma \,\rangle + \cdots \end{aligned} \tag{5.35}$$

これが Brillouin–Winger の摂動公式である．1 体のハミルトニアン $H^{(1)}$ に対しては $|\, \Phi^M_\gamma \,\rangle$ も $|\, \Psi^M_\gamma \,\rangle$ も同じ効果を持つので，$H^{(1)}$ の期待値の表式として

$$\langle H^{(1)} \rangle = \langle\, \Phi^M_\gamma \,|\, H^{(1)} \,|\, \Phi^M_\gamma \,\rangle = \frac{\langle\, \Phi^M_\gamma \,|\, H^{(1)} \,|\, \Psi^M_\gamma \,\rangle}{\langle\, \Phi^M_\gamma \,|\, \Psi^M_\gamma \,\rangle} \tag{5.36}$$

などが成り立つはずである．したがって，2 体相互作用の期待値 E_{int} は

$$E_{\text{int}} = E^M_\gamma - \langle H^{(1)} \rangle = \frac{\langle\, \Phi^M_\gamma \,|\, H' - H^{(1)} \,|\, \Psi^M_\gamma \,\rangle}{\langle\, \Phi^M_\gamma \,|\, \Psi^M_\gamma \,\rangle} = \frac{\langle\, \Phi^M_\gamma \,|\, H^{(2)}_{\text{self}} \,|\, \Psi^M_\gamma \,\rangle}{\langle\, \Phi^M_\gamma \,|\, \Psi^M_\gamma \,\rangle} \tag{5.37}$$

と書けることがわかる．これに式 (5.35) を用いると，$E_{\rm int}$ は次のようになる．

$$E_{\rm int} = \langle\, \Phi_\gamma^M \,|\, H_{\rm self}^{(2)} \,|\, \Phi_\gamma^M \,\rangle + \langle\, \Phi_\gamma^M \,|\, H_{\rm self}^{(2)} \frac{1}{E_\gamma^M - H'} PH'' \,|\, \Phi_\gamma^M \,\rangle$$
$$+ \langle\, \Phi_\gamma^M \,|\, H_{\rm self}^{(2)} \frac{1}{E_\gamma^M - H'} PH'' \frac{1}{E_\gamma^M - H'} PH'' \,|\, \Phi_\gamma^M \,\rangle + \cdots \qquad (5.38)$$

展開の各項には $H_{\rm self}^{(2)}$ が 1 つ含まれ，それ以外は H'' だが，いずれも $H^{(2)}$ であることに変わりはない．量子化学の **Møller–Plesset 理論**は **Rayleigh–Schrödinger の摂動論**に基づくので異なるが，各項の評価方法は似ている．

式 (5.38) の展開の k 次項では，$4(k+1)$ 個の場の演算子が $\langle\, \Phi_\gamma^M \,|$ と $|\, \Phi_\gamma^M \,\rangle$ に挟まれ，式 (5.25a) と式 (5.25b) で展開される．例えば式 (5.38) の右辺第 1 項は

$$\frac{1}{2} \sum_{ss'} \sum_{\mu_1\mu_2\mu_3\mu_4}^{\rm occ} \int V(\boldsymbol{r} - \boldsymbol{r}') \phi_{\mu_1}^*(\boldsymbol{r}, s) \phi_{\mu_2}^*(\boldsymbol{r}', s') \phi_{\mu_3}(\boldsymbol{r}', s') \phi_{\mu_4}(\boldsymbol{r}, s) d\boldsymbol{r} d\boldsymbol{r}'$$
$$\times \langle\, \Phi_\gamma^M \,|\, \hat{a}_{\mu_1}^\dagger \hat{a}_{\mu_2}^\dagger \hat{a}_{\mu_3} \hat{a}_{\mu_4} \,|\, \Phi_\gamma^M \,\rangle \qquad (5.39)$$

となる．この行列要素において，M 電子状態 $|\, \Phi_\gamma^M \,\rangle$ から EQP 状態 μ_4，μ_3 を取り除き，EQP 状態 μ_2，μ_1 を加えなければならない．これらの演算の結果，この M 電子状態は同じ状態 $|\, \Phi_\gamma^M \,\rangle$ に戻らなければならない．したがって，($\mu_1 = \mu_4$，$\mu_2 = \mu_3$) か ($\mu_1 = \mu_3$，$\mu_2 = \mu_4$) でなければならないことがわかる．この 1 次近似は厳密に Hartree–Fock 近似のエネルギーに相当する．実際，式 (5.39) は

$$E_{\rm int}^{\rm HF} = \frac{1}{2} \sum_{ss'} \sum_{\mu\mu'}^{\rm occ} \int V(\boldsymbol{r} - \boldsymbol{r}') \,|\phi_\mu(\boldsymbol{r}, s)|^2 \,\left|\phi_{\mu'}(\boldsymbol{r}', s')\right|^2 d\boldsymbol{r} d\boldsymbol{r}'$$
$$- \frac{1}{2} \sum_{s} \sum_{\mu\mu'}^{\rm occ} \int V(\boldsymbol{r} - \boldsymbol{r}') \phi_\mu^*(\boldsymbol{r}, s) \phi_{\mu'}^*(\boldsymbol{r}', s) \phi_\mu(\boldsymbol{r}', s) \phi_{\mu'}(\boldsymbol{r}, s) d\boldsymbol{r} d\boldsymbol{r}' \qquad (5.40)$$

となる．同様なことはすべての次数で成り立つ．つまり，中間の EQP 状態 $\lambda_1, \lambda_2, \lambda_3, \lambda_4, \cdots$ はすべて対を組む必要がある（λ_i は占有状態 μ_i でも非占有状態 ν_i でもよい）．各々の対は同じ EQP 状態 λ_i の 1 個の消滅演算子 a_{λ_i} と 1 個の生成演算子 $a_{\lambda_i}^\dagger$ からなる．対の積のすべての組み合わせを加える．式 (5.38) には射影演算子 P があるので，中間状態は初期状態 $|\, \Phi_\gamma^M \,\rangle$ に戻ることはない．

さらに式 (5.38) の分母は EQP エネルギー ε_λ の単純な足し算か引き算である．

EQP 状態の対を生成演算子から消滅演算子の方向に太線で書き，矢印を付ける．$H^{(2)}$ は点線で書く．すると式 (5.38) は図 5.3 の **Feynman 図形**で表される．各点線の両端には入ってくる太線と出ていく太線が必ず 1 本ずつある（この太線が同じ 1 本の線でもよい）．太線が存在する部分は EQP が存在する時空領域を示している．EQP が 1 つも存在しない初期状態は中間状態として許されないので，図形はすべてつながっていなければならない．これが**連結クラスター定理**である．図 5.3 のはじめの図形は Hartree 項を，2 番目の図形は Fock 項を表す．したがって，3 番目以降の図形が相関項となる．

一方，Galitskii–Migdal の式 (5.22) を見ると，相互作用エネルギー E_{int} は自己エネルギー $\Sigma_s(\boldsymbol{r},\boldsymbol{r}';\omega)$ を $\phi^*_\mu(\boldsymbol{r},s),\phi_\mu(\boldsymbol{r}',s)$ で挟み，$\boldsymbol{r},\boldsymbol{r}'$ で積分して μ と s で和をとったものである．これは図形的に，自己エネルギー Σ の総体を丸で表すと，E_{int} が図 5.4 のように丸を 1 本の太線で閉じた図形になることを意味する．したがって，もともと $H^{(2)}_{\mathrm{self}}$ の期待値として評価した E_{int} の式 (5.38) に対応する図形（図 5.3）は自己エネルギーを 1 個だけ含んでいることがわかる．これより，H'' が被摂動系に内在する自己エネルギーを構成する相互作用を含まない，というルールの意味がわかる．このルールのために，E_{int} の図形（図 5.3）を構成する太線にさらに自己エネルギーの丸い図形を挿入することは許されず，この図形に自己エネルギーが 2 個以上現れることはない．以上のことから，自己エネルギー図形は図 5.3 から太線を 1 本消すことによって得られることがわかる．これは自己エネルギーが図 5.5 で表されることを意味する．図 5.5 で，2

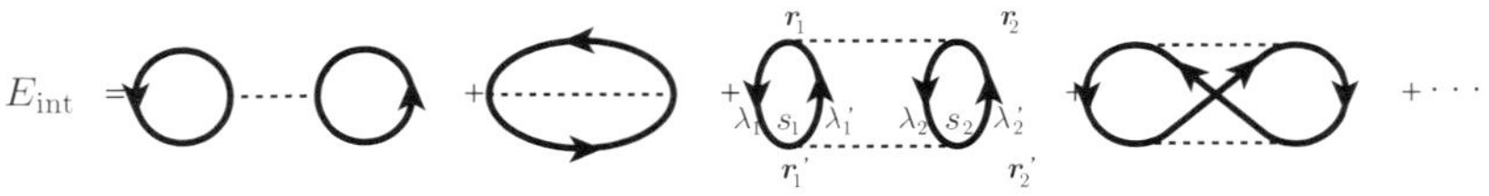

図 **5.3**　相互作用エネルギー E_{int} の Feynman 図形

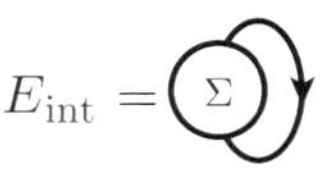

図 **5.4**　相互作用エネルギー E_{int} と自己エネルギー Σ_s の関係

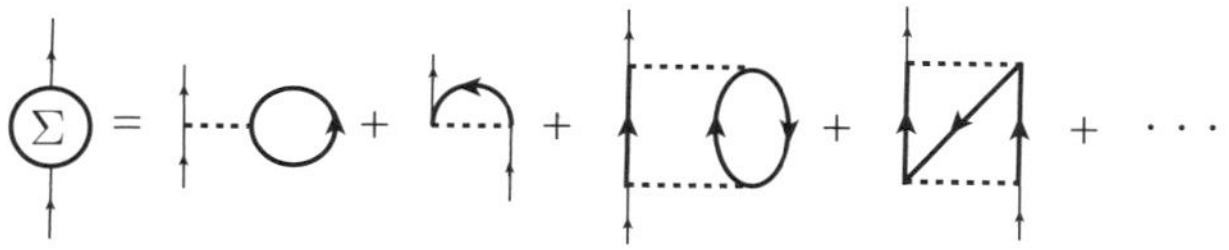

図 **5.5** 自己エネルギー Σ_s の Feynman 図形．2 本の細実線が付加されている

本の細い矢印付きの外線は自己エネルギー Σ_s の 2 つの位置座標 $(\boldsymbol{r}, s)$，$(\boldsymbol{r}', s)$ への依存性を表す．E_{int} の表式 (5.38) から $\phi_\mu(\boldsymbol{r}, s)\phi_\mu^*(\boldsymbol{r}', s)$ の対を取り除いて自己エネルギーを取り出す際，この EQP 状態 μ に関する和も取り除かれる．それゆえ，対応する EQP エネルギー ε_μ がエネルギー分母 $(E_\gamma^M - H')^{-1}$ のどこかに残り，これが和をとられることなく最終結果に残る．したがって，自己エネルギーは ε_μ に依存し，ここで μ は図 5.5 の 2 本の細い実線で書かれた外線の EQP 状態を表す．ただし，図 5.5 の第 1 図形は Hartree 項を，第 2 図形は Fock 項を表し，ε_μ 依存性はない．

Green 関数を用いた多体摂動論の表記に従えば [111]，太線は**衣を着た Green 関数**であり，図 5.3 や図 5.5 の図形は**骨格図形**と呼ばれる．骨格図形を構成する太線にはすでに自己エネルギーの効果が含まれているので，自己エネルギーの丸の図形を挿入してはいけない．被摂動系には自己エネルギーの効果がすべて入っているので，太い実線にも自己エネルギーの効果がすべて入っている．したがって，太い実線に自己エネルギーを挿入してはいけない．相互作用のない

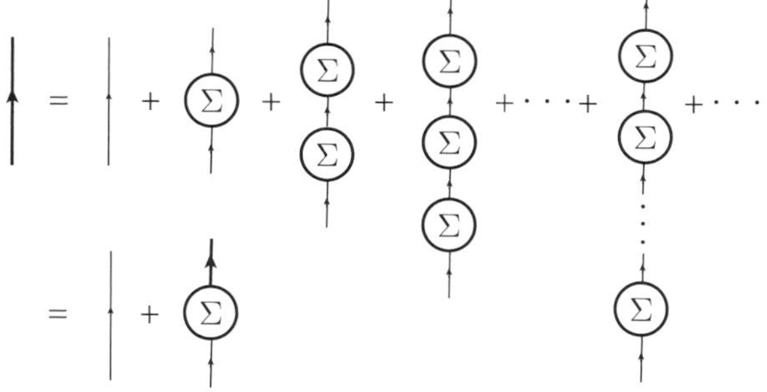

図 **5.6** 衣を着た太線の Green 関数と相互作用のない系の細線の Green 関数の間の関係を与える Dyson 方程式

系の Green 関数 G_s^0 を細い実線で表すと，太線の Green 関数 G_s は図 5.6 で与えられる．骨格図形とは，このような太線の Green 関数で表された図形である．図 5.6 は

$$G_s(\boldsymbol{r},\boldsymbol{r}';\omega) = G_s^0(\boldsymbol{r},\boldsymbol{r}';\omega) + \int G_s^0(\boldsymbol{r},\boldsymbol{r}'';\omega)\Sigma_s(\boldsymbol{r}'',\boldsymbol{r}''';\omega)G_s(\boldsymbol{r}''',\boldsymbol{r}';\omega)d\boldsymbol{r}''d\boldsymbol{r}''' \tag{5.41}$$

と書ける．これを **Dyson 方程式**という．G^0 は

$$\left[\omega - h^{(1)}(\boldsymbol{r})\right] G_s^0(\boldsymbol{r},\boldsymbol{r}';\omega) = \delta(\boldsymbol{r}-\boldsymbol{r}') \tag{5.42}$$

$$G_s^0(\boldsymbol{r},\boldsymbol{r}';\omega) = \sum_{\lambda}^{\text{all}} \frac{\phi_\lambda^0(\boldsymbol{r},s)\,\phi_\lambda^{0\,*}(\boldsymbol{r}',s)}{\omega - \varepsilon_\lambda^0 - i\delta_\lambda} \tag{5.43}$$

で与えられる．ここで，ε_λ^0, $\phi_\lambda^0(\boldsymbol{r},s)$ は $h^{(1)}(\boldsymbol{r})$ の固有値，固有関数であり，δ_λ は占有状態 (occ) に対して $+0^+$，非占有状態に対して -0^+ となる無限小量である．Dyson 方程式の両辺に左側から $[\omega - h^{(1)}(\boldsymbol{r})]$ を演算して次式を得る．

$$\left[\omega - h^{(1)}(\boldsymbol{r})\right] G_s(\boldsymbol{r},\boldsymbol{r}';\omega) = \int \Sigma_s(\boldsymbol{r},\boldsymbol{r}'';\omega)G_s(\boldsymbol{r}'',\boldsymbol{r}';\omega)d\boldsymbol{r}'' + \delta(\boldsymbol{r}-\boldsymbol{r}') \tag{5.44}$$

$G_s^0(\omega), \Sigma_s(\omega)$ を演算子とみなして式 (5.41) や式 (5.44) を変形すると，

$$G_s(\omega) = \frac{1}{[G^0(\omega)]^{-1} - \Sigma_s(\omega)} = \frac{1}{\omega - h^{(1)} - \Sigma_s(\omega)} \tag{5.45}$$

と書くこともできる．EQP 波動関数 $\phi_\lambda(\boldsymbol{r},s)$ と EQP エネルギー ε_λ は EQP 方程式 (5.21) の解なので，衣を着た Green 関数は次式で与えられる．

$$G_s(\boldsymbol{r},\boldsymbol{r}';\omega) = \sum_{\lambda}^{\text{all}} \frac{\phi_\lambda(\boldsymbol{r},s)\,\phi_\lambda^*(\boldsymbol{r}',s)}{\omega - \varepsilon_\lambda - i\delta_\lambda}, \tag{5.46}$$

δ_λ は占有状態で $\delta_\lambda = +0^+$，非占有状態で $\delta_\lambda = -0^+$ とする．実際，式 (5.46), (5.15) を式 (5.44) に代入して，ω を 1 つの特定の $\varepsilon_{\lambda'}$ に近づけると，和の中の $\lambda = \lambda'$ の項の分母のみが 0 に近づき，この項が支配的になるので，それ以外の項は無視でき，λ' に対する EQP 方程式 (5.21) が導かれる．衣を着た Green 関

数は $x=(\boldsymbol{r},t), x'=(\boldsymbol{r}',t')$ とおき，Heisenberg 表示で次式で定義される．

$$\begin{aligned} G_s(x,x') &= -i\langle\Phi_G^N|T[\hat{\psi}_s(x)\hat{\psi}_s^\dagger(x')]|\Psi_G^N\rangle \\ &= -i\langle\Phi_G^N|\hat{\psi}_s(\boldsymbol{r},t)\hat{\psi}_s^\dagger(\boldsymbol{r}',t')|\Psi_G^N\rangle\theta(t-t') \\ &\quad + i\langle\Phi_G^N|\hat{\psi}_s^\dagger(\boldsymbol{r}',t')\hat{\psi}_s(\boldsymbol{r},t)|\Psi_G^N\rangle\theta(t'-t) \end{aligned} \tag{5.47}$$

T は古い時刻の演算子を新しい時刻の演算子よりも右に配置する**時間順序演算子**（T 積）であり，生成消滅演算子の順番を隣どうし 1 回入れ替えるごとにマイナスの符号を付けるものと定義される．式 (5.47) に式 (5.5)，(5.14) を用いると，

$$G_s(x,x') = i\sum_{\mu}^{\text{occ}} \phi_\mu(x,s)\,\phi_\mu^*(x',s)\,\theta(t'-t) - i\sum_{\nu}^{\text{emp}} \phi_\nu(x,s)\,\phi_\nu^*(x',s)\,\theta(t-t') \tag{5.48}$$

がすぐに導かれる．ここで，$\phi_\mu(x,s), \phi_\nu(x,s)$ を次のように定義した．

$$\phi_\mu(x,s) = \langle\,\Psi_\mu^{M-1}\,|\,\hat{\psi}_s(x)\,|\,\Psi_\gamma^M\,\rangle = \phi_\mu(\boldsymbol{r},s)e^{-i\varepsilon_\mu t} \tag{5.49a}$$

$$\phi_\nu(x,s) = \langle\,\Psi_\gamma^M\,|\,\hat{\psi}_s(x)\,|\,\Psi_\nu^{M+1}\,\rangle = \phi_\nu(\boldsymbol{r},s)e^{-i\varepsilon_\nu t} \tag{5.49b}$$

$\phi_\lambda(\boldsymbol{r},s)$ と ε_λ ($\lambda=\mu$ or ν) は式 (5.2) と式 (5.3) の EQP 波動関数と EQP エネルギーである．式 (5.48) を時間について Fourier 変換すると式 (5.46) が得られる（$t\to\pm\infty$ で積分を収束させるために指数関数の肩に無限小の $\pm 0^+ t$ なる項を加える．これが式 (5.46) のエネルギー分母の無限小の虚部を与える）．

Green 関数法では，式 (4.96) を無限次まで展開し，時間積分を T 積で表し，Wick の定理を使い各項を G_0 と V で表す．G にまとめると同じ図形になる．

$$\sum_\alpha |\,\Phi_\alpha^M\,\rangle\langle\,\Phi_\alpha^M\,| = 1 \tag{5.50}$$

なる被摂動系の状態の完全性を式 (5.38) の各々の $(E_\gamma^M - H')^{-1}$ の左に挿入すれば同じ式になることがわかる．$H^{(2)}$ は生成演算子と消滅演算子を 2 個ずつ持つので，中間状態 α，β の電子数は M のままである．各行列要素は式 (5.39) で $\langle\,\Phi_\lambda^M\,|$, $|\,\Phi_\lambda^M\,\rangle$ を $\langle\,\Phi_\alpha^M\,|$, $|\,\Phi_\beta^M\,\rangle$ で置き換えたものとなり，4 個の EQP 波動関数と

の積が現れ，そのすべての可能な中間の EQP 状態 $\lambda_1, \lambda_2, \lambda_3, \lambda_4$ についての和になる．すると，すべての EQP 状態 λ_i は対を組み，各々の対は $\phi_{\lambda_i}(\boldsymbol{r}, s)\phi^*_{\lambda_i}(\boldsymbol{r}', s)$ の因子を持ち，衣を着た Green 関数 (5.46) の分子と同じになる．各レゾルベントも中間状態 $|\,\Phi^M_\alpha\,\rangle$ で挟まれた期待値 $(E^M_\gamma - E'^M_\alpha)^{-1}$ に置き換わり，これは Green 関数 (5.46) の偶数個の積を ω 積分した結果として現れるエネルギー分母に等しいことがわかる．図 5.3 の第 3 項は 2 つのリング図形からなり，各リングは**乱雑位相近似 (random phase approximation, RPA)** での 分極関数 $P^0(\boldsymbol{r}_i, \boldsymbol{r}'_i; \omega_i)$ $(i = 1, 2)$ を表し，それらが 2 本の点線 $V(\boldsymbol{r}_1 - \boldsymbol{r}_2)$，$V(\boldsymbol{r}'_1 - \boldsymbol{r}'_2)$ につながる．分極関数 P^0 は式 (4.28), (4.32) でも評価したが，$P^0 = -iGG$ より，

$$
\begin{aligned}
P^0(\boldsymbol{r}, \boldsymbol{r}'; \omega) &= -i\sum_s \int_{-\infty}^{\infty} \frac{d\omega'}{2\pi} G_s(\boldsymbol{r}, \boldsymbol{r}'; \omega + \omega') G_s(\boldsymbol{r}', \boldsymbol{r}; \omega') \\
&= \sum_{\lambda\lambda'} \frac{\phi^*_\lambda(\boldsymbol{r}, s)\phi_{\lambda'}(\boldsymbol{r}, s)\phi^*_{\lambda'}(\boldsymbol{r}', s)\phi_\lambda(\boldsymbol{r}', s)}{\omega - \varepsilon_\lambda + \varepsilon_{\lambda'} - i\delta_\lambda}[f(\varepsilon_{\lambda'}) - f(\varepsilon_\lambda)] \qquad (5.51)
\end{aligned}
$$

で与えられ，ここで $f(\varepsilon)$ は Fermi 分布関数である．$P^0(\boldsymbol{r}_1, \boldsymbol{r}'_1; \omega)$ と $P^0(\boldsymbol{r}'_2, \boldsymbol{r}_2; \omega) = P^0(\boldsymbol{r}_2, \boldsymbol{r}'_2; -\omega)$ と $i/2\pi$ をかけて ω について $-\infty$ から ∞ まで積分すると，

$$
\frac{\langle\, \Phi^M_\gamma \,|\, a^\dagger_{\lambda_1} a^\dagger_{\lambda_2} a_{\lambda'_2} a_{\lambda'_1} \,|\, \Phi^M_\alpha \,\rangle \langle\, \Phi^M_\alpha \,|\, a^\dagger_{\lambda'_1} a^\dagger_{\lambda'_2} a_{\lambda_2} a_{\lambda_1} \,|\, \Phi^M_\gamma \,\rangle}{E^M_\gamma - E'^M_\alpha} = \frac{\delta^{\mathrm{occ}}_{\lambda_1}\delta^{\mathrm{emp}}_{\lambda'_1}\delta^{\mathrm{occ}}_{\lambda_2}\delta^{\mathrm{emp}}_{\lambda'_2}}{\varepsilon_{\lambda_1} - \varepsilon_{\lambda'_1} + \varepsilon_{\lambda_2} - \varepsilon_{\lambda'_2}} \qquad (5.52)
$$

となる．これは式 (5.38) の第 2 項のレゾルベント $(E^M_\gamma - H')^{-1}$ の期待値に等しい．この項の最終結果は次式を演算することで得られる．

$$
\begin{aligned}
&\frac{1}{4}\sum_{\lambda_1}\sum_{\lambda'_1}\sum_{\lambda_2}\sum_{\lambda'_2}\sum_{s_1}\sum_{s_2}\int d\boldsymbol{r}_1 d\boldsymbol{r}_2 d\boldsymbol{r}'_1 d\boldsymbol{r}'_2 V(\boldsymbol{r}_1 - \boldsymbol{r}_2) V(\boldsymbol{r}'_1 - \boldsymbol{r}'_2) \\
&\times \phi^*_{\lambda_1}(\boldsymbol{r}_1, s_1)\phi^*_{\lambda_2}(\boldsymbol{r}_2, s_2)\phi_{\lambda'_2}(\boldsymbol{r}_2, s_2)\phi_{\lambda'_1}(\boldsymbol{r}_1, s_1) \\
&\times \phi^*_{\lambda'_1}(\boldsymbol{r}'_1, s_1)\phi^*_{\lambda'_2}(\boldsymbol{r}'_2, s_2)\phi_{\lambda_2}(\boldsymbol{r}'_2, s_2)\phi_{\lambda_1}(\boldsymbol{r}'_1, s_1) \qquad (5.53)
\end{aligned}
$$

8 個の EQP 波動関数の積が式 (5.25a) と式 (5.25b) の展開から現れる．すべてのこれらの演算は Green 関数法では $PVPV$ の積分を行うことに相当している．

5.1.4 Hedin の式

高次項の和を形式的にとる方法がある．分極関数 P を塗りつぶしたリングで

書くと，図 5.7 のような和になる．これは図 5.8 のバーテックス関数 Γ を用いて一番右の形にまとめられる．**動的遮蔽 Coulomb 相互作用** W を波線で書くと，それは図 5.9 のような無限和で表され，これは一番右の図形ように W 自体を用いてまとめられる．これは無限等比級数の和として簡単に評価することができ， $W = V + VPW$，つまり $(1 - VP)W = V$ である．誘電関数 ϵ は $\epsilon = 1 - VP$ で定義され，誘電関数 ϵ を用いれば，動的遮蔽 Coulomb 相互作用は

$$W_{\boldsymbol{G}\boldsymbol{G}'}(\boldsymbol{q}, \omega) = \epsilon^{-1}_{\boldsymbol{G}\boldsymbol{G}'}(\boldsymbol{q}, \omega) V(\boldsymbol{q} + \boldsymbol{G}') \tag{5.54}$$

と書ける．ここで $\epsilon^{-1}_{\boldsymbol{G}\boldsymbol{G}'}(\boldsymbol{q}, \omega)$ は式 (4.33) の $\epsilon_{\boldsymbol{G}\boldsymbol{G}'}(\boldsymbol{q}, \omega)$ を $\boldsymbol{G}, \boldsymbol{G}'$ に関する行列とみなしたときの逆行列を表す．半導体の場合にはエネルギーギャップがあるので ϵ は定数と近似すると，$W(\boldsymbol{r} - \boldsymbol{r}') = 1/\epsilon|\boldsymbol{r} - \boldsymbol{r}'|$ となる．これは $V(\boldsymbol{r} - \boldsymbol{r}')$ の Fourier 変換が $\widetilde{V}(q) = 4\pi/(\Omega q^2)$ となり（Ω は系の体積），分極関数 P の Fourier 変換が $q \to 0$ の極限で q^2 に比例して 0 になるからである．金属の場合には P の Fourier 変換は 0 にはならず，$\epsilon(q) = 1 + (\alpha/q)^2$ のように発散するので，$\widetilde{W}(q) = \varepsilon^{-1}(q)\widetilde{V}(q) = 4\pi/\{\Omega(q^2 + \alpha^2)\}$ となり，この逆 Fourie 変換は

$$W(\boldsymbol{r} - \boldsymbol{r}') = \frac{e^{-\alpha|\boldsymbol{r} - \boldsymbol{r}'|}}{|\boldsymbol{r} - \boldsymbol{r}'|} \tag{5.55}$$

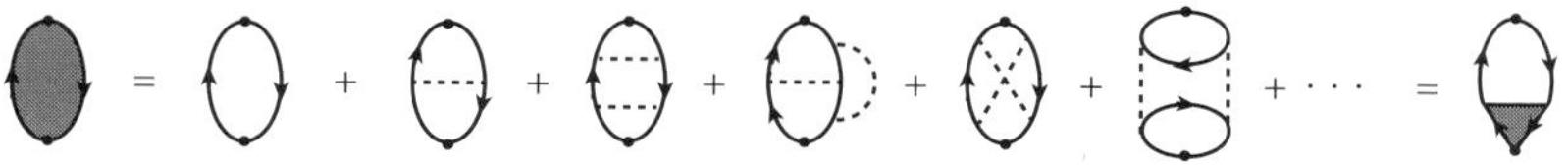

図 5.7　分極関数の Feynman 図形

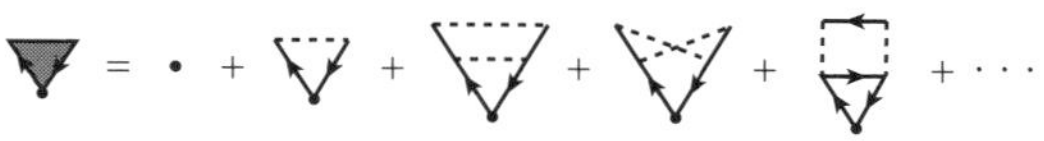

図 5.8　バーテックス関数の Feynman 図形

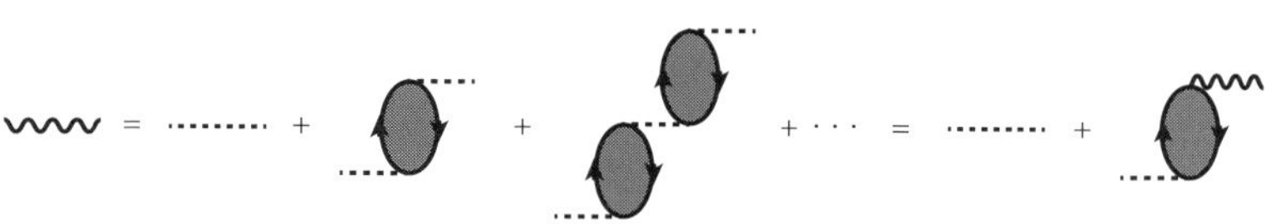

図 5.9　動的遮蔽 Coulomb 相互作用の Feynman 図形

図 5.10　厳密な E_{int} の Feynman 図形

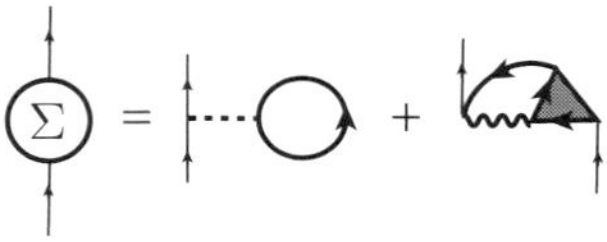

図 5.11　厳密な自己エネルギーの Feynman 図形

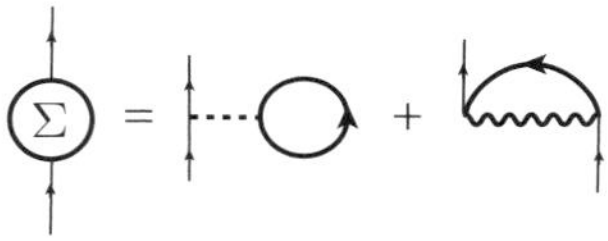

図 5.12　GW 近似での自己エネルギーの Feynman 図形

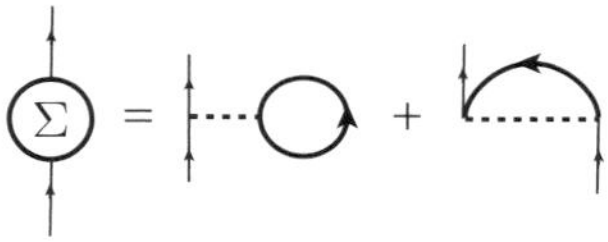

図 5.13　Hartree–Fock 近似での自己エネルギーの Feynman 図形

の形の湯川型ポテンシャルとなる．ここで $1/\alpha$ は遮蔽長を表す．このようにして，静的近似，均質系の範囲であるが，遮蔽 Coulomb 相互作用が得られる．

真の W，真の Γ がわかったとすると，電子間相互作用の期待値 E_{int} は図 5.10 の Feynman 図形で表され，真の自己エネルギーは図 5.11 で与えられる．これは形式的に厳密であり，**Hedin の式** [112] と呼ばれ，完全な自己無撞着 GWΓ 計算になる．しかし実際には Γ に対して何らかの近似を行う必要がある．この定式化において $\Gamma = 1$ とする近似が自己無撞着 GW 近似であり，分極関数は RPA の**リング図形** (P^0)，つまり図 5.11 の右辺第 1 項のみになる．自己無撞着あるいはワンショット GW 近似の自己エネルギーは図 5.12 で表される．Hartree–Fock 近似はさらに $\Gamma = 1, P = 0$ （つまり $W = V$）とする近似であり，この自己エネルギーは図 5.13 で表される．図 5.12 と図 5.13 を比較すればわかるように，Hartree–Fock 近似の Fock 項の Coulomb 相互作用 V を動的遮蔽 Coulomb 相互作用 W に置き換えたのが GW **近似**である．

5.2 GW 近似と Bethe–Salpeter 方程式

GW 近似は自己エネルギーが ε_λ に依存するので，その取り扱いには注意を要する．LDA/GGA の波動関数をそのまま用いるワンショット GW (G_0W_0) 近似は簡便な計算手法を与える．自己無撞着に GW 近似を行うと結果はむしろ悪くなることが知られている（例えば，エネルギー・ギャップを過大評価する）．GW 近似の自己エネルギーは 2 次以上の直接項を含むが，対応する交換項を含まず，パウリ原理を満たさないことが原因の 1 つである．エネルギーを繰り込む場合には，バーテックス補正を入れなければいけないというのが，高橋–Ward 恒等式（局所的な電荷保存則）の教えるところである．一方，光吸収スペクトルを計算するには，GW 近似でまず EQP スペクトルを計算しておいて，それにエキシトン効果を取り入れる必要がある．これには電子・正孔 Green 関数に対する Bethe–Salpeter 方程式を解かなければならない．本節の後半では，Bethe–Salpeter 方程式の解法を詳細に説明する．また，Auger スペクトルや Hubbard U の計算のための電子・電子（正孔・正孔）Green 関数について紹介し，最後に自己無撞着 GWΓ 計算について触れる．

5.2.1 GW 近似

自己エネルギー $\Sigma_s(\boldsymbol{r},\boldsymbol{r}';\omega)$ から Hartree 項 $V_{\rm H}(\boldsymbol{r})\delta(\boldsymbol{r}-\boldsymbol{r}')$ を除いた部分を交換相関項と呼び，$\Sigma_s^{\rm xc}(\boldsymbol{r},\boldsymbol{r}';\omega)$ と書くことにする．この項は GW 近似では

$$\Sigma_s^{\rm xc}(\boldsymbol{r},\boldsymbol{r}';\omega)=i\int_{-\infty}^{\infty}\frac{d\omega'}{2\pi}{\rm e}^{-i\eta\omega'}G_s(\boldsymbol{r},\boldsymbol{r}';\omega-\omega')W(\boldsymbol{r},\boldsymbol{r}';\omega') \quad (5.56)$$

で与えられる．ここで，$\eta=0^+$ である．これは図 5.12 の右側の図形で表され，実線は式 (5.46), (5.47) で与えられる Green 関数 G_s であり，波線は式 (5.54) で与えられる**動的遮蔽 Coulomb 相互作用** W である．GW 近似という名前は自己エネルギーがシンボリックに iGW で与えれることに由来する．これを 2 項に分ける．1 つ目は交換項（図 5.13 の右の図形）

$$\Sigma_s^{\mathrm{x}}(\boldsymbol{r},\boldsymbol{r}') = iV(\boldsymbol{r}-\boldsymbol{r}')\int_{-\infty}^{\infty}\frac{d\omega}{2\pi}\mathrm{e}^{i\eta\omega}G_s(\boldsymbol{r},\boldsymbol{r}';\omega) \tag{5.57}$$

である．その行列要素は次のように評価される．

$$\begin{aligned}\langle \boldsymbol{k},\lambda,s|\Sigma_s^{\mathrm{x}}|\boldsymbol{k},\lambda',s\rangle &= \int \phi_{\boldsymbol{k}\lambda}^*(\boldsymbol{r},s)\Sigma_s^{\mathrm{x}}(\boldsymbol{r},\boldsymbol{r}')\phi_{\boldsymbol{k}\lambda'}(\boldsymbol{r}',s)d\boldsymbol{r}d\boldsymbol{r}' \\ &= -\sum_{\mu,\boldsymbol{k}'}^{\mathrm{occ}}\int\frac{\phi_{\boldsymbol{k}\lambda}^*(\boldsymbol{r},s)\phi_{\boldsymbol{k}'\mu}^*(\boldsymbol{r}',s)\phi_{\boldsymbol{k}'\mu}(\boldsymbol{r},s)\phi_{\boldsymbol{k}\lambda'}(\boldsymbol{r}',s)}{|\boldsymbol{r}-\boldsymbol{r}'|}d\boldsymbol{r}d\boldsymbol{r}' \\ &= -\frac{4\pi}{\Omega}\sum_{\lambda}^{\mathrm{occ}}\sum_{\boldsymbol{q}}^{\mathrm{BZ}}\sum_{\boldsymbol{G}}\frac{M_{\boldsymbol{G}s}^{\mu\lambda\,*}(\boldsymbol{k},\boldsymbol{q})M_{\boldsymbol{G}s}^{\mu\lambda'}(\boldsymbol{k},\boldsymbol{q})}{(\boldsymbol{q}+\boldsymbol{G})^2}\end{aligned} \tag{5.58}$$

ただし，$M_{\boldsymbol{G}s}^{\mu\lambda}(\boldsymbol{k},\boldsymbol{q})$ は次式で定義される行列要素である．

$$\begin{aligned}M_{\boldsymbol{G}s}^{\mu\lambda}(\boldsymbol{k},\boldsymbol{q}) &= \langle \boldsymbol{k}-\boldsymbol{q},\mu,s|e^{-i(\boldsymbol{q}+\boldsymbol{G})\cdot\boldsymbol{r}}|\boldsymbol{k},\lambda,s\rangle \\ &= \int \phi_{\boldsymbol{k}-\boldsymbol{q}\mu}^*(\boldsymbol{r},s)e^{-i(\boldsymbol{q}+\boldsymbol{G})\cdot\boldsymbol{r}}\phi_{\boldsymbol{k}\lambda}(\boldsymbol{r},s)d\boldsymbol{r}\end{aligned} \tag{5.59}$$

2つ目は相関項

$$\Sigma_s^{\mathrm{c}}(\boldsymbol{r},\boldsymbol{r}';\omega) = i\int_{-\infty}^{\infty}\frac{d\omega'}{2\pi}\mathrm{e}^{-i\eta\omega'}G_s(\boldsymbol{r},\boldsymbol{r}';\omega-\omega')\Big[W(\boldsymbol{r},\boldsymbol{r}';\omega')-v(\boldsymbol{r}-\boldsymbol{r}')\Big] \tag{5.60}$$

であり，その行列要素は

$$\begin{aligned}\langle \boldsymbol{k},\lambda,s|\Sigma_s^{\mathrm{c}}(\boldsymbol{r},\boldsymbol{r}';\omega)|\boldsymbol{k},\lambda',s\rangle &= i\sum_{\mu}\sum_{\boldsymbol{q}}\sum_{\boldsymbol{G},\boldsymbol{G}'}M_{\boldsymbol{G}s}^{\mu\lambda\,*}(\boldsymbol{k},\boldsymbol{q})M_{\boldsymbol{G}'s}^{\mu\lambda'}(\boldsymbol{k},\boldsymbol{q}) \\ &\quad\times\int_C\frac{d\omega'}{2\pi}\frac{W_{\boldsymbol{G}\boldsymbol{G}'}(\boldsymbol{q},\omega')-\dfrac{4\pi}{\Omega(\boldsymbol{q}+\boldsymbol{G})^2}\delta_{\boldsymbol{G}\boldsymbol{G}'}}{\omega-\omega'-\varepsilon_{\boldsymbol{k}-\boldsymbol{q}\mu}-i\delta_{\boldsymbol{k}-\boldsymbol{q}\mu}}\end{aligned} \tag{5.61}$$

と評価される．EQP エネルギー $\varepsilon_{\boldsymbol{k}\lambda}$ に依存する形で自己エネルギーが EQP 方程式 (5.21) に現れるので，その取り扱いには注意を要する [107].

1つの方法は，自己エネルギーを ε_λ について線形化することである [108,109].

$$\Sigma_s^{\mathrm{xc}}(\boldsymbol{r},\boldsymbol{r}';\varepsilon_\lambda) \sim \Sigma_s^{\mathrm{xc}}(\boldsymbol{r},\boldsymbol{r}';\varepsilon_0)+(\varepsilon_\lambda-\varepsilon_0)\frac{\partial}{\partial\varepsilon}\Sigma_s^{\mathrm{xc}}(\boldsymbol{r},\boldsymbol{r}';\varepsilon)\Big|_{\varepsilon=\varepsilon_0} \tag{5.62}$$

ε_0 は右から挟む準粒子状態のエネルギー（あるいは左右の準粒子エネルギーの平均値）や $(\varepsilon_{\mathrm{HOMO}}+\varepsilon_{\mathrm{LUMO}})/2$ などに選ぶ．これにより EQP 方程式 (5.21) は，

$$
\begin{aligned}
\mathcal{H}_s\phi_\lambda(\boldsymbol{r},s) &\equiv \left[h^{(1)}(\boldsymbol{r})+V_{\mathrm{H}}(\boldsymbol{r})\right]\phi_\lambda(\boldsymbol{r},s)+\int \Sigma'_s(\boldsymbol{r},\boldsymbol{r}')\phi_\lambda(\boldsymbol{r}',s)d\boldsymbol{r}'\\
&= \int \Lambda_s(\boldsymbol{r},\boldsymbol{r}')\phi_\lambda(\boldsymbol{r}',s)d\boldsymbol{r}',\\
\Sigma'_s(\boldsymbol{r},\boldsymbol{r}') &= \Sigma^{\mathrm{xc}}_s(\boldsymbol{r},\boldsymbol{r}';\varepsilon_0)-\varepsilon_0\frac{\partial}{\partial\varepsilon}\Sigma^{\mathrm{xc}}_s(\boldsymbol{r},\boldsymbol{r}';\varepsilon)\Big|_{\varepsilon=\varepsilon_0},\\
\Lambda_s(\boldsymbol{r},\boldsymbol{r}') &= \delta(\boldsymbol{r}-\boldsymbol{r}')-\frac{\partial}{\partial\varepsilon}\Sigma^{\mathrm{xc}}_s(\boldsymbol{r},\boldsymbol{r}';\varepsilon)\Big|_{\varepsilon=\varepsilon_0}
\end{aligned}
\tag{5.63a}
$$

となる．$\Lambda_s(\boldsymbol{r},\boldsymbol{r}')$ を $\Lambda_s^{1/2}\Lambda_s^{1/2}$ とおくか [108] あるいは Choleski 分解して [109] $\Lambda_s=L_sL_s^\dagger$ と書くと，$\widetilde{\phi}_\lambda(\boldsymbol{r},s)=L_s^\dagger\phi_\lambda(\boldsymbol{r},s)$ は正規直交性を満たし，変換された GW ハミルトニアン $\widetilde{\mathcal{H}}_s=L_s^{-1}\mathcal{H}_sL_s^{\dagger\,-1}$ の固有値方程式 $\widetilde{\mathcal{H}}_s\widetilde{\phi}_\lambda(\boldsymbol{r},s)=\varepsilon_\lambda\widetilde{\phi}(\boldsymbol{r},s)$ の解である．同様に Green 関数も $\widetilde{G}_s=L_s^\dagger G_sL_s$ と変換され，これは $\boldsymbol{q},\omega\to 0$ の極限で高橋–Ward 恒等式（局所的な電荷の保存則）を満たすので [109]，この極限でバーテックス補正 $\Gamma\sim\Lambda$ を入れたことになる．

LDA 計算などで得られた波動関数をそのまま用いる，いわゆるワンショット GW 近似 (G_0W_0) では，EQP スペクトルを

$$
\begin{aligned}
\varepsilon^{G_0W_0}_{\boldsymbol{k}\lambda} &= \varepsilon^{\mathrm{LDA}}_{\boldsymbol{k}\lambda}+\sum_s\int \phi^{\mathrm{LDA}\,*}_{\boldsymbol{k}\lambda}(\boldsymbol{r},s)\\
&\quad\times\left[\Sigma_s(\boldsymbol{r},\boldsymbol{r}';\varepsilon^{G_0W_0}_{\boldsymbol{k}\lambda})-\mu^{\mathrm{LDA}}_{\mathrm{xc}}(\boldsymbol{r},s)\delta(\boldsymbol{r}-\boldsymbol{r}')\right]\phi^{\mathrm{LDA}}_{\boldsymbol{k}\lambda}(\boldsymbol{r}',s)d\boldsymbol{r}d\boldsymbol{r}'\\
&= \varepsilon^{\mathrm{LDA}}_{\boldsymbol{k}\lambda}+\Sigma^{\mathrm{xc}}_{\boldsymbol{k}\lambda}(\varepsilon^{G_0W_0}_{\boldsymbol{k}\lambda})-\sum_s\int \phi^{\mathrm{LDA}\,*}_{\boldsymbol{k}\lambda}(\boldsymbol{r},s)\mu^{\mathrm{LDA}}_{\mathrm{xc}}(\boldsymbol{r},s)\phi^{\mathrm{LDA}}_{\boldsymbol{k}\lambda}(\boldsymbol{r}',s)d\boldsymbol{r}
\end{aligned}
\tag{5.64}
$$

によって計算する．しかし，この式の自己エネルギーの中には解くべき GW 近似の EQP エネルギーが入っているので，この依存性を数値的に線形近似で外挿する．これがいわゆるエネルギーの繰り込みに相当し，

$$
Z_{\boldsymbol{k}\lambda}=\left[1-\frac{\partial\Sigma^{\mathrm{xc}}_{\boldsymbol{k}\lambda}(\varepsilon)}{\partial\varepsilon}\Bigg|_{\varepsilon=\varepsilon^{\mathrm{LDA}}_{\boldsymbol{k}\lambda}}\right]^{-1}
\tag{5.65}
$$

が繰り込み因子を与える．これにより，式 (5.64) は次のように書ける．

$$\varepsilon_{\boldsymbol{k}\lambda}^{G_0W_0} = \varepsilon_{\boldsymbol{k}\lambda}^{0} + (\varepsilon_{\boldsymbol{k}\lambda}^{0} - \varepsilon_{\boldsymbol{k}\lambda}^{\mathrm{LDA}}) \left.\frac{\partial \Sigma_{\boldsymbol{k}\lambda}^{\mathrm{xc}}(\varepsilon)}{\partial \varepsilon}\right|_{\varepsilon=\varepsilon_{\boldsymbol{k}\lambda}^{\mathrm{LDA}}} Z_{\boldsymbol{k}\lambda},$$

$$\varepsilon_{\boldsymbol{k}\lambda}^{0} = \varepsilon_{\boldsymbol{k}\lambda}^{\mathrm{LDA}} + \sum_s \int \phi_{\boldsymbol{k}\lambda}^{\mathrm{LDA}\,*}(\boldsymbol{r}, s)$$
$$\times \left[\Sigma_s^{\mathrm{xc}}(\boldsymbol{r}, \boldsymbol{r}'; \varepsilon_{n\boldsymbol{k}s}^{\mathrm{LDA}}) - \mu_{\mathrm{xc}}^{\mathrm{LDA}}(\boldsymbol{r}, s)\delta(\boldsymbol{r} - \boldsymbol{r}')\right] \phi_{\boldsymbol{k}\lambda}^{\mathrm{LDA}}(\boldsymbol{r}', s) d\boldsymbol{r} d\boldsymbol{r}' \quad (5.66)$$

このワンショット G_0W_0 近似は，自己エネルギーに動的遮蔽 Coulomb 相互作用を 1 次で取り入れた近似であり，電子相関が強くない系では良い結果を与える．

式 (5.61) の ω' 積分を行うのは大変なので，GW 近似の第一原理計算を 1985 年に初めて行った Hybertsen と Louie [113] は**一般化プラズモンポール (generalized plasmon pole, GPP) モデル**を提案した．これは f 総和則を満たすようにプラズモンポール近似を行い積分を回避する方法である．直後に Godby ら [114] は積分路を ω' 複素平面の虚軸に回転し，虚軸上の比較的少数の点で積分を実行する方法を提案した．von der Linden–Horsch [115] や Engel–Farid [116] らの**プラズモンポール近似**もある．しかし，結晶 [117] や分子 [118] などで誘電関数の逆数の虚部（損失関数）に細かい構造が現れる場合には，GPP モデルや

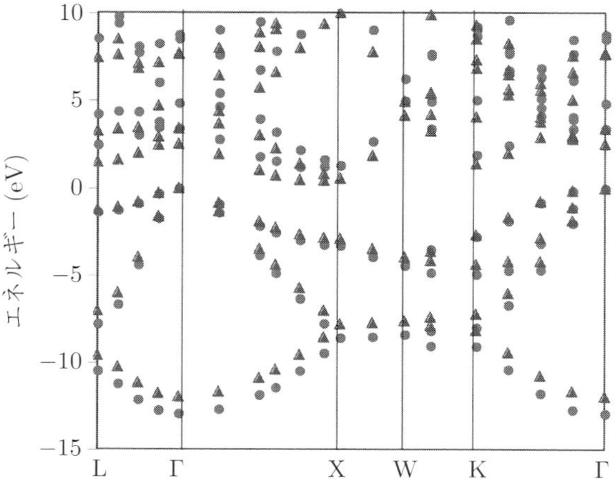

図 **5.14** 全電子混合基底法の G_0W_0 近似 (GWA) で得られたシリコンのエネルギーバンド構造 [119]．縦軸のエネルギースケールは eV であり，エネルギー原点は価電子バンドのトップにしてある．▲が LDA で●が GWA の結果．間接ギャップの位置は変わらないが，エネルギーギャップの大きさは GWA で改善する

他のプラズモンポール近似は用いず，ω' 積分を数値的に行う必要がある．

実際の GW 近似の計算例として，図 5.14 にシリコンのバンド構造 [119] を示す．内殻の X 線光電子分光スペクトル (XPS) について Si2p, Si2s の計算結果は，-98.8 eV, -149.16 eV であり [119]，実験値の -98.95 eV, -151 eV と良く一致している．また，Al クラスターの準粒子エネルギースペクトル [120] を図 5.15 に示す．GW 近似を $+1$ 価イオンに適用して電子を 1 個付け加える際のエ

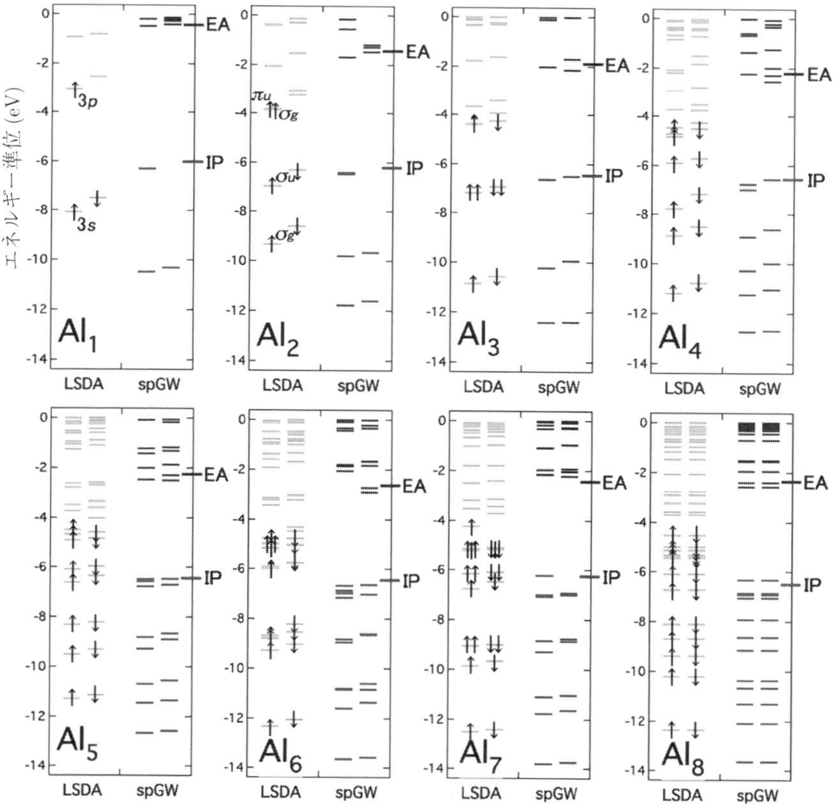

図 5.15 全電子混合基底法の G_0W_0 近似 (spGW) で得られた Al クラスターの準粒子エネルギースペクトル [120]．エネルギー原点は計算出力のままであるが，孤立系なので真空準位を指す．左が LSDA で右が spGW の結果．右肩の EA, IP は実験値のマイナスで，spGW の結果と大変良く一致している

表 5.1　中性原子・分子に対する GW + BSE 法と 1 価陽イオンに対する BSE を用いない GW 近似による Al, B, Na_3, Li_3 の光吸収第 1 ピークエネルギーの比較（単位は eV）[121]．いずれも全電子混合基底法による結果

原子/分子	GW + BSE 法	1 価陽イオンの GW	実験値
Al	2.94	3.23	3.14
B	4.53	5.24	4.96
Na_3	0.76	1.71	1.8
Li_3	0.50	1.64	1.81

表 5.2　全電子混合基底法による Li，Al，Be 原子の中性 (M)，陽イオン (M^+)，光吸収 (M^*) 状態の G_0W_0 拡張準粒子エネルギー (eV) [104]．左側の原子/イオンは $N(-1)$ 電子を持ち，右側の原子/イオンの $N(+1)$ 電子よりも 1 電子多い状態である．→ は 1 電子付加過程，← は 1 電子除去過程の拡張準粒子エネルギーを表すが，それらは等しいはずで，参考に実験値を載せている．括弧内の値は基底状態の中性原子に対する通常の G_0W_0 準粒子エネルギーである．実験値の中で，EC と書かれたものは aug-cc-pV5Z 基底を用いた EOM-CCSD の計算結果である．EQP エネルギー (→, ←) と実験値/EC の一致はかなり良い

原子/イオン	$N(-1)$ 電子配置		原子/イオン	$N(+1)$ 電子配置	EQP エネルギー (eV) →	←	実験値
Li^+	$(1s)^2$	↔	Li	$(1s)^2(2s)$	5.1	(5.6)	5.39
Li^+	$(1s)^2$	↔	Li^*	$(1s)^2(2p)$	3.0	3.2	3.54
Li^{+*}	$(1s)(2s)$	↔	Li	$(1s)^2(2s)$	63.9	(63.4)	64.46
Li^{+*}	$(1s)(2p)$	↔	Li^*	$(1s)^2(2p)$	65.0	66.0	65.76
Li	$(1s)^2(2s)$	↔	Li^-	$(1s)^2(2s)^2$	(0.6)	0.3	0.61
Al^+	$(3s)^2$	↔	Al	$(3s)^2(3p)$	5.7	(5.6)	5.98
Al^+	$(3s)^2$	↔	Al^*	$(3s)^2(4s)$	2.6	3.1	2.84
Al^{+*}	$(3s)(3p)$	↔	Al	$(3s)^2(3p)$	12.6	(10.2)	13.40
Al	$(3s)^2(3p)$	↔	Al^-	$(3s)^2(3p)^2$	(0.3)	-	0.43
Al	$(3s)^2(3p)$	↔	Al^{-*}	$(3s)^2(3p)(4s)$	(-0.1)	0.5	$^{EC}0.2$
Al^*	$(3s)^2(4s)$	↔	Al^{-*}	$(3s)^2(3p)(4s)$	3.5	2.7	$^{EC}3.3$
Be^+	$(2s)$	↔	Be	$(2s)^2$	9.3	(9.3)	9.32
Be^+	$(2s)$	↔	Be^*	$(2s)(2p)$	4.2	5.4	4.40
Be^+	$(2s)$	↔	Be^*	$(2s)(2p)$	6.4	6.2	6.59

ネルギーを計算することで，Bethe–Salpeter 方程式 (BSE) を解かずに光吸収スペクトルを求めることもできる [121]．表 5.1 に，Al 原子，B 原子，Na_3，Li_3 の光吸収スペクトルの第 1 ピークのエネルギーに対して，GW+BSE 法で求めた値と BSE を解かずに GW 近似で求めた値を比較する．Na_3，Li_3 に対しては GW+BSE 法の結果が実験値を大きく過小評価するのに対して，BSE を用いないカチオンに対する GW 近似の結果は実験値を 0.2 eV 程度の誤差で再現する．これらはいずれも全電子混合基底法による．Coulomb 相互作用を強制的に分子長で切断して孤立系のエネルギー原点を真空準位にすることができる．

始状態を励起固有状態にする場合には，固有値問題の直後で単純に占有準位と非占有準位を入れ替えればよい．そのような例として，$N(-1)$ 電子系と $N(+1)$ 電子系の原子（イオン）間の全エネルギー差を双方向に計算して，結果が一致することを見る [104]．表 5.2 は全電子混合基底法による G_0W_0 近似（GPP モデル）の結果であり，EC は GTO を用いた運動方程式 (EOM) CCSD 計算，それ以外は実験値である．同様に表 5.3 は 2 原子分子の正イオンと中性基底状態・励起状態 (*) の間のエネルギー差の計算結果を実験値と比較している．表 5.2, 5.3 のいずれも→と←の結果が実験値とともに良く一致している．このように，GW 近似は中性の基底状態のみならず，任意の励起固有状態に適用可能である．

表 5.3 全電子混合基底法による窒素，酸素，リチウム分子の中性 (M)，陽イオン (M^+)，光吸収 (M^*) 状態の G_0W_0 拡張準粒子エネルギー (eV) [104]．左側の分子/イオンは $N(-1)$ 電子を持ち，右側の分子/イオンの $N(+1)$ 電子よりも 1 電子多い状態である．→ は 1 電子付加過程，← は 1 電子除去過程の拡張準粒子エネルギーを表すが，それらは等しいはずで，参考に実験値を載せている．これらの分子に対しても，EQP エネルギー (→, ←) と実験値の一致はかなり良い

分子/イオン	状態		分子/イオン	状態	EQP エネルギー (eV)		
					→	←	実験値
N_2^+	$^2\Sigma_g^+$	↔	N_2	$^1\Sigma_g^+$	15.69	(15.40)	15.58
N_2^+	$^2\Sigma_g^+$	↔	N_2^*	$^1\Pi_g$	7.28	7.21	6.99
O_2^+	$^2\Pi_g$	↔	O_2	$^3\Sigma_g^-$	12.16	(12.35)	12.30
O_2^+	$^2\Pi_g$	↔	O_2^*	$^3\Pi_g$	3.80	3.73	4.17
Li_2^+	$^2\Sigma_g^+$	↔	Li_2	$^1\Sigma_g^-$	5.30	(5.32)	5.11
Li_2^+	$^2\Sigma_g^+$	↔	Li_2^*	$^1\Sigma_u^-$	3.74	3.95	3.35

5.2.2　Bethe–Salpeter 方程式

光吸収により電子が励起されて電子・正孔対（エキシトン）が形成される．電子・正孔間には動的遮蔽 Coulomb 引力相互作用が働くので，**エキシトン波動関数**は電子と正孔の EQP 波動関数の単純な積ではなく，それらの重ね合わせになる．1966 年に Sham と Rice [122] は Bethe–Salpeter 方程式を近似的に解き，Wannier エキシトン波動関数が有効質量方程式を満たすことを示している．

ここでは，GW 近似から出発して光吸収スペクトルを計算するために，2 粒子 Green 関数と Bethe–Salpeter 方程式を説明する [89]．**2 粒子 Green 関数**を

$$G^{s_1 s_2}_{s'_1 s'_2}(x_1, x'_1; x_2, x'_2) = (-i)^2 \langle \Phi^N_G | T[\hat{\psi}_{s_1}(x_1)\hat{\psi}_{s'_2}(x'_2)\hat{\psi}^\dagger_{s_2}(x_2)\hat{\psi}^\dagger_{s'_1}(x'_1)] | \Psi^N_G \rangle \tag{5.67}$$

で定義する．完全に 2 つに分かれてつながっていない図形を取り除いたものを

$$S^{s_1 s_2}_{s'_1 s'_2}(x_1, x'_1; x_2, x'_2) = -G^{s_1 s'_1}_{s'_2 s_2}(x_1, x'_2; x'_1, x_2) + G_{s_1 s'_1}(x_1, x'_1) G_{s'_2 s_2}(x'_2, x_2) \tag{5.68}$$

と定義すると，この関数は次の **Bethe–Salpeter (BS) 方程式**を満たす．

$$\begin{aligned} S^{s_1 s_2}_{s'_1 s'_2}(x_1, x'_1; x_2, x'_2) &= G_{s_1 s_2}(x_1, x_2) G_{s'_2 s'_1}(x'_2, x'_1) \\ &\quad + \sum_{s_3 s'_3} \sum_{s_4 s'_4} \int G_{s_1 s_3}(x_1, x_3) \Xi^{s_3 s_4}_{s'_3 s'_4}(x_3, x'_3; x_4, x'_4) G_{s'_3 s'_1}(x'_3, x'_1) \\ &\quad \times S^{s_4 s_2}_{s'_4 s'_2}(x_4, x'_4; x_2, x'_2) d^4x_3 d^4x'_3 d^4x_4 d^4x'_4 \end{aligned} \tag{5.69}$$

$$\Xi^{s_3 s_4}_{s'_3 s'_4}(x_3, x'_3; x_4, x'_4) = \frac{\delta \Sigma_{s_3 s'_3}(x_3, x'_3)}{\delta G_{s_4 s'_4}(x_4, x'_4)} \tag{5.70}$$

Feynman 図形を用いると BS 方程式は図 5.16 で与えられる．実線は 1 粒子 Green 関数であり，S と書かれた円は式 (5.68) で定義される GG を除く 2 粒子 Green 関数であり，Ξ と書かれた四角は式 (5.70) で定義される積分核である．

積分核 $\Xi^{s_3 s_4}_{s'_3 s'_4}(x_3, x'_3; x_4, x'_4)$ は自己エネルギー $\Sigma_{s_3 s'_3}(x_3, x'_3)$ を Green 関数 $G_{s_4 s'_4}(x_4, x'_4)$ で汎関数微分したものであり，これは自己エネルギー $\Sigma_{s_3 s'_3}(x_3, x'_3)$ から任意の内線，つまり図形内部の Green 関数 $G_{s_4 s'_4}(x_4, x'_4)$ を 1 本だけ取り除

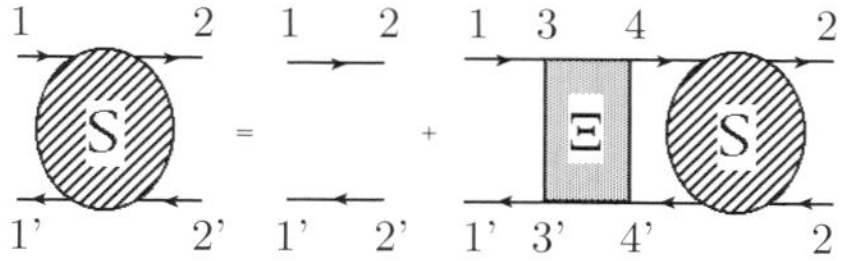

図 5.16 Bethe–Salpeter 方程式の図形的表現

き，その場所を 2 つの端点 (x_4, x_4') とすることと同じである．通常は式 (5.70) で $s_3 = s_3' = s$, $s_4 = s_4' = s'$ の項のみが残る．あらかじめ自己エネルギーから Hartree 項を取り除き，その場合の $\Xi_{ss'}^{ss'}(x_3, x_3'; x_4, x_4')$ を**既約電子正孔相互作用**と呼び，$I^{ss'}(x_3, x_3'; x_4, x_4')$ と書く．$\Xi^{ss'}$ の代わりに $I^{ss'}$ を用いることは，BS 方程式を解いて可約な（つまり図 5.9 の和の形の）**密度応答関数** $R = P\varepsilon^{-1}$ を求める代わりに既約な分極関数 P それ自体を求めることに対応している．$I^{ss'}(x_3, x_3'; x_4, x_4')$ は，スピン s の内向きおよび外向きの外線に接続する端点 x_3, x_3' と，スピン s' の外向きおよび内向きの外線に接続する端点 x_4, x_4' を持ち，s の (x_3, x_3') から s' の (x_4, x_4') 方向に見たときに右向きの実線 1 本と左向きの実線 1 本のみで左右につながる 2 つの部分に分けることができない（(x_3, x_4) から (x_3', x_4') 方向に見たときには上向きの実線 1 本と下向きの実線 1 本のみで上下につながる 2 つの部分に分けることができてもよい）半既約なつながった図形である．端点 x_3 と x_4 は同一点になってもいいし，異なる点であってもいい．同様に，端点 x_3' と x_4' も同一点に重なってもいいし，異なる点であってもいい（図 5.17 参照）．

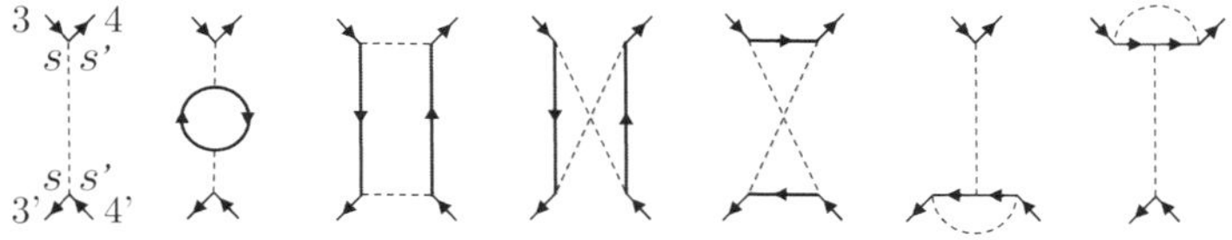

図 5.17 既約電子正孔相互作用 $I^{ss'}(x_3, x_3'; x_4, x_4')$ の図形的表現

$I^{ss'}(x_3, x_3'; x_4, x_4')$ は時間について $\tau_1 = t_3 - t_3'$, $\tau_2 = t_4 - t_4'$, $\tau_3 = (t_3 + t_3' - t_4 - t_4')/2$ のみの関数なので，時間に関する Fourier 変換で次式になる．

$$\int I^{ss'}(\boldsymbol{r}_3, \boldsymbol{r}'_3, ; \boldsymbol{r}_4, \boldsymbol{r}'_4; \tau_1, \tau_2, \tau_3) e^{i(\omega_3 t_3 - \omega'_3 t'_3 - \omega_4 t_4 + \omega'_4 t'_4)} dt_3 dt'_3 dt_4 dt'_4$$
$$= I^{ss'}(\boldsymbol{r}_3, \boldsymbol{r}'_3, ; \boldsymbol{r}_4, \boldsymbol{r}'_4; \frac{\omega_3 + \omega'_3}{2}, -\frac{\omega_4 + \omega'_4}{2}, \frac{\omega_3 - \omega'_3 + \omega_4 - \omega'_4}{2})$$
$$\times \delta(\omega_3 - \omega'_3 - \omega_4 + \omega'_4)$$
$$= I^{ss'}(\boldsymbol{r}_3, \omega_3, \boldsymbol{r}'_3, \omega'_3; \boldsymbol{r}_4, \omega_4, \boldsymbol{r}'_4, \omega'_4) \delta(\omega_3 - \omega'_3 - \omega_4 + \omega'_4) \tag{5.71}$$

ここで $\tau_4 = (t_3 + t'_3 + t_4 + t'_4)/4$ とおき，$dt_3 dt'_3 dt_4 dt'_4 = \prod_{i=1}^{4} d\tau_i$ を用いた．

この積分核により，バーテックス関数も次の BS 方程式を満たす．

$$\Gamma^s(\boldsymbol{r}, \omega + \omega', \boldsymbol{r}', \omega'; \boldsymbol{r}'', \omega) = \delta(\boldsymbol{r} - \boldsymbol{r}')\delta(\boldsymbol{r} - \boldsymbol{r}'')$$
$$+ \sum_{s'} \int d\boldsymbol{r}_1 d\boldsymbol{r}_2 d\boldsymbol{r}'_1 d\boldsymbol{r}'_2 \frac{d\omega_1}{2\pi} I^{ss'}(\boldsymbol{r}, \omega + \omega', \boldsymbol{r}', \omega'; \boldsymbol{r}_1, \omega + \omega_1, \boldsymbol{r}_2, \omega_1)$$
$$\times G_{s'}(\boldsymbol{r}_1, \boldsymbol{r}'_1; \omega + \omega_1) G_{s'}(\boldsymbol{r}'_2, \boldsymbol{r}_2; \omega_1) \Gamma^{s'}(\boldsymbol{r}'_1, \omega + \omega_1, \boldsymbol{r}'_2, \omega_1; \boldsymbol{r}'', \omega) \tag{5.72}$$

自己エネルギーの ω 微分

$$\frac{\partial}{\partial \omega} \Sigma_s(\boldsymbol{r}, \boldsymbol{r}'; \omega) = \lim_{\Delta\omega \to 0} \frac{\Sigma_s(\boldsymbol{r}, \boldsymbol{r}'; \omega + \Delta\omega) - \Sigma_s(\boldsymbol{r}, \boldsymbol{r}'; \omega)}{\Delta\omega} \tag{5.73}$$

を考えると，これはすべての自己エネルギー図形において，内線 $G(\omega')$ を 1 本ずつ取り出して，それをそのエネルギー微分 $\partial G(\omega)/\partial \omega$ に置き換えた図形の和に等しい．上で見たように，自己エネルギー図形から内線を取り出す手続きは，自己エネルギーを Green 関数で汎関数微分する手続きに等しいので，

$$\frac{\partial \Sigma_s(\boldsymbol{r}, \boldsymbol{r}'; \omega)}{\partial \omega} = -\sum_{s'} \int d\boldsymbol{r}_1 d\boldsymbol{r}_2 \int_{-\infty}^{\infty} \frac{d\omega_1}{2\pi} I^{ss'}(\boldsymbol{r}, \omega, \boldsymbol{r}', \omega; \boldsymbol{r}_1, \omega_1, \boldsymbol{r}_2, \omega_1)$$
$$\times G_{s'}(\boldsymbol{r}_1, \boldsymbol{r}'_1; \omega_1) G_{s'}(\boldsymbol{r}'_2, \boldsymbol{r}_2; \omega_1) \left[\delta(\boldsymbol{r}'_1 - \boldsymbol{r}'_2) - \frac{\partial \Sigma_{s'}(\boldsymbol{r}'_1, \boldsymbol{r}'_2; \omega_1)}{\partial \omega_1} \right] \tag{5.74}$$

が得られる．式 (5.74) は

$$\delta(\boldsymbol{r}_1 - \boldsymbol{r}_2) - \frac{\partial \Sigma_s(\boldsymbol{r}, \boldsymbol{r}'; \omega)}{\partial \omega}$$
$$= \delta(\boldsymbol{r}_1 - \boldsymbol{r}_2) + \sum_{s'} \int d\boldsymbol{r}_1 d\boldsymbol{r}_2 d\boldsymbol{r}'_1 d\boldsymbol{r}'_2 \int_{-\infty}^{\infty} \frac{d\omega_1}{2\pi} I^{ss'}(\boldsymbol{r}, \omega, \boldsymbol{r}', \omega; \boldsymbol{r}_1, \omega_1, \boldsymbol{r}_2, \omega_1)$$
$$\times G_{s'}(\boldsymbol{r}_1, \boldsymbol{r}'_1; \omega_1) G_{s'}(\boldsymbol{r}'_2, \boldsymbol{r}_2; \omega_1) \left[\delta(\boldsymbol{r}'_1 - \boldsymbol{r}'_2) - \frac{\partial \Sigma_{s'}(\boldsymbol{r}'_1, \boldsymbol{r}'_2; \omega_1)}{\partial \omega_1} \right] \tag{5.75}$$

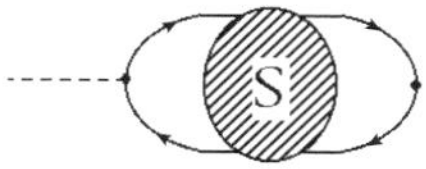

図 **5.18** 2 粒子 Green 関数の両端を閉じた密度応答関数の図形

となるので，これをバーテックス関数に対する BS 方程式 (5.72) と比較すると，

$$\int \Gamma^s(\boldsymbol{r}_1,\omega_1,\boldsymbol{r}_2\,\omega_1;\boldsymbol{r}',\omega=0)d\boldsymbol{r}' = \delta(\boldsymbol{r}_1-\boldsymbol{r}_2) - \frac{\partial\Sigma_{s'}(\boldsymbol{r}_1,\boldsymbol{r}_2;\omega_1)}{\partial\omega_1} \tag{5.76}$$

が成り立つことがわかる．これはバーテックス補正と自己エネルギーの ω 微分を結びつける関係式であり，極限 $\boldsymbol{q}\to 0, \omega\to 0$ での高橋–Ward 恒等式である．

光吸収スペクトルは 2 粒子 Green 関数の両端を閉じた（図 5.18）密度応答関数 $R(x_1=x_1';x_2=x_2')$ の $(\boldsymbol{r}_1;t_1)$ から $(\boldsymbol{q},\omega)$ への Fourier 変換の虚部である．

Strinati の論文 [123] に従って，Bethe–Salpeter 方程式を固有値問題に焼き直す方法を説明する．2 粒子 Green 関数 (5.67) は t_1, $t_1' \leqslant t_2$, t_2' の場合には

$$G^{s_1 s_2}_{s_1' s_2'}(x_1,x_1';x_2,x_2') = -\langle\Phi_G^N|T[\hat{\psi}_{s_1}(x_1)\hat{\psi}^\dagger_{s_1'}(x_1')]T[\hat{\psi}_{s_2'}(x_2')\hat{\psi}^\dagger_{s_2}(x_2)]|\Psi_G^N\rangle$$
$$\times\,\theta(\min(t_1,t_1')-\max(t_2,t_2')) - \langle\Phi_G^N|T[\hat{\psi}_{s_2'}(x_2')\hat{\psi}^\dagger_{s_2}(x_2)]T[\hat{\psi}_{s_1}(x_1)\hat{\psi}^\dagger_{s_1'}(x_1')]|\Psi_G^N\rangle$$
$$\times\,\theta(\min(t_2,t_2')-\max(t_1,t_1')) \tag{5.77}$$

と書ける．この場合に $\langle\Phi_G^N|...|\Psi_G^N\rangle$ の中の 2 つの T 積の間に中間状態の完全系を入れて展開することを考えると，中間状態は基底状態に電子・正孔対が 1 個生じた N 電子系の励起状態になっている．このことから，この場合の 2 粒子 Green 関数を**電子・正孔 Green 関数**という．例えば，右辺第 1 項の $\langle\Phi_G^N|...|\Psi_G^N\rangle$ は，2 つの T 積の間に中間状態の完全系 $\sum_S|\Psi_S^N\rangle\langle\Psi_S^N|=1$ を挟むと

$$-\sum_S\langle\Psi_G^N|T[\hat{\psi}_{s_1}(x_1)\hat{\psi}^\dagger_{s_1'}(x_1')]|\Psi_S^N\rangle\langle\Psi_S^N|T[\hat{\psi}_{s_2'}(x_2')\hat{\psi}^\dagger_{s_2}(x_2)]|\Psi_G^N\rangle \tag{5.78}$$

となる．$t^i=(t_i+t_i')/2$, $\tau_i=t_i-t_i'$（$i=1,2$）とおき，

$$\langle\Psi_G^N|T[\hat{\psi}_{s_1}(x_1)\hat{\psi}^\dagger_{s_1'}(x_1')]|\Psi_S^N\rangle$$
$$=[\langle\Psi_G^N|\hat{\psi}_{s_1}(\boldsymbol{r}_1)e^{-iH\tau_1}\hat{\psi}^\dagger_{s_1'}(\boldsymbol{r}_1')|\Psi_S^N\rangle\theta(\tau_1)$$
$$-\langle\Psi_G^N|\hat{\psi}^\dagger_{s_1'}(\boldsymbol{r}_1')e^{iH\tau_1}\hat{\psi}_{s_1}(\boldsymbol{r}_1)|\Psi_S^N\rangle\theta(-\tau_1)]e^{i[(E_G-E_S)t^1+(E_G+E_S)|\tau_1|/2]}$$
$$=\chi_S^{s_1 s_1'}(\boldsymbol{r}_1,\boldsymbol{r}_1';\tau_1)e^{i(E_G-E_S)t^1} \tag{5.79a}$$

$$
\begin{aligned}
&\langle\Psi_S^N|T[\hat{\psi}_{s_2'}(x_2')\hat{\psi}_{s_2}^\dagger(x_2)]|\Psi_G^N\rangle \\
&= [\langle\Psi_S^N|\hat{\psi}_{s_2'}(\boldsymbol{r}_2')e^{iH\tau_2}\hat{\psi}_{s_2}^\dagger(\boldsymbol{r}_2)|\Psi_G^N\rangle\theta(-\tau_2) \\
&- \langle\Psi_S^N|\hat{\psi}_{s_2}^\dagger(\boldsymbol{r}_2)e^{-iH\tau_2}\hat{\psi}_{s_2'}(\boldsymbol{r}_2')|\Psi_G^N\rangle\theta(\tau_2)]e^{i[(E_S-E_G)t^2-(E_S+E_G)|\tau_2|/2]} \\
&= \widetilde{\chi}_S^{s_2s_2'}(\boldsymbol{r}_2,\boldsymbol{r}_2';\tau_2)e^{i(E_S-E_G)t^2} \qquad (5.79\text{b})
\end{aligned}
$$

とおくと，式 (5.78) は $-\sum_S\chi_S^{s_1s_1'}(\boldsymbol{r}_1,\boldsymbol{r}_1';\tau_1)\widetilde{\chi}_S^{s_2s_2'}(\boldsymbol{r}_2,\boldsymbol{r}_2';\tau_2)e^{-i(E_S-E_G)(t^1-t^2)}$ となる．同様に式 (5.77) の右辺第 2 項の $\langle\Phi_G^N|...|\Psi_G^N\rangle$ も $-\sum_S\widetilde{\chi}_S^{s_1s_1}(\boldsymbol{r}_1,\boldsymbol{r}_1';\tau_1)$ $\times\chi_S^{s_2s_2'}(\boldsymbol{r}_2,\boldsymbol{r}_2';\tau_2)e^{i(E_S-E_G)(t^1-t^2)}$ となる．

$\min(t_i,t_i') = t^i - |\tau_i|/2$ および $\max(t_i,t_i') = t^i + |\tau_i|/2$ に注意すると，$\theta(\min(t_i,t_i') - \max(t_j,t_j')) = \theta(t^i - t^j - |\tau_i|/2 - \tau_j|/2)$ が得られる．そこで $\tau_2 \to -0^+$ とすると，$t^2 \to t_2, t_2' \to t_2$ となるので，2 粒子 Green 関数 (5.77) を t_2 について Fourier 変換すると

$$
\begin{aligned}
&S_{s_1's_2'}^{s_1s_2}(\boldsymbol{r}_1,t_1,\boldsymbol{r}_1',t_1-\tau_1;\boldsymbol{r}_2,\boldsymbol{r}_2',\omega) \\
&\equiv -\int_{-\infty}^{\infty}dt_2e^{-i\omega t_2}S_{s_1's_2'}^{s_1s_2}(\boldsymbol{r}_1,t_1,\boldsymbol{r}_1',t_1-\tau_1;\boldsymbol{r}_2,t_2,\boldsymbol{r}_2',t_2+0^+) \\
&= -ie^{-i\omega(t^1-|\tau_1|/2)}\sum_S{}'\frac{\chi_S^{s_1s_1'}(\boldsymbol{r}_1,\boldsymbol{r}_1';\tau_1)\widetilde{\chi}_S^{s_2s_2'}(\boldsymbol{r}_2,\boldsymbol{r}_2';-0^+)}{\omega-(E_S-E_G)+i0^+}e^{-i(E_S-E_G)|\tau_1|/2} \\
&+ ie^{-i\omega(t^1+|\tau_1|/2)}\sum_S{}'\frac{\widetilde{\chi}_S^{s_1s_1'}(\boldsymbol{r}_1,\boldsymbol{r}_1';\tau_1)\chi_S^{s_2s_2'}(\boldsymbol{r}_2,\boldsymbol{r}_2';-0^+)}{\omega+(E_S-E_G)-i0^+}e^{-i(E_S-E_G)|\tau_1|/2}
\end{aligned}
\qquad (5.80)
$$

を得る．ここで S についての和の $\sum'$ は基底状態 G を含まないことを意味している．式 (5.80) まではまだ何も近似を導入していない厳密な式である．

右辺第 1 項は正エネルギー項で励起子生成過程を表し，第 2 項は負エネルギー項で励起子再結合過程を表す．ω は光エネルギーに相当するが，正であり，ある特定の $\Omega = E_S - E_G$ に近い値を持つと考えると，この右辺第 1 項（正エネルギー項）の 1 つの項の分母が 0 に近くなるので，この項が支配的になり，そのため，この右辺第 2 項（負エネルギー項）は無視することができる．つまり，

$$
S_{s_1's_2'}^{s_1s_2}(\boldsymbol{r}_1,t_1,\boldsymbol{r}_1',t_1-\tau_1;\boldsymbol{r}_2,\boldsymbol{r}_2',\omega)
$$

$$\simeq -ie^{-i\omega t^1} \frac{1}{\omega - \Omega + i0^+} \sum_S \bar{\chi}_S^{s_1 s_1'}(\boldsymbol{r}_1, \boldsymbol{r}_1'; \tau_1) \bar{\tilde{\chi}}_S^{s_2 s_2'}(\boldsymbol{r}_2, \boldsymbol{r}_2'; -0^+) \tag{5.81}$$

としてよい．ここでバー付きの関数 $\bar{\chi}_S^{s_1 s_1'}(\boldsymbol{r}_1, \boldsymbol{r}_1'; \tau_1)$ は $\chi_S^{s_1 s_1'}(\boldsymbol{r}_1, \boldsymbol{r}_1'; \tau_1)$ の式 (5.79) で $e^{i(E_S - E_G)|\tau_1|/2}$ を $e^{i\omega|\tau_1|/2}$ で置き換えた関数を意味する．

電子・正孔対を表す Bethe–Salpeter 振幅 $\chi_S^{s_1 s_1'}(\boldsymbol{r}_1, \boldsymbol{r}_1'; \tau_1)$, $\tilde{\chi}_S^{s_2 s_2'}(\boldsymbol{r}_2, \boldsymbol{r}_2'; \tau_2)$ は式 (5.79) より，占有状態と空状態の EQP 波動関数 $\phi_{ds}(\boldsymbol{r})$, $\phi_{cs}(\boldsymbol{r})$ を用いて，

$$\chi_S^{s_1 s_1'}(\boldsymbol{r}_1, \boldsymbol{r}_1'; \tau_1) = -e^{i(E_S - E_G)|\tau_1|/2}$$
$$\times \sum_{d,c} \Big\{ A_S(d,c)\phi_{cs_1}(\boldsymbol{r}_1)\phi^*_{ds_1'}(\boldsymbol{r}_1') \left[\theta(\tau_1)e^{-i\varepsilon_{cs_1}\tau_1} + \theta(-\tau_1)e^{-i\varepsilon_{ds_1'}\tau_1}\right]$$
$$+ B_S(d,c)\phi_{ds_1}(\boldsymbol{r}_1)\phi^*_{cs_1'}(\boldsymbol{r}_1') \left[\theta(\tau_1)e^{-i\varepsilon_{ds_1}\tau_1} + \theta(-\tau_1)e^{-i\varepsilon_{cs_1'}\tau_1}\right] \Big\} \tag{5.82a}$$
$$\tilde{\chi}_S^{s_2 s_2'}(\boldsymbol{r}_2, \boldsymbol{r}_2'; \tau_2) = -e^{i(E_S - E_G)|\tau_2|/2}$$
$$\times \sum_{d,c} \Big\{ A^*_S(d,c)\phi_{ds_2}(\boldsymbol{r}_2)\phi^*_{cs_2'}(\boldsymbol{r}_2') \left[\theta(\tau_2)e^{-i\varepsilon_{cs_2'}\tau_2} + \theta(-\tau_2)e^{-i\varepsilon_{ds_2}\tau_2}\right]$$
$$+ B^*_S(d,c)\phi_{cs_2}(\boldsymbol{r}_2)\phi^*_{ds_2'}(\boldsymbol{r}_2') \left[\theta(\tau_2)e^{-i\varepsilon_{ds_2'}\tau_2} + \theta(-\tau_2)e^{-i\varepsilon_{cs_2}\tau_2}\right] \Big\} \tag{5.82b}$$

と書ける．式 (5.82b) で $\tau_2 = -0^+$ とおいたものに

$$\chi_r^{s_2' s_2}(\boldsymbol{r}_2', \boldsymbol{r}_2; -0^+) = -\sum_{d',c'} \big[A_r(d',c')\phi_{c's_2'}(\boldsymbol{r}_2')\phi^*_{d's_2}(\boldsymbol{r}_2)$$
$$+ B_S(d',c')\phi_{d's_2'}(\boldsymbol{r}_2')\phi^*_{c's_2}(\boldsymbol{r}_2)\big] \tag{5.83}$$

かけ，$\boldsymbol{r}_2$, $\boldsymbol{r}_2'$ 積分すると $\int \phi^*_{cs_2}(\boldsymbol{r}_2)\phi_{c's_2}(\boldsymbol{r}_2)d\boldsymbol{r}_2 = \delta_{cc'}$, $\int \phi_{ds_2}(\boldsymbol{r}_2)\phi^*_{d's_2}(\boldsymbol{r}_2)d\boldsymbol{r}_2 = \delta_{dd'}$, $\int \phi_{ds_2}(\boldsymbol{r}_2)\phi^*_{cs_2}(\boldsymbol{r}_2)d\boldsymbol{r}_2 = 0$ より次式を得る．τ_1, $\tau_2 \to -0^+$ とする．

$$\int \chi_r^{s_2 s_2'}(\boldsymbol{r}_2, \boldsymbol{r}_2'; -0^+)\chi_S^{s_2 s_2' *}(\boldsymbol{r}_2, \boldsymbol{r}_2'; -0^+)d\boldsymbol{r}_2 d\boldsymbol{r}_2'$$
$$= -\sum_{d,c} [A_r(d,c)A^*_S(d,c) + B_r(d,c)B^*_S(d,c)] = \delta_{rS} \tag{5.84}$$

式 (5.69) の右辺第 1 項を $M(t_1 - t_2) = G_{s_2}(\boldsymbol{r}_1, \boldsymbol{r}_2; t_1 - t_2)\ G_{s_2'}(\boldsymbol{r}_2', \boldsymbol{r}_1'; t_2 - t_1)$ と書き，式 (5.83) をかけて $\boldsymbol{r}_2$, $\boldsymbol{r}_2'$ で積分し，t_2 を ω に Fourier 変換する．

$$\int e^{-i\omega t_2} M(t_1 - t_2) \chi_r^{s_2' s_2}(\boldsymbol{r}_2', \boldsymbol{r}_2; -0^+) d\boldsymbol{r}_2 d\boldsymbol{r}_2' dt_2 = \sum_{d,c} \frac{-ie^{-i\omega t_1}}{\omega - (\varepsilon_{cs_2} - \varepsilon_{ds_2'})}$$
$$\times \left[A_r(d,c)\phi_{cs_2}(\boldsymbol{r}_1)\phi^*_{ds_2'}(\boldsymbol{r}_1') + B_r(d,c)\phi_{ds_2}(\boldsymbol{r}_1)\phi^*_{cs_2'}(\boldsymbol{r}_1') \right] \tag{5.85}$$

式 (5.69) の左辺の $S(\omega)$ にも式 (5.83) をかけて $\boldsymbol{r}_2$, $\boldsymbol{r}_2'$ 積分し，次式を得る．

$$-\left(\frac{-ie^{-i\omega t_1} e^{i\omega|\tau_1|/2}}{\omega - \Omega + i0^+} \right)$$
$$\times \sum_{d,c} \Bigg\{ A_r(d,c)\phi_{cs_2}(\boldsymbol{r}_1)\phi^*_{ds_2'}(\boldsymbol{r}_1') \left[\theta(\tau_1) e^{-i\varepsilon_{cs_2}\tau_1} + \theta(-\tau_1) e^{-i\varepsilon_{ds_2'}\tau_1} \right]$$
$$+ B_r(d,c)\phi_{ds_2}(\boldsymbol{r}_1)\phi^*_{cs_2'}(\boldsymbol{r}_1') \left[\theta(\tau_1) e^{-i\varepsilon_{ds_2'}\tau_1} + \theta(-\tau_1) e^{-i\varepsilon_{cs_2}\tau_1} \right] \Bigg\} \tag{5.86}$$

最初の負符号は式 (5.82a) から，(...) 内は式 (5.81) からくる．$\Omega = E_S - E_G$ である．式 (5.86) で $\tau_1 = -0^+$ としたものが BS 方程式の左辺の寄与となる．

BS 方程式 (5.69) の右辺第 2 項に式 (5.83) をかけて $\boldsymbol{r}_2$, $\boldsymbol{r}_2'$ 積分する．$t_1 = t_1'$ とし，$G_{s_1}(x_1, x_3)G_{s_1'}(x_3', x_1')$ を振動数で表し（左右の Green 関数のスペクトル表示における EQP エネルギーを $\varepsilon_{n_1 s_1}$, $\varepsilon_{n_1' s_1'}$ と書く），式 (5.81) で添字 1 を添字 3 に書き換えた式との積をとり，中間の時刻 $t^3 = (t_3 + t_3')/2$ で積分すると，振動数に関するデルタ関数が現れ，次のように残りの振動数積分を行える．

$$\int e^{-i\omega t^3} G_{s_1}(x_1, x_3) G_{s_1'}(x_3', x_1') dt^3$$
$$= e^{-i\omega t_1} e^{i\omega|\tau_3|/2} \sum_{n_1, n_1'} \frac{\theta(\tau_3) e^{i\varepsilon_{n_1' s_1'}\tau_3} + \theta(-\tau_3) e^{i\varepsilon_{n_1 s_1}\tau_3}}{\omega - (\varepsilon_{n_1 s_1} - \varepsilon_{n_1' s_1'})}$$
$$\times \phi_{n_1 s_1}(\boldsymbol{r}_1)\phi^*_{n_1 s_1}(\boldsymbol{r}_3)\phi_{n_1' s_1'}(\boldsymbol{r}_3')\phi^*_{n_1' s_1'}(\boldsymbol{r}_1') \tag{5.87}$$

$\Xi^{ss'} = \delta(V^{\mathrm{H}} + \Sigma_s')/\delta G_{s'}$ の Σ_s' に GW 近似の式 (5.56) を用いると，

$$\Xi(x_3, x_3'; x_4, x_4') = -i\delta^4(x_3 - x_3')\delta^4(x_4 - x_4')v(\boldsymbol{r}_3 - \boldsymbol{r}_4)$$
$$+ i\delta^4(x_3 - x_4)\delta^4(x_3' - x_4')W'(x_3, x_3') \tag{5.88}$$

となる．ここで $v(3,4) = 1/|\boldsymbol{r}_3 - \boldsymbol{r}_4|$ は自己エネルギーの Hartree 項 V^{H} の汎関数微分から生ずる交換項であり，$-W'(x_3, x_3')$ は GW 自己エネルギー Σ^{GW} の

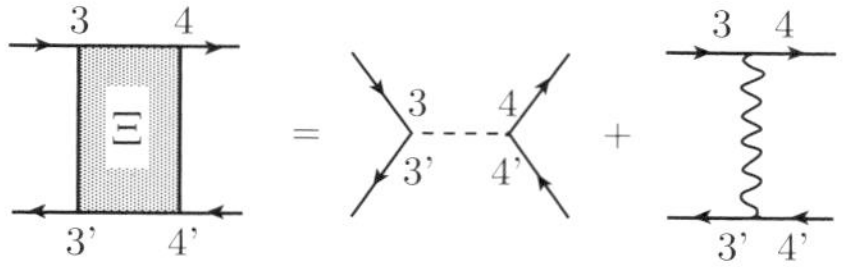

図 5.19 GW 近似での Bethe–Salpeter 方程式の積分核 Ξ

汎関数微分から生ずる直接項である．W' は図 5.7 の和の一番右の図のような 2 次の交換項を含むが，通常はこの項を無視して W' を RPA の動的遮蔽 Coulomb 相互作用 W で置き換える．このとき式 (5.88) は図 5.19 で表される．

交換項には同時刻 $t_3 = t_4$ の $-iv(\boldsymbol{r}_3 - \boldsymbol{r}_4)$ を経て，左側を閉じた $S(\omega)$ に式 (5.83) をかけて積分した式，つまり式 (5.86) で $\boldsymbol{r}_1$, $\boldsymbol{r}'_1$ をともに $\boldsymbol{r}_4$ で置き換え，τ_1 を $\tau_3 = -0^+$ に置き換えた式が現れる．交換項はこの式を $\boldsymbol{r}_3 = \boldsymbol{r}'_3$ とした式 (5.87) にかけて $\boldsymbol{r}_3$, $\boldsymbol{r}_4$ 積分した式となる（$e^{-i\omega t_1}$ は $e^{-i\omega t^3}$ に置き換わる）．次に直接項は，x_1, x'_1 を x_3, x'_3 に変えた式 (5.86) に $\int e^{-i\omega'\tau_3} W(\omega')d\omega'/2\pi$ と式 (5.87) をかけて $\boldsymbol{r}_3$, $\boldsymbol{r}'_3$, τ_3 で積分したもので与えられ，次式となる．

$$
\begin{aligned}
&(-i)^2 \frac{e^{-i\omega t_0}\phi_{n_1 s_1}(\boldsymbol{r}_1)\phi^*_{n'_1 s'_1}(\boldsymbol{r}'_1)}{\omega - \Omega + i0^+} \int \frac{d\omega'}{2\pi} \frac{i\phi^*_{n_1 s_1}(\boldsymbol{r}_3)\phi_{n'_1 s'_1}(\boldsymbol{r}'_3) W(\boldsymbol{r}_3, \boldsymbol{r}'_3; \omega')}{\omega - (\varepsilon_{n_1 s_1} - \varepsilon_{n'_1 s'_1})} \\
&\times \sum_{d,c} \left\{ \left[\frac{i}{-\omega' - (\varepsilon_{cs_1} - \varepsilon_{n'_1 s'_1}) + i0^+} + \frac{i}{\omega' - (\varepsilon_{n_1 s_1} - \varepsilon_{ds'_1}) + i0^+} \right] \right. \\
&\times A_r(d,c)\phi_{cs_1}(\boldsymbol{r}_3)\phi^*_{ds'_1}(\boldsymbol{r}'_3) + \left[\frac{i}{-\omega' - (\varepsilon_{ds_1} - \varepsilon_{n'_1 s'_1}) + i0^+} \right. \\
&\left. \left. + \frac{i}{\omega' - (\varepsilon_{n_1 s_1} - \varepsilon_{cs'_1}) + i0^+} \right] B_r(d,c)\phi_{ds_1}(\boldsymbol{r}_3)\phi^*_{cs'_1}(\boldsymbol{r}'_3) \right\} d\boldsymbol{r}_3 d\boldsymbol{r}'_3
\end{aligned} \tag{5.89}
$$

以上をまとめ，両辺に $\phi^*_{n_1^> s_1}(\boldsymbol{r}_1)\phi_{n_1'^< s'_1}(\boldsymbol{r}'_1)$ をかけ $\boldsymbol{r}_1$, $\boldsymbol{r}'_1$ 積分し，次式を得る．

$$
\begin{aligned}
&(\varepsilon_{n_1^> s_1} - \varepsilon_{n_1'^< s'_1}) A_r(n_1'^<, n_1^>) = \Omega A_r(n_1'^<, n_1^>) \\
&- \delta_{s_1 s'_1} \sum_{d,c} \sum_{s_2} \left[v^{s_1;s_2}_{n_1^> n_1'^<;cd} A_r(d,c) + v^{s_1;s_2}_{n_1^> n_1'^<;dc} B_r(d,c) \right] \\
&+ \sum_{d,c} \left[w^{s_1 s'_1}_{n_1^> n_1'^<;cd} A_r(d,c) + w^{s_1 s'_1}_{n_1^> n_1'^<;dc} B_r(d,c) \right]
\end{aligned} \tag{5.90}
$$

同様に，両辺に $\phi^*_{n_1^< s_1}(\boldsymbol{r}_1)\phi_{n_1'^> s'_1}(\boldsymbol{r}'_1)$ をかけ $\boldsymbol{r}_1$, $\boldsymbol{r}'_1$ 積分し，次式を得る．

$$
\begin{aligned}
&(\varepsilon_{n_1'^{>} s_1'} - \varepsilon_{n_1^{<} s_1}) B_r(n_1^{<}, n_1'^{>}) = \Omega B_r(n_1^{<}, n_1'^{>}) \\
&- \delta_{s_1 s_1'} \sum_{d,c} \sum_{s_2} \left[v^{s_1;s_2}_{n_1^{<} n_1'^{>};cd} A_r(d,c) + v^{s_1;s_2}_{n_1^{<} n_1'^{>};dc} B_r(d,c) \right] \\
&+ \sum_{d,c} \left[w^{s_1 s_1'}_{n_1^{<} n_1'^{>};cd} A_r(d,c) + w^{s_1 s_1'}_{n_1^{<} n_1'^{>};dc} B_r(d,c) \right]
\end{aligned}
\tag{5.91}
$$

$$
\begin{aligned}
&v^{s_1;s_2}_{n_1 n_1';n_2 n_2'} = \int \phi^*_{n_1 s_1}(\boldsymbol{r}_3) \phi_{n_1' s_1}(\boldsymbol{r}_3) v(\boldsymbol{r}_3 - \boldsymbol{r}_4) \phi_{n_2 s_2}(\boldsymbol{r}_4) \phi^*_{n_2' s_2}(\boldsymbol{r}_4) d\boldsymbol{r}_3 d\boldsymbol{r}_4, \\
&w^{s_1 s_1'}_{n_1 n_1';n_2 n_2'} = i \int \frac{d\omega'}{2\pi} \phi^*_{n_1 s_1}(\boldsymbol{r}_3) \phi_{n_1' s_1'}(\boldsymbol{r}_3') W(\boldsymbol{r}_3, \boldsymbol{r}_3'; \omega') \\
&\times \left[\frac{i}{-\omega' - (\varepsilon_{n_2 s_1} - \varepsilon_{n_1' s_1'}) + i0^+} + \frac{i}{\omega' - (\varepsilon_{n_1 s_1} - \varepsilon_{n_2' s_1'}) + i0^+} \right] \\
&\times \phi_{n_2 s_1}(\boldsymbol{r}_3) \phi^*_{n_2' s_1'}(\boldsymbol{r}_3') d\boldsymbol{r}_3 d\boldsymbol{r}_3'
\end{aligned}
\tag{5.92}
$$

簡単のためスピン偏極のない系を考えると，BS 方程式 (5.90), (5.91) は

$$
\begin{pmatrix}
h+v & 0 & 0 & v & l+\xi & 0 & 0 & \xi \\
0 & h & 0 & 0 & 0 & 0 & l & 0 \\
0 & 0 & h & 0 & 0 & l & 0 & 0 \\
X & 0 & 0 & h+v & \xi & 0 & 0 & l+\xi \\
-l^*-\xi^* & 0 & 0 & -\xi^* & -h^*-v^* & 0 & 0 & -v^* \\
0 & 0 & -l^* & 0 & 0 & -h^* & 0 & 0 \\
0 & -l^* & 0 & 0 & 0 & 0 & -h^* & 0 \\
-\xi^* & 0 & 0 & -l^*-\xi^* & -v^* & 0 & 0 & -h^*-v^*
\end{pmatrix}
\tag{5.93}
$$

なる行列の固有値問題になる．この行列の 8×8 の各要素は電子・正孔対の異なるスピン状態 $(\uparrow\uparrow, \uparrow\downarrow, \downarrow\uparrow, \downarrow\downarrow) \times 2$ に対応する．はじめの 4 行は $A_r(d,c)$ に，後の 4 行は $B_r(d,c)$ にかかる．行列 h は次の直接項を表し，

$$
h_{dc;d'c'} = (\varepsilon_c - \varepsilon_d) \delta_{dd'} \delta_{cc'} - w_{dc;d'c'} \tag{5.94}
$$

行列 v は交換項 $v_{dc;d'c'}$ を表す．行列 l と ξ は非対角項を表し，$l_{dc;d'c'} = -w_{dc;c'd'}$，$\xi_{dc;d'c'} = v_{dc;c'd'}$ である．式 (5.93) は 4 つのブロック対角行列に分解する．

$$H = \begin{pmatrix} D+2X & l+2\xi \\ -l^* - 2\xi^* & -D^* - 2X^* \end{pmatrix}, \quad \begin{pmatrix} D & l \\ -l^* & -D^* \end{pmatrix} \tag{5.95}$$

左の行列は 1 重項励起子に，右の行列は 3 つ現れ，3 重項励起子に対応する．

BS 方程式 $HA(\Omega) = \Omega A(\Omega)$ は形式的に $\Omega_{\pm}^{\text{singlet}} = \pm\sqrt{|D+2X|^2 - |l+2\xi|^2}$, $\Omega_{\pm}^{\text{triplet}} = \pm\sqrt{|D|^2 - |l|^2}$ と解ける．非対角要素が無視できる場合には（これを **Tamm-Dancoff 近似**という）$l = \xi = 0$ とおいて，式 (5.90) は次式になる．

$$(\varepsilon_c - \varepsilon_d)A_{dc} + \sum_{d'c'} \{2v_{dc;d'c'}\delta_{M,0} - w_{dc;d'c'}(\Omega)\} A_{d'c'} = \Omega A_{dc} \tag{5.96}$$

ε_c と ε_d は伝導電子と価電子の EQP エネルギーである．交換項 v は $M = 0$ の 1 重項にのみ現れる．$d = d' =$ HOMO と $c = c' =$ LUMO の間の 1 つの対角要素のみの場合には，1 重項と 3 重項のスプリット幅は $2v_{dc;dc}$ となる．式 (5.92) の ω' 積分は GPP モデルを用いて回避できる．結晶の場合には式 (5.96) は

$$(\varepsilon_{c\boldsymbol{k}+\boldsymbol{Q}} - \varepsilon_{d\boldsymbol{k}})A_{dc\boldsymbol{k}} + \sum_{\boldsymbol{k}'} \sum_{d'c'} \{2v_{dc\boldsymbol{k};d'c'\boldsymbol{k}'}\delta_{M,0} - w_{dc\boldsymbol{k};d'c'\boldsymbol{k}'}(\Omega)\} A_{d'c'\boldsymbol{k}'} = \Omega A_{dc\boldsymbol{k}} \tag{5.97}$$

とする必要がある [124]．Brillouin 帯の中で $\boldsymbol{k}$ 点の和をとることで，単位胞よりも広がったエキシトンの波動関数を記述することが可能となる．$\boldsymbol{Q}$ は入射光（したがってエキシトン）の運動量であり，非常に小さく 0 としてよい．ただし，$\boldsymbol{Q}$ の方向は縮退したバンドをエキシトンの縦モードと横モードに分離する．

Albrecht ら [125] の GW+BSE によるシリコンの 1 重項光吸収スペクトルの計算結果を図 5.20 に示す．エキシトン効果により吸収エネルギーが低下して実験のスペクトルを再現している．GW+BSE 法は XPS 過程で深い内殻準位に孔が空いた高い励起状態にも適用できる．メタノール (CH_3OH) 分子に対して，初期状態の内殻の孔に外殻電子が落ちる際の X 線発光スペクトル (XES) を GW+BSE 法で計算した結果 [126] を図 5.21 に示す．

5.2.3 T 行列理論，Hubbard U，Auger スペクトル

↑スピン電子と↓スピンを電子が同一の局在した軌道を占有すると，それらの電子間には強い Coulomb 反発相互作用が働き，互いに避けあって運動する．

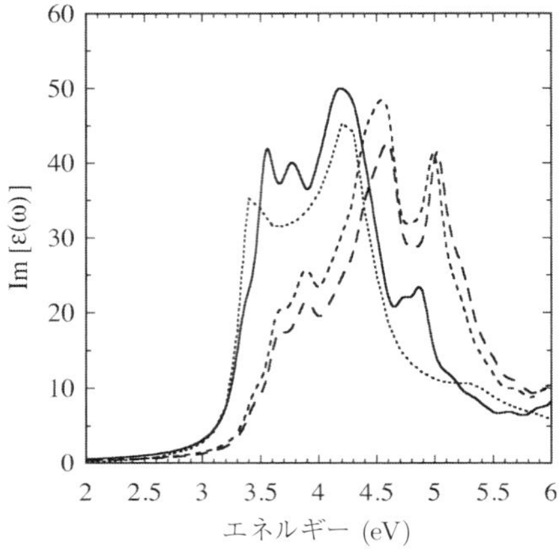

図 **5.20**　GW+Bethe–Salpeter 方程式による Si の 1 重項光吸収スペクトルの計算結果 [125]．実線がエキシトン効果と局所場効果を含む計算であり，細かい点線が実験である．長い破線は局所場効果のみを含む計算で，短い破線は GW 準粒子エネルギーを直接用いた単純な RPA 計算の結果である

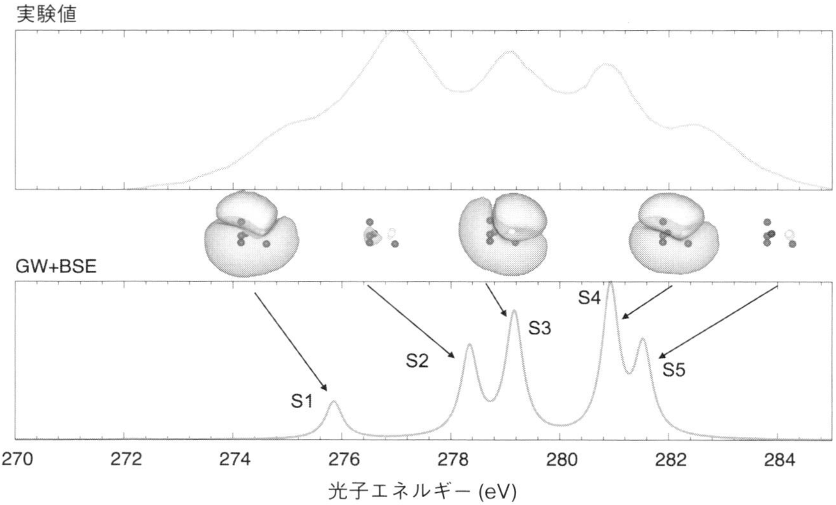

図 **5.21**　CH_3OH 分子の C1s 軌道に空いた孔に外殻電子が落ちる際の X 線発光スペクトル (XES) の GW+BSE 計算結果 [126]．中段の絵は正孔を炭素原子核位置に固定したエキシトン波動関数．実験の 5 本のピークと位置を再現している

一方の電子（電子 1）の位置を固定して考えると，他方の電子（電子 2）の分布は電子 1 を避けたような空間分布となる．つまり，電子 2 の存在確率は電子 1 付近で 0 に近く，その付近に確率分布の孔ができる．これを **Coulomb 孔**という．このような 2 電子の波動関数を描くには電子・電子チャネルの 2 電子 Green 関数を計算する必要がある．また，Coulomb 孔の存在により，電子間の Coulomb 相互作用は実質的に弱まり，オンサイト Coulomb エネルギーである Hubbard U パラメータの値は低下することが知られている．これが有名な金森理論である [127]．金森はこのことによって，遷移金属結晶においてオンサイト Coulomb エネルギーが実質的に低下して，モット絶縁体にはならずに強磁性体になることを示した．

2 粒子 Green 関数の電子・正孔チャネルが光吸収スペクトルに関係するのに対して，2 粒子 Green 関数の電子・電子あるいは正孔・正孔チャネルは，N 電子基底状態と $N \pm 2$ 電子励起固有状態との差に対応する 2 粒子スペクトルを与える．2 粒子スペクトルは実験的には **Auger スペクトル**として観測される．X 線光電子分光 (XPS) により内殻電子が X 線を吸収して無限遠方に放出されると，内殻に空いた孔に $\hbar\boldsymbol{k}$ の運動量を持つ電子が外殻から落ち，それと同時に，運動量の保存のために，$-\hbar\boldsymbol{k}$ の運動量を持つ電子が無限遠方に放出される．この過程の始状態は N 電子基底状態であり，終状態は $N-2$ 電子励起固有状態であり，Auger 過程と呼ばれる．Auger 過程で観測されるのは 2 正孔スペクトルである．以下に述べる $GW+T$ 行列理論でいくつかの炭化水素分子の Auger スペクトルの計算を行った結果 [128] を図 5.22 に示す．

これらの電子・電子チャネル，正孔・正孔チャネルの 2 粒子 Green 関数を扱うのが T **行列理論**である．この理論はもともと核子間の短距離相互作用を記述する理論として生まれたが，電子間の多重散乱を記述する場合にも有効である．Feynman 図形では，この多重散乱は電子・電子間または正孔・正孔間の**梯子（ラダー）図形**の無限和として表され，Bethe-Salpeter 方程式を満たす．T 行列は電子・電子および正孔・正孔の 2 粒子グリーン関数のカーネル部分を表しており，その固有値（極）が 2 電子（あるいは 2 正孔）スペクトルを与え，これが Auger スペクトルとして観測される．T 行列理論の考え方は，電子間の Coulomb 反発相互作用の結果として，2 粒子状態は単純な 1 粒子状態の直積ではなく，様々

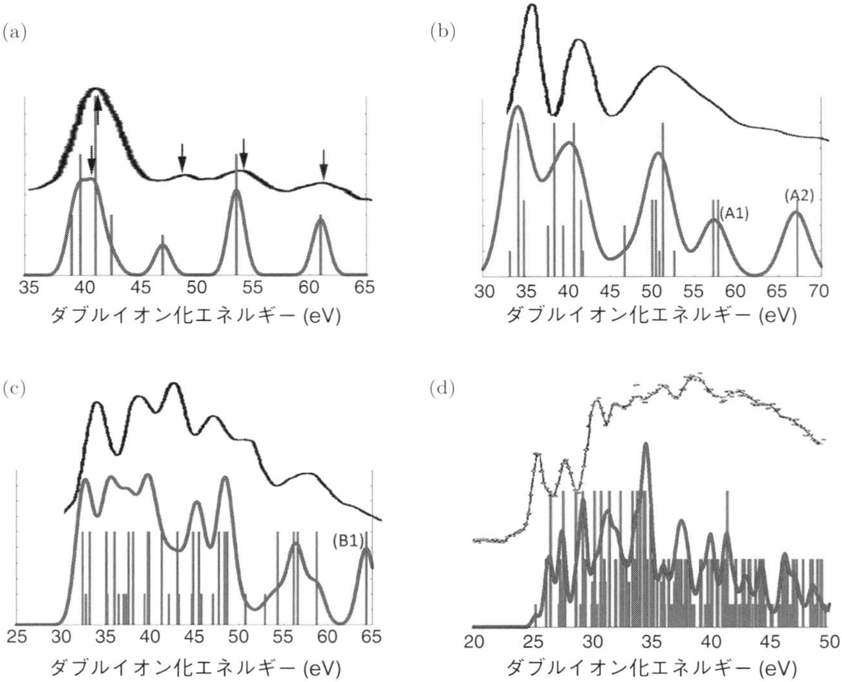

図 5.22　$GW+T$ 行列理論（全電子混合基底法）で計算された (a) メタン (CH_4)，(b) アセチレン (C_2H_2)，(c) エチレン (C_2H_4)，(b) ベンゼン (C_6H_6) の Auger スペクトル [128]．計算結果の線ペクトルをガウス分布で広げた曲線（下）は実験のスペクトル（上）のピークと（エネルギー）位置を良好に再現している

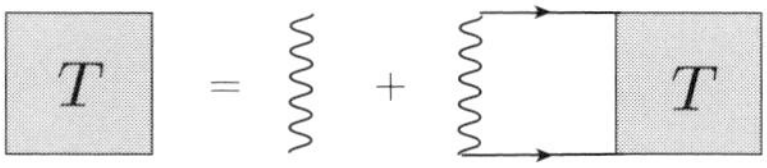

図 5.23　T 行列の満たす Bethe–Salpeter 方程式の Feynman 図形

な 1 粒子状態の直積が混合した状態になるということである．この結果として，2 電子が接近する確率は小さくなり，**Coulomb 孔**が生じる．

GW 近似で準粒子エネルギーを求めた後に T 行列計算を行う．T 行列は図 5.23 のように，Bethe–Salpeter 方程式

$$T = W + WKT \tag{5.98}$$

を満たし，K は 2 つの 1 粒子 Green 関数で $K(1,2|1'2') = iG(1',1)G(2',2)$ のように定義される 2 粒子伝達子である．W は静的近似での RPA 遮蔽 Coulomb 相互作用 $W(1,2) = W(\boldsymbol{r}_1, \boldsymbol{r}_2)\delta(t_1 - t_2)$ で与えられると考えて計算を進める．式 (5.98) を時間について Fourier 変換し，K を 4 個の準粒子波動関数（ワンショット GW 近似の場合には LDA 波動関数）で挟む．つまり，左から $\phi_\alpha(\boldsymbol{r}_1)\phi_\beta(\boldsymbol{r}_2)$ で，右から $\phi_\nu^*(\boldsymbol{r}_1')\phi_\mu^*(\boldsymbol{r}_2')$ で挟み，$\boldsymbol{r}_1, \boldsymbol{r}_2, \boldsymbol{r}_1', \boldsymbol{r}_2'$ で積分する．この表示で，K は対角的になり，$K_{\alpha\beta;\nu\mu} = K_{\nu\mu}\delta_{\alpha\nu}\delta_{\beta\mu}$ と書くと

$$K_{\nu\mu} = \begin{cases} -\dfrac{1}{\omega - \varepsilon_\nu - \varepsilon_\mu - i\eta}, & \text{for occupied } \nu, \mu \\ -\dfrac{1}{\omega - \varepsilon_\nu - \varepsilon_\mu + i\eta}, & \text{for empty } \nu, \mu \end{cases} \tag{5.99}$$

となる．ここで，$\varepsilon_\nu, \varepsilon_\mu$ は GW 準粒子エネルギーであり，η は無限小の正の量 0^+ である．すると式 (5.98) を固有値方程式の形に書き換えることが可能であり，

$$L_{\alpha\beta\nu\mu} = \left(\frac{f_{\nu\mu}}{K_{\nu\mu}} - \omega\right)\delta_{\alpha\nu}\delta_{\beta\mu} - W_{\alpha\beta\nu\mu}f_{\nu\mu}, \tag{5.100}$$

$$f_{\nu\mu} = \begin{cases} -1 & \text{for occupied } \nu, \mu \\ +1 & \text{for empty } \nu, \mu \end{cases} \tag{5.101}$$

とおくと，

$$\sum_{\nu\mu} L_{\alpha\beta\nu\mu}A_{\nu\mu} = \Omega A_{\alpha\beta} \tag{5.102}$$

が得られ，Ω が 2 粒子スペクトルを与える．$A_{\nu\mu}$ から 2 粒子波動関数は

$$\Psi_\Omega(\boldsymbol{r}_1, \boldsymbol{r}_2) = \sum_{\nu\mu} A_{\nu\mu}^* \phi_\nu(\boldsymbol{r}_1)\phi_\mu(\boldsymbol{r}_2) \tag{5.103}$$

のように求まる．硫黄 3 原子，窒素 3 原子，炭素 2 原子からなる 1,3,5-trithia-2,4,6-triazapentalenyl（略称 TTTA）というラジカル分子に対して $GW+T$ 行列計算を行うと [129]，電子間 Coulomb 反発相互作用が，2 電子分布における Coulomb 孔の出現と，それによるオンサイト Coulomb エネルギーの実質的な低下に導くことがわかる（静的遮蔽 Coulomb 相互作用の期待値が 5.3 eV なのに

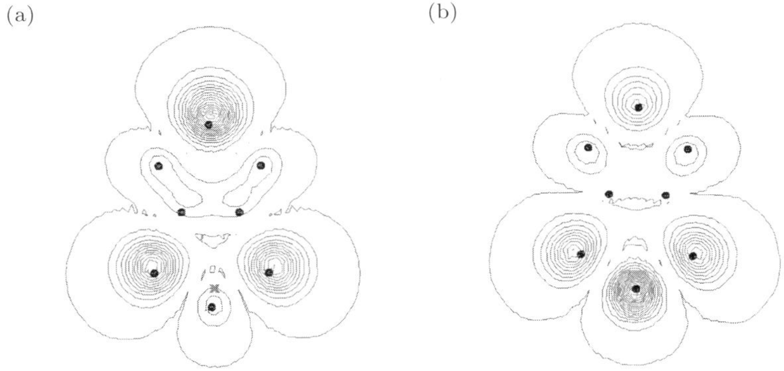

図 5.24　ラジカル TTTA 分子の最高占有状態の (a) 2 電子分布（× が第 2 電子の位置）と (b) 1 電子分布 [129]．(a) は × 付近に Coulomb 孔がある

対して，T 行列で短距離相関効果を含めることで 2.9 eV に低下する）．図 5.24 は TTTA の最高占有状態の (a) 2 電子分布（× が第 2 電子の位置）と (b) 1 電子分布を示している．(a) と (b) の分布の違いは第 2 電子からの強い反発によるもので，× の第 2 電子位置付近での Coulomb 孔の存在を如実に表している．

T 行列は短距離極限で厳密な記述を与える．Springer ら [130] は T 行列の虚部から金属 Ni の光電子スペクトルのサテライトピークを計算している（図 5.25）．

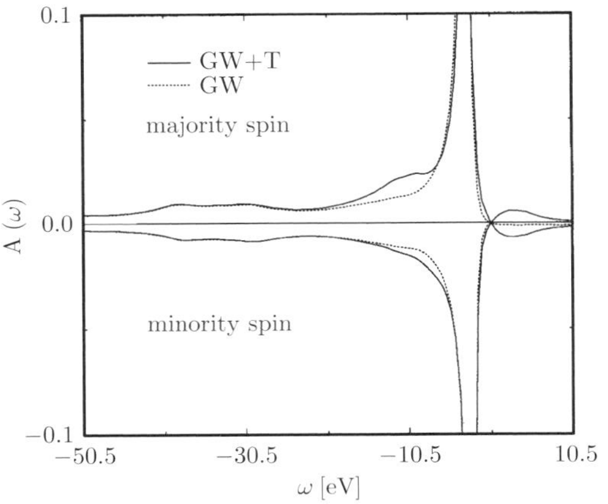

図 5.25　金属 Ni の G_0W_0+T 行列計算 (GW+T)．G_0W_0 (GW) にはないサテライトピークが −10 eV 付近に現れる [130]

5.2.4 自己無撞着 GWΓ 法

動的遮蔽 Coulomb 相互作用 W（または Coulomb 相互作用 V）の 1 次までのバーテックス補正（図 5.26）により，分極関数と自己エネルギーへのバーテックス補正は図 5.27 と図 5.28 で与えられる．ワンショット GWΓ 計算もあるが [131]，自己無撞着 LGWΓ$_w$ (LGWΓ$_v$) 計算 [132] では，自己エネルギーの線形化を含めて図 5.29 の手続きを繰り返し，すべての関数を自己無撞着に決定する．

自己無撞着 LGWΓ$_w$+BSE 法で B_2, C_2H_2, Na, Na_3 のイオン化ポテンシャル (IP)，電子親和力 (EA)，光吸収ギャップ (E_g^{opt}) を計算した結果は実験値と 0.1 eV 以内で一致し，その計算精度は MRDCI 法のものと同等かそれ以上

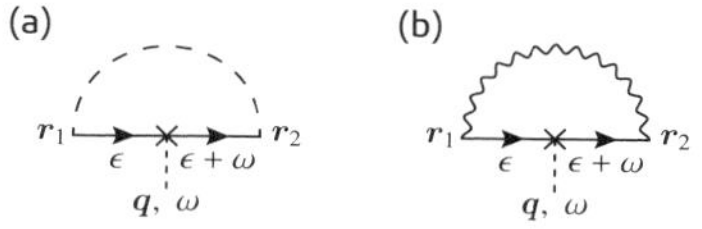

図 5.26　1 次のバーテックス補正の Feynman 図形

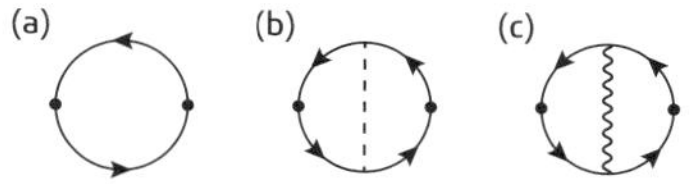

図 5.27　1 次のバーテックス補正を含む分極関数の自己エネルギー図形

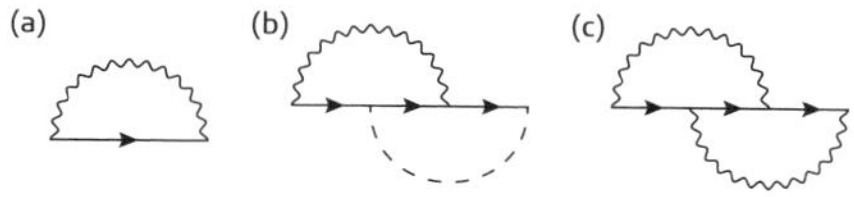

図 5.28　バーテックス補正を入れた 2 次の自己エネルギー図形

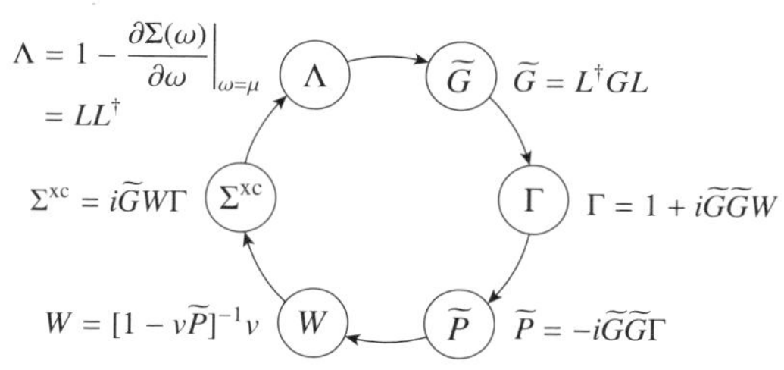

図 5.29　自己無撞着 GWΓ 法のループ

である [132]．図 5.30 に Na_3 の光吸収スペクトルと実験スペクトルを比較した [132]．G_0W_0+BSE 法は実験のスペクトルを大きく過小評価し，自己無撞着

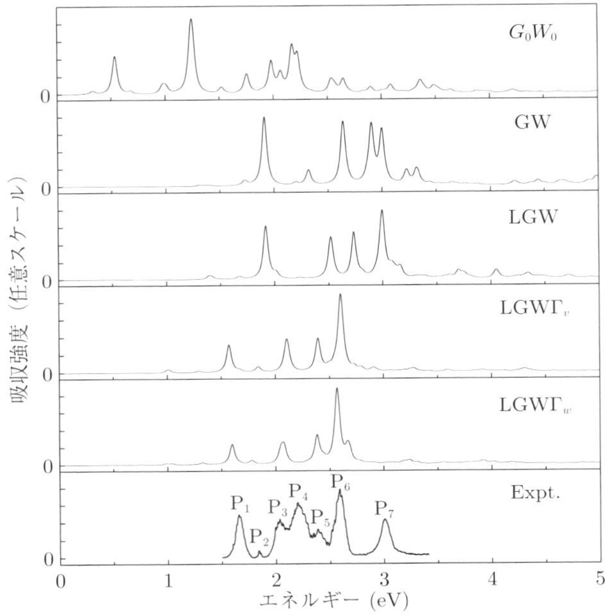

図 **5.30**　自己無撞着 GW，LGW，LGWΓ_v，LGWΓ_w 法（全電子混合基底法）による Na_3 の光吸収スペクトル [132]．LGWΓ_w は実験を再現する

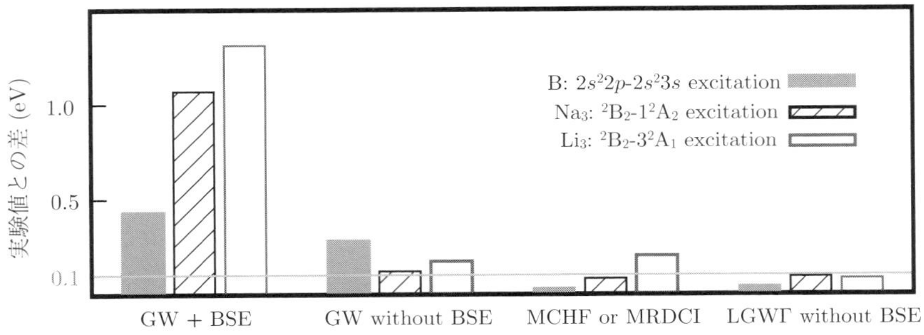

図 **5.31**　光吸収エネルギーの計算精度の比較．BSE を使わない GWΓ 法は MRDCI 法の計算精度と同程度か，それを上回る [121]

表 5.4 B, Na_3, Li_3 の光吸収スペクトル [121]．BSE を用いない陽イオンに対する G_0W_0, GWΓ, LGWΓ 計算結果（全電子混合基底法）と MRDCI, Full CI，実験値との比較（単位は eV）．LGWΓ は実験値と ±0.1 eV で一致

原子/分子	遷移	G_0W_0	GWΓ	LGWΓ	MRDCI	Full CI	実験値
B	$2s^22p-2s^23s$	5.24	4.39	4.92	4.93		4.96
	$2s^22p-2s^23p$	6.37	5.57	6.09	5.99		6.02
	$2s^22p-2s^23d$	7.00	6.15	6.71	6.76		6.79
	$2s^22p-2s^24s$	7.02	6.34	6.89	6.78		6.82
Na_3	$^2B_2-1^2A_1$	0.75	0.77	0.80	0.52	0.48	
	$^2B_2-2^2A_1$	1.21	1.34	1.34	1.07	1.09	
	$^2B_2-1^2A_2$	1.71	1.92	1.94	1.77	-	1.85
	$^2B_2-4^2A_1$	1.96	1.99	2.12	1.97	1.96	2.02
	$^2B_2-2^2A_2$	2.55	2.38	2.56	2.61	2.51	2.58
Li_3	$^2B_2-1^2A_1$	0.32	0.34	0.36	0.317	0.216	
	$^2B_2-2^2A_1$	1.16	1.19	1.25	1.206	1.136	
	$^2B_2-2^2B_2$	1.33	1.63	1.67	1.430	1.346	
	$^2B_2-3^2A_1$	1.64	1.80	1.89	1.612	1.498	1.81
	$^2B_2-1^2A_2$	1.77	2.08	2.18	1.975	1.937	
	$^2B_2-2^2B_1$	2.22	2.32	2.47	2.320	2.245	
	$^2B_2-3^2B_2$	2.73	2.43	2.63	2.615	2.407	2.61

(L)GW+BSE 法は実験のスペクトルを過大評価するのに対して，自己無撞着 $\mathrm{LGW}\Gamma_w$+BSE 法は実験のスペクトルを良く再現することがわかる [132].

さらに，BSE を用いない正イオンの拡張準粒子計算により光吸収エネルギー (PAE) を計算することができる．表 5.4 は B, Na_3, Li_3 に対して PAE の各種計算手法の結果と実験値をまとめたものである [121]．こちらも $\mathrm{LGW}\Gamma_w$ 法の計算精度は MCHF/MRDCI 法のものと同等かそれ以上である（図 5.31 を見よ）.

5.2.5 Parquet 法

parquet とは寄木細工のことで，図形を寄木細工のよう集める方法であり，C. Dominicis と P. C. Martin により導入された [133]．内向きの外線の端点 1, 2 と外向きの外線の端点 3, 4 を持つ 4 点バーテックスを $\Gamma(1,2;3,4)$ と書く．4 点バーテックスは実線と点線でつながった図形の和である．バーテックス内の 2 本の実線を切断することで [1,2] の端点を含む図形と [3,4] の端点を含む図形の 2 つの図形に分かれる場合，この図形は [12] チャネルについて非単純であり，

[12] チャネル非単純図形という．そのような分割ができない場合，その図形は [12] チャネルについて単純であり，[12] チャネル単純図形という．同様に，バーテックス内の 2 本の実線を切断して [1,3] を含む図形と [2,4] を含む図形に分かれる図形を [13] チャネル非単純図形といい，[1,4], [2,3] に分かれる図形は [14] 非単純図形という．それぞれの場合について非単純でない場合を単純と定義する．一般に [12] チャネル，[13] チャネル，[14] チャネルを素粒子の言語を用いて s, t, u チャネルと呼ぶ．s チャネルは粒子・粒子チャネル，t チャネルと u チャネルは粒子・正孔チャネルである．s チャネル非単純図形 S は，s チャネル単純図形を 2 つ以上積み上げてできるので，これは Bethe—Salpeter (BS) 方程式を満たす．t チャネル，u チャネルも同様である．s チャネル非単純図形 S は必ず t チャネル単純図形であり，かつ u チャネル単純図形でもある．したがって，s チャネル非単純図形 S と t チャネル非単純図形 T と u チャネル非単純図形 U と，どのチャネルから見ても単純な図形 I の和は完全な 4 点バーテックス Γ を与える．つまり，完全な 4 点バーテックスは

$$\Gamma = I + S + T + U \tag{5.104}$$

である．これにより s チャネル単純図形 $\Gamma - S$ は $I + T + U$ と書けるので，s チャネル非単純図形に対する BS 方程式は $S = (I + T + U)s\Gamma$ と書ける．ここで s は，$(I+T+U)$ と Γ を s チャネルで結びつける 2 本の実線（1 粒子 Green 関数）とその接点に関する積分を表す結合子である．I として最も簡単なのは裸の Coulomb 相互作用である．これはどのチャネルから見ても単純である．同様に，u チャネルの BS 方程式 $U = (I + S + T)u\Gamma$ も得られる．s と u は梯子図形を作るが，t にはリング図形を作る c の他に左右の出口を交換した l, r があるので少し複雑になる [134]．仮に l, r を無視すると $t = c$ となり，次式を得る．

$$S = (\Gamma - S)s\Gamma, \quad T = (\Gamma - T)t\Gamma, \quad U = (\Gamma - U)u\Gamma \tag{5.105}$$

式 (5.104)，(5.105) が **parquet 方程式**を構成する．しかし，この高次元方程式を第一原理計算によって解くことは難しく，今後の発展に委ねられる．

第6章 まとめと展望

密度汎関数理論 (DFT) では，Kohn と Sham により相互作用しない仮想系の 1 電子軌道（KS 軌道）が導入され，周りの電子の影響を 1 電子有効ポテンシャルの形で取り込んだ独立粒子としての取り扱いが可能となった．この KS 方程式による DFT の解法はその取り扱いの簡単さと全エネルギーや個々の原子に働く力の計算結果の高い信頼性のゆえに，今や第一原理計算の基本と言ってもいいくらい様々な分野で広く使われるようになってきている．しかし，KS エネルギー固有値は光電子スペクトルを再現せず，LDA や GGA はエネルギーギャップを過小評価してしまう．この問題を解決するためには，多体摂動論の Green 関数法に基づいた GW 近似などを用いる必要がある．この方法は，準粒子理論の枠組みで確固たる独立粒子描像を与え，光電子スペクトルを正確に再現する能力を持っている．それでは，Kohn–Sham (KS) 理論と準粒子理論の間にはどのような関係があるのだろうか．それらの関係性が明らかになれば，DFT の密度汎関数をより高精度化して KS エネルギー固有値に光電子スペクトルとしての物理的な意味を与えることができるかもしれない．また，基底状態を出発点とする準粒子理論が任意の電子励起固有状態を出発点とする拡張準粒子理論に置き換わったように，KS 理論を任意の電子励起固有状態を出発点とする拡張 KS 理論に置き換えることも夢ではない．筆者らがごく最近発見したこの新理論 [105] はまだ生まれたてのほやほやの段階であるから，筆者らはその厳密性に十分な確信を持っているものの，これから国内外の多くの研究者のみなさまの御批判や評価を受けていく必要がある．そのため，これらの内容については，これまでの章とは切り離して，本書の最後のまとめと展望として本章で紹介したい．

6.1 拡張 Kohn–Sham 理論と拡張準粒子理論

Kohn–Sham (KS) 軌道は正規直交関係を満たすと一般に考えられているが，Kohn–Sham の原論文 [8] では，正規性は Lagrange 未定乗数法で設定するものの，直交性についてはどこにも触れていない．実際，そのような互いに直交しない KS 軌道は**自己相互作用補正 (SIC)** で現れることが知られている．そこで，拡張 Kohn–Sham (EKS) 軌道を，1 に規格化する必要はあるものの，必ずしも互いに直交している必要はないと拡張解釈することにすると，これは拡張準粒子 (EQP) 波動関数に他ならない，ということを示すことができる．ここでは，このような拡張 Kohn–Sham 理論と拡張拡張準粒子理論の等価性を導く．

6.1.1 準粒子波動関数の規格化

まず，前章の拡張準粒子 (EQP) 方程式 (5.21) 式で触れた拡張準粒子 (EQP) 波動関数の規格化について考える [105]．光による光電子放出過程に対応して，占有状態の EQP 波動関数は式 (5.3a) のように $\phi_\mu(\boldsymbol{r}, s) = \langle\, \Psi_\mu^{M-1} \,|\, \hat{\psi}_s(\boldsymbol{r}) \,|\, \Psi_\gamma^M \,\rangle$ で定義され，これを用いて電子スピン密度は式 (5.4) で表される．しかし，電子数 M が有限であっても $M-1$ 電子状態 Ψ_μ^{M-1} は無限個存在し，占有 EQP 波動関数 $\phi_\mu(\boldsymbol{r}, s)$ も無限個存在する．このことは EQP 波動関数のノルム $\langle\, \phi_\lambda \,|\, \phi_\lambda \,\rangle$ が 1 よりも小さいことを意味する（以下の式 (6.10) を見よ）．しかし，このような計算は事実上不可能である．そのため，EQP 波動関数を 1 に規格化する計算は近似とはいえ現実的な方法である．著者らは，この EQP 波動関数を 1 に規格化する手続きが厳密に正しい電子状態の計算手法になっていることを証明した [105]．証明は次の手順による．まず，M 電子系の時間に依存する密度行列

$$\rho_s(x_1, x_2) \equiv \langle\, \Psi_\gamma^M \mid \hat{\psi}_s^\dagger(x_2)\hat{\psi}_s(x_1) \mid \Psi_\gamma^M \,\rangle = \sum_{\mu \,\in\, \mathrm{occ}} \phi_\mu(x_1, s)\phi_\mu^*(x_2, s) \tag{6.1}$$

が Dyson 方程式 (5.44) と同様の次の方程式を満たすことに注意する．

$$i\frac{\partial}{\partial t_1}\rho_s(x_1, x_2) = h_s^{(1)}(\boldsymbol{r}_1)\rho_s(x_1, x_2) + \int dx_3\, \Sigma_s(x_1, x_3)\rho_s(x_3, x_2) \tag{6.2}$$

この式が成り立つことは，$t_1 < t_2$ で $\rho_s(x_1, x_2) = -iG_s(x_1, x_2)$ であることからもわかる．Dyson 方程式との違いは右辺にデルタ関数が現れないことである．$\rho_s(x_1, x_2)$ を互いに直交しない 1 に規格化した M 個の 1 電子軌道 $\bar{\phi}_i(x_1, s)$ で

$$\rho_s(x_1, x_2) = \sum_{i=1}^{M} \bar{\phi}_i(x_1, s)\bar{\phi}_i^*(x_2, s) \tag{6.3}$$

のように表せるものと仮定することにする．そして，各時刻 t_1 において

$$\int \bar{\phi}_i^*(x_1, s)\widetilde{\phi}_j(x_1, s)d\boldsymbol{r}_1 = \delta_{ij} \tag{6.4}$$

のように，この軌道に直交するデュアル軌道 $\widetilde{\phi}_j(x_1, s)$ を導入する．これは，Gram–Schmidt 直交化法で $\bar{\phi}_i(x_1, s)$ をすべての他の $M-1$ 個の軌道 $\bar{\phi}_j^*(x_1, s)$ に直交化させて作ることができる．式 (6.2) に $\widetilde{\phi}_i(x_2, s)$ をかけて $\boldsymbol{r}_2$ で積分すれば，

$$i\frac{\partial}{\partial t_1}\bar{\phi}_i(x_1, s) = h_s^{(1)}(\boldsymbol{r}_1)\bar{\phi}_i(x_1, s) + \int dx_2\, \Sigma_s(x_1, x_2)\bar{\phi}_i(x_2, s) \tag{6.5}$$

なる $\widetilde{\phi}_i(x, s)$ の満たす方程式が導かれる．式 (6.5) を t_1 について Fourier 変換し，もともとの自己エネルギーの ω 表示の定義式 $\Sigma_s(\boldsymbol{r}_1, \boldsymbol{r}_2; \varepsilon_\lambda) = \int d(t_1 - t_2)\Sigma_s(x_1, x_2)e^{i\varepsilon_\lambda(t_1-t_2)}$ を用いれば，この式は驚くことに EQP 方程式 (5.21) と全く同じ形をしていることがわかる．このことは，EQP 波動関数を 1 に規格化してよいことを意味している．ただし，自己エネルギーが求めたい固有値 ε_λ に依存するので，EQP 波動関数は互いに直交している必要はない．

6.1.2 Baym–Kadanoff の保存則

Baym–Kadanoff の保存則 [135] によれば，Dyson 方程式は

$$\left[\omega - h^{(1)} - \Sigma(\omega)\right] G(\omega) = G(\omega)\left[\omega - h^{(1)} - \Sigma(\omega)\right] = 1. \tag{6.6}$$

と書けるので，Green 関数 $G(\omega)$ の 1 つの極 ε_λ の周りで周回積分すると，次の右固有値方程式と左固有値方程式が同時に成り立つことがわかる．

$$\left[\varepsilon_\lambda - h^{(1)} - \Sigma(\varepsilon_\lambda)\right] |\,\phi_\lambda\,\rangle = \langle\,\phi_\lambda\,| \left[\varepsilon_\lambda - h^{(1)} - \Sigma(\varepsilon_\lambda)\right] = 0. \tag{6.7}$$

ここで，$\langle \boldsymbol{r}, s \,|\, \phi_\lambda \rangle = \phi_\lambda(\boldsymbol{r}, s)$ $(\lambda = \nu \text{ or } \mu)$ により準粒子状態 $|\,\phi_\lambda\,\rangle$ を導入した．左固有値方程式のエルミート共役 $\left[\varepsilon_\lambda^* - h^{(1)} - \Sigma^\dagger(\varepsilon_\lambda)\right] |\,\phi_\lambda\,\rangle = 0$ と右固有値方程式を合わせると，エルミート化された EQP 方程式

$$\left[h^{(1)} + \frac{1}{2}\left\{\Sigma(\varepsilon_\lambda) + \Sigma^\dagger(\varepsilon_\lambda)\right\}\right] |\,\phi_\lambda\,\rangle = \mathrm{Re}[\varepsilon_\lambda]\,|\,\phi_\lambda\,\rangle \tag{6.8}$$

と次の反エルミート化された方程式が同時に得られる [105]．

$$\frac{1}{2i}\left\{\Sigma_s(\varepsilon_\lambda) - \Sigma_s^\dagger(\varepsilon_\lambda)\right\} |\,\phi_\lambda\,\rangle = \mathrm{Im}[\varepsilon_\lambda]\,|\,\phi_\lambda\,\rangle \tag{6.9}$$

固有値方程式 (6.8) は拡張 Kohn–Sham 方程式と呼ぶべきものである．自己エネルギーはエルミートではなく，EQP エネルギー ε_λ は複素数である．$|\,\phi_\lambda\,\rangle$ は方程式 (6.8)，(6.8) の同時固有状態であり，固有値が準粒子エネルギー ε_λ の実部と虚部を与える．ε_λ の虚部は準粒子の寿命の逆数を表す重要な量である．

さらに，式 (6.6) で ω を ε_λ に近づけて式 (6.7) を考慮すると，

$$\langle\,\phi_\lambda\,|\left[1 - \left.\frac{\partial\Sigma(\omega)}{\partial\omega}\right|_{\omega=\varepsilon_\lambda}\right]|\,\phi_\lambda\,\rangle = \langle\,\phi_\lambda\,|\left[1 - \left(\left.\frac{\partial\Sigma(\omega)}{\partial\omega}\right|_{\omega=\varepsilon_\lambda}\right)^\dagger\right]|\,\phi_\lambda\,\rangle = 1. \tag{6.10}$$

が得られる [105, 106]．これがもともとの準粒子波動関数のノルムを与える．

6.1.3　高橋–Ward 恒等式，まとめ

光電子分光（あるいは逆光電子分光）で作られる終状態には単純に 1 個の電子が始状態から抜けた（あるいは始状態に加わった）状態だけではなく，無数の多重励起状態が存在する．EQP 波動関数を 1 に規格化するということは，この無数の終状態から多重励起状態を含むものを取り除くことに相当する．これは，電子間 Coulomb 相互作用に伴う運動量移行 $\boldsymbol{q}$ とエネルギー移行 $\varpi = \omega - \omega'$ がともに 0 の極限を考えることに相当し（$(\boldsymbol{q}, \varpi) \to 0$ の極限で多重励起がなくなることは明らかであろう），その極限での高橋–Ward 恒等式 [111, 136]

$$\Gamma_{q=0}(\omega) = 1 - \frac{\partial\Sigma(\omega)}{\partial\omega} \tag{6.11}$$

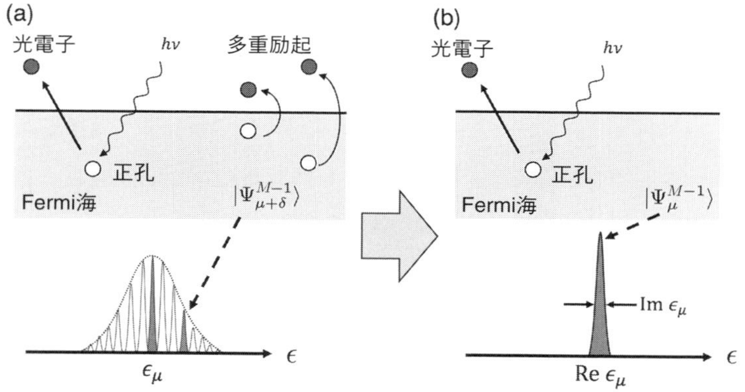

図 6.1 (a) 光電子分光で生じた正孔の周りに多重励起を伴う無限個の $M-1$ 電子固有状態 $|\Psi^{M-1}_{\mu+\delta}\rangle$ と主要な正孔だけが存在する $M-1$ 電子固有状態 $|\Psi^{M-1}_{\mu}\rangle$ [105]

が式 (6.10) の規格化を保証している．ここで $\Gamma_{q=0}(\omega)$ は $q \equiv (\boldsymbol{q}, \varpi) \to 0$ 極限のバーテックス関数である．高橋–Ward 恒等式はゲージ不変性つまり局所的電荷保存則を主張するもので，自己エネルギーとバーテックス関数に対する恒等式である [136]．その $q \to 0$ 極限 (6.11) は Ward 恒等式と呼ばれる．これが波動関数の規格化条件を与えることは自然なことであろう [105]．つまり，光電子分光では正孔や電子とは別に多重励起も起こるが（図 6.1(a)），このような多重励起は $q \to 0$ の極限では起こらず，したがって，この極限のバーテックス関数はこれらの多重励起状態を除いた純粋に 1 個の電子が始状態から抜けた（あるいは始状態に加わった）状態だけを扱い，そのために Ward 恒等式は，それらの状態を 1 に規格化するという意味があることが理解できる（図 6.1(b)）．

著者らは，バーテックス関数の中から $q \to 0$ の部分を先に抜き出しておいて，拡張準粒子理論の厳密な Hedin の式の中で，すべての Green 関数が繰り込まれた Green 関数に矛盾なく置き換わることを示した [105]．したがって，互いに直交しない 1 に規格化された波動関数で電子密度を表すことが可能となり，それがエルミート化された EQP 方程式，つまり拡張 Kohn–Sham 方程式 (6.8) の解であることがわかる．この（必ずしも直交しない）1 電子波動関数は電子間相互作用のために互いに相関した波動関数になっているという点で相互作用のない従来の KS 軌道の概念を拡張したものになっているといえる．

6.2 今後の展望

前節の厳密な“拡張KS方程式”は任意の電子励起固有状態を扱えるうえ，交換相関汎関数を拡張準粒子理論に基づいて多体摂動論のGreen関数法で計算できる画期的なものである．これについて今後の展望を書いて，本書を終えたい．

この“拡張KS方程式”を解く方法を考えよう．初期状態を電子励起固有状態にしたい場合は，固有値問題の後で準位の入れ替えをすればよい．最も簡単な方法はワンショットGW近似(G_0W_0)を用いることである．DFTの解で自己エネルギーを評価する．各準位の占有数を1, 0でコントロールして電子励起状態を作ってLDA/GGA/Hybridなどで収束させ，そのうえでワンショットGW近似を行えば，電子励起状態に対する拡張KS理論で計算したものとなる．

続いて考えられる計算方法は自己無撞着GW近似を用いることである．この場合には，交換相関汎関数としての自己エネルギーが求めるべき固有値に依存するため，固有関数が互いに直交しないことが問題となる．準位ごとに固有値問題を解き直すことが基本となるが，Green関数をそのまま扱う方法を開発したほうが簡単かもしれない．これが大変であれば，従来通り直交する解を第一近似として，互いに直交しない部分を摂動で取り入れるなど，今後様々な方法が開発される余地が残されている．しかも昨今の計算機の進歩は著しいことから，このような計算が今後頻繁に行われるようになることを期待したい．

最後に，EQP波動関数とLöwdin [103]のCIの自然スピン軌道(natural spin orbital)との関係について触れる．EQP波動関数の重なり行列(5.16)を対角化することでEQP波動関数を直交関数系に変換できる．これが自然スピン軌道に他ならない．実際，このユニタリ変換で，密度行列は対角的な表現であり続けるからである．しかし，このとき，変換された自然スピン軌道は，占有軌道と非占有軌道が入り混じったものとなり，各軌道の占有数は0と1の間をとる．

このように見てくると，何といっても準粒子描像は極めて優れている理論であると思える．これは多くの方法を包含しており，量子化学計算手法，密度汎関数理論を結びつける絆的な役割を果たす重要な理論体系を与えているようである．ダイナミクスへの応用なども含めて更なる今後の発展が楽しみである．

付録 A Fermi粒子系の第2量子化

独立粒子描像では，Pauli の排他原理により，個々の粒子は状態を占有するかしないかで，同じ状態を 2 個の粒子が占有することはできない．各 1 粒子状態の占有数は 1 か 0 である．状態 λ に粒子がいる場合をケット $|\lambda\rangle$，粒子がいない場合をケット $|0\rangle$ で表すことにする．これらの状態はベクトル表記で

$$|\lambda\rangle = \begin{pmatrix} 1 \\ 0 \end{pmatrix}, \quad |0\rangle = \begin{pmatrix} 0 \\ 1 \end{pmatrix} \tag{A.1}$$

と書ける．ケット $|\lambda\rangle, |0\rangle$ のエルミート共役（この場合は転置）を $\langle\lambda| = (|\lambda\rangle)^\dagger = \begin{pmatrix} 1 & 0 \end{pmatrix}, \langle 0| = (|0\rangle)^\dagger = \begin{pmatrix} 0 & 1 \end{pmatrix}$ と書き，ブラ $\langle\lambda|$，ブラ $\langle 0|$ と読む．これらの内積は正規直交性 $\langle n|n'\rangle = \delta_{nn'}$ $(n, n' = \lambda, \lambda' \text{ or } 0)$ を満たす．2 つの状態の内積（ブラケット）はケットに占めるブラの割合として確率振幅を表す．状態 λ に粒子を生成する演算子 $\hat{a}_\lambda^\dagger$ と粒子を消滅する演算子 $\hat{a}_\lambda$ を

$$\hat{a}_\lambda^\dagger = \begin{pmatrix} 0 & 1 \\ 0 & 0 \end{pmatrix}, \quad \hat{a}_\lambda = \begin{pmatrix} 0 & 0 \\ 1 & 0 \end{pmatrix} \tag{A.2}$$

として導入する．生成演算子は消滅演算子のエルミート共役である．確かに，これらの演算子をケット $|\lambda\rangle$ とケット $|0\rangle$ に演算すると，$\hat{a}_\lambda^\dagger|\lambda\rangle = 0, \hat{a}_\lambda^\dagger|0\rangle = |\lambda\rangle, \hat{a}_\lambda|\lambda\rangle = |0\rangle, \hat{a}_\lambda|0\rangle = 0$ が得られる．最初の式は状態 $|\lambda\rangle$ に 2 個目の粒子を付け加えることに，最後の式は空の状態 $|0\rangle$ から粒子を取り去ることに相当する．これらはいずれも不可能なので，最初と最後の式の右辺は 0 になる．

$$\hat{a}_\lambda\hat{a}_\lambda^\dagger = \begin{pmatrix} 0 & 0 \\ 0 & 1 \end{pmatrix}, \quad \hat{n}_\lambda \equiv \hat{a}_\lambda^\dagger\hat{a}_\lambda = \begin{pmatrix} 1 & 0 \\ 0 & 0 \end{pmatrix}, \quad \hat{a}_\lambda\hat{a}_\lambda = \hat{a}_\lambda^\dagger\hat{a}_\lambda^\dagger = \begin{pmatrix} 0 & 0 \\ 0 & 0 \end{pmatrix} = 0 \tag{A.3}$$

である．$\hat{n}_\lambda = \hat{a}_\lambda^\dagger \hat{a}_\lambda$ を $|\,\lambda\,\rangle$ と $|\,0\,\rangle$ に演算すると，$\hat{n}_\lambda|\,\lambda\,\rangle = |\,\lambda\,\rangle, \hat{n}_\lambda|\,0\,\rangle = 0 = 0|\,0\,\rangle$ となり，$|\,\lambda\,\rangle$ には 1 を，$|\,0\,\rangle$ には 0 をかけたものと一致する．つまり，$\hat{n}_\lambda$ を演算することは粒子数をかけることと同じで，$\hat{n}_\lambda$ は粒子数演算子の意味を持つ．状態 λ のエネルギーを ε_λ と書けば，全エネルギーは次式で与えられる：$H_0 = \sum_\lambda \varepsilon_\lambda \hat{n}_\lambda = \sum_\lambda \varepsilon_\lambda \hat{a}_\lambda^\dagger \hat{a}_\lambda$

2 つの状態 λ, λ' に電子を 1 つずつ付ける演算は $\hat{a}_\lambda^\dagger \hat{a}_{\lambda'}^\dagger$ または $\hat{a}_{\lambda'}^\dagger \hat{a}_\lambda^\dagger$ である．新しく付ける状態はケットの一番左に加えるものとすると，$\hat{a}_{\lambda'}^\dagger|\,\lambda\,\rangle = \hat{a}_{\lambda'}^\dagger \hat{a}_\lambda^\dagger|\,0\,\rangle = |\,\lambda', \lambda\,\rangle$ となる．状態の反対称性から $|\,\lambda', \lambda\,\rangle = -|\,\lambda, \lambda'\,\rangle$ が成り立つので，

$$\left\{\hat{a}_\lambda^\dagger, \hat{a}_{\lambda'}^\dagger\right\} = \hat{a}_\lambda^\dagger \hat{a}_{\lambda'}^\dagger + \hat{a}_{\lambda'}^\dagger \hat{a}_\lambda^\dagger = 0 \tag{A.4a}$$

$$\{\hat{a}_\lambda, \hat{a}_{\lambda'}\} = \hat{a}_\lambda \hat{a}_{\lambda'} + \hat{a}_{\lambda'} \hat{a}_\lambda = 0 \tag{A.4b}$$

なる反交換関係が得られる．第 2 式は第 1 式のエルミート共役である．粒子を λ から取り去り λ' に付ける演算は $\hat{a}_\lambda \hat{a}_{\lambda'}^\dagger$ または $\hat{a}_{\lambda'}^\dagger \hat{a}_\lambda$ である．$\lambda \neq \lambda'$ の場合は，演算する順番で状態の符号が変わるだけなので，$\left\{\hat{a}_\lambda, \hat{a}_{\lambda'}^\dagger\right\} = \hat{a}_\lambda \hat{a}_{\lambda'}^\dagger + \hat{a}_{\lambda'}^\dagger \hat{a}_\lambda = 0$ が成り立つ．これと (A.3) を合わせて次の反交換関係が得られる．

$$\left\{\hat{a}_\lambda, \hat{a}_{\lambda'}^\dagger\right\} = \hat{a}_\lambda \hat{a}_{\lambda'}^\dagger + \hat{a}_{\lambda'}^\dagger \hat{a}_\lambda = \delta_{\lambda\lambda'} \tag{A.4c}$$

空間座標 $\boldsymbol{r}$ に粒子を生成する場の演算子（生成演算子）$\hat{\psi}^\dagger(\boldsymbol{r})$ を $\hat{\psi}^\dagger(\boldsymbol{r})|\,0\,\rangle = |\,\boldsymbol{r}\,\rangle$ によって導入する．ここで $|\,\boldsymbol{r}\,\rangle$ は，座標 $\boldsymbol{r}$ に粒子がいる状態を表し，直交関係 $\langle\,\boldsymbol{r}\,|\,\boldsymbol{r}'\,\rangle = \delta(\boldsymbol{r} - \boldsymbol{r}')$ を満たす．1 粒子状態 λ の波動関数は

$$\phi_\lambda(\boldsymbol{r}) = \langle\,\boldsymbol{r}\,|\,\lambda\,\rangle, \quad \phi_\lambda^*(\boldsymbol{r}) = \langle\,\lambda\,|\,\boldsymbol{r}\,\rangle \tag{A.5}$$

と表すことができる．波動関数は座標 $\boldsymbol{r}$ における状態 λ の確率振幅を表すからである．1 粒子ハミルトニアンの固有状態 $|\,\lambda\,\rangle$ は完全系をなすので，$\sum_\lambda |\,\lambda\,\rangle\langle\,\lambda\,| = 1$ を満たす．$|\,\lambda\,\rangle\langle\,\lambda\,|$ は，その右にかかる任意のケットから状態 $|\,\lambda\,\rangle$ の成分を抽出し，状態 $|\,\lambda\,\rangle$ に射影する演算子（射影演算子）の意味を持ち，状態 $|\,\lambda\,\rangle$ が完全系をなせば，この和は 1 である．これより波動関数の完全性

$$\sum_\lambda \phi_\lambda(\boldsymbol{r})\phi_\lambda^*(\boldsymbol{r}') = \sum_\lambda \langle\,\boldsymbol{r}\,|\,\lambda\,\rangle\langle\,\lambda\,|\,\boldsymbol{r}'\,\rangle = \langle\,\boldsymbol{r}\,|\,\boldsymbol{r}'\,\rangle = \delta(\boldsymbol{r} - \boldsymbol{r}') \tag{A.6}$$

が導かれる．ケット $|\,\boldsymbol{r}\,\rangle$ はケット $|\,\lambda\,\rangle$ と

$$|\,\boldsymbol{r}\,\rangle = \sum_\lambda |\,\lambda\,\rangle\langle\,\lambda\,|\,\boldsymbol{r}\,\rangle = \sum_\lambda |\,\lambda\,\rangle\phi^*_\lambda(\boldsymbol{r}) \tag{A.7}$$

なるユニタリー変換の関係で結ばれているので，これらの式より $\hat{\psi}^\dagger(\boldsymbol{r})\,|\,0\,\rangle = \sum_\lambda \phi^*_\lambda(\boldsymbol{r})\,|\,\lambda\,\rangle = \sum_\lambda \phi^*_\lambda(\boldsymbol{r})\hat{a}^\dagger_\lambda\,|\,0\,\rangle$ が成り立つ．これより次の関係が得られる．

$$\hat{\psi}^\dagger(\boldsymbol{r}) = \sum_\lambda \phi^*_\lambda(\boldsymbol{r})\hat{a}^\dagger_\lambda, \quad \hat{\psi}(\boldsymbol{r}) = \sum_\lambda \phi_\lambda(\boldsymbol{r})\hat{a}_\lambda \tag{A.8}$$

1 粒子状態 $|\,\boldsymbol{r}'\,\rangle = \hat{\psi}^\dagger(\boldsymbol{r}')\,|\,0\,\rangle$ の左から $\hat{\psi}^\dagger(\boldsymbol{r})$ を演算すると 2 粒子状態 $|\,\boldsymbol{r},\boldsymbol{r}'\,\rangle$ となる $(\hat{\psi}^\dagger(\boldsymbol{r})\,|\,\boldsymbol{r}'\,\rangle = \hat{\psi}^\dagger(\boldsymbol{r})\hat{\psi}^\dagger(\boldsymbol{r}')\,|\,0\,\rangle = |\,\boldsymbol{r},\boldsymbol{r}'\,\rangle)$．この場合も必ずケットの一番左に粒子を追加する．$|\,\boldsymbol{r},\boldsymbol{r}'\,\rangle = -\,|\,\boldsymbol{r}',\boldsymbol{r}\,\rangle$ である．式 (A.7), (A.8) より

$$\begin{aligned}\hat{\psi}(\boldsymbol{r})\,|\,\boldsymbol{r}'\,\rangle &= \sum_\lambda\sum_{\lambda'} \phi_\lambda(\boldsymbol{r})\hat{a}_\lambda\,|\,\lambda'\,\rangle\phi^*_{\lambda'}(\boldsymbol{r}') = \sum_\lambda\sum_{\lambda'} \phi_\lambda(\boldsymbol{r})\phi^*_{\lambda'}(\boldsymbol{r}')\hat{a}_\lambda\hat{a}^\dagger_{\lambda'}\,|\,0\,\rangle \\ &= \sum_\lambda\sum_{\lambda'} \phi_\lambda(\boldsymbol{r})\phi^*_{\lambda'}(\boldsymbol{r}')\delta_{\lambda\lambda'}\,|\,0\,\rangle = \delta(\boldsymbol{r}-\boldsymbol{r}')\,|\,0\,\rangle\end{aligned} \tag{A.9}$$

となり，$\hat{\psi}(\boldsymbol{r})$ は位置 $\boldsymbol{r}$ から粒子を取り除く消滅演算子であることがわかる．式 (A.8) より，場の生成消滅演算子 $\hat{\psi}^\dagger(\boldsymbol{r}),\hat{\psi}(\boldsymbol{r})$ と状態の生成消滅演算子 $\hat{a}^\dagger_\lambda,\hat{a}_\lambda$ の間の関係は，状態 $|\,\boldsymbol{r}\,\rangle$ と状態 $|\,\lambda\,\rangle$ の間の関係 (A.7) と同じユニタリー変換で結ばれているのである．場の演算子 $\hat{\psi}^\dagger(\boldsymbol{r}),\hat{\psi}(\boldsymbol{r})$ は次の反交換関係に従う．

$$\left\{\hat{\psi}(\boldsymbol{r}),\hat{\psi}^\dagger(\boldsymbol{r}')\right\} = \sum_{\lambda,\lambda'} \phi_\lambda(\boldsymbol{r})\phi^*_{\lambda'}(\boldsymbol{r}')\left\{\hat{a}_\lambda,\hat{a}^\dagger_{\lambda'}\right\} = \delta(\boldsymbol{r}-\boldsymbol{r}') \tag{A.10a}$$

$$\left\{\hat{\psi}(\boldsymbol{r}),\hat{\psi}(\boldsymbol{r}')\right\} = \sum_{\lambda,\lambda'} \phi_\lambda(\boldsymbol{r})\phi_{\lambda'}(\boldsymbol{r}')\left\{\hat{a}_\lambda,\hat{a}_{\lambda'}\right\} = 0 \tag{A.10b}$$

$$\left\{\hat{\psi}^\dagger(\boldsymbol{r}),\hat{\psi}^\dagger(\boldsymbol{r}')\right\} = \sum_{\lambda,\lambda'} \phi^*_\lambda(\boldsymbol{r})\phi^*_{\lambda'}(\boldsymbol{r}')\left\{\hat{a}^\dagger_\lambda,\hat{a}^\dagger_{\lambda'}\right\} = 0 \tag{A.10c}$$

ケット $|\,0\,\rangle$ に対して $\hat{\psi}^\dagger(\boldsymbol{r}_i)$ を繰り返し演算すると

$$\hat{\psi}^\dagger(\boldsymbol{r}_1)\hat{\psi}^\dagger(\boldsymbol{r}_2)\cdots\hat{\psi}^\dagger(\boldsymbol{r}_M)\,|\,0\,\rangle = |\,\boldsymbol{r}_1,\boldsymbol{r}_2,...,\boldsymbol{r}_M\,\rangle \tag{A.11a}$$

$$\langle\,0\,|\,\hat{\psi}(\boldsymbol{r}'_M)\cdots\hat{\psi}(\boldsymbol{r}'_2)\hat{\psi}(\boldsymbol{r}'_1) = \langle\,\boldsymbol{r}'_1,\boldsymbol{r}'_2,...,\boldsymbol{r}'_M\,| \tag{A.11b}$$

が得られる．式 (A.11b) は式 (A.11a) のエルミート共役であり，プライムを付けた．この状態はパウリの排他原理により，粒子の入れ替えに対して反対称的なので，$P\,|\,\boldsymbol{r}_1, \boldsymbol{r}_2, ..., r_M\,\rangle = (-1)^P\,|\,\boldsymbol{r}_1, \boldsymbol{r}_2, ..., r_M\,\rangle$ である．$(-1)^P$ は互換数の偶奇を表す．粒子数の異なる状態は直交するので，$M \neq M'$ であれば $\langle\,\boldsymbol{r}'_1, \boldsymbol{r}'_2, ..., \boldsymbol{r}'_{M'}\,|\,\boldsymbol{r}_1, \boldsymbol{r}_2, ..., \boldsymbol{r}_M\,\rangle = 0$ である．粒子数が同じ場合は式 (A.9) より

$$\hat{\psi}(\boldsymbol{r})\,|\,\boldsymbol{r}_1, ..., \boldsymbol{r}_M\,\rangle = \sum_{i=1}^{M}(-1)^{i-1}\delta(\boldsymbol{r}-\boldsymbol{r}_i)\,|\,\boldsymbol{r}_1, ..., \boldsymbol{r}_{i-1}, \boldsymbol{r}_{i+1}, ..., \boldsymbol{r}_M\,\rangle \quad \text{(A.12)}$$

なので，式 (A.12) の演算を繰り返すと $\hat{\psi}(\boldsymbol{r}'_M)\cdots\hat{\psi}(\boldsymbol{r}'_1)\,|\,\boldsymbol{r}_1, ..., \boldsymbol{r}_M\,\rangle = \sum_P (-1)^P\delta(\boldsymbol{r}'_1-\boldsymbol{r}_{P1})\cdots\delta(\boldsymbol{r}'_M-\boldsymbol{r}_{PM})\,|\,0\,\rangle$ となる．$\langle\,0\,|$ を左にかけて式 (A.11b) を考慮すると

$$\langle\,\boldsymbol{r}'_1, ..., \boldsymbol{r}'_M\,|\,\boldsymbol{r}_1, ..., \boldsymbol{r}_M\,\rangle = \sum_P (-1)^P\delta(\boldsymbol{r}'_1-\boldsymbol{r}_{P1})\cdots\delta(\boldsymbol{r}'_M-\boldsymbol{r}_{PM}) \quad \text{(A.13)}$$

と書け，これが状態 $|\,\boldsymbol{r}_1, \boldsymbol{r}_2, ..., \boldsymbol{r}_M\,\rangle$ の正規直交性となる．これに対し完全性は

$$\int |\,\boldsymbol{r}_1, \boldsymbol{r}_2, ..., \boldsymbol{r}_M\,\rangle\langle\,\boldsymbol{r}_1, \boldsymbol{r}_2, ..., \boldsymbol{r}_M\,|\,\frac{d\boldsymbol{r}_1 d\boldsymbol{r}_2\cdots d\boldsymbol{r}_M}{M!} = 1 \quad \text{(A.14a)}$$

$$\int \langle\,\Psi_\gamma^M\,|\,\boldsymbol{r}_1, \boldsymbol{r}_2, ..., \boldsymbol{r}_M\,\rangle\langle\,\boldsymbol{r}_1, \boldsymbol{r}_2, ..., \boldsymbol{r}_M\,|\,\Psi_\gamma^M\,\rangle\frac{d\boldsymbol{r}_1 d\boldsymbol{r}_2\cdots d\boldsymbol{r}_M}{M!} = 1 \quad \text{(A.14b)}$$

となる．したがって，規格化された M 電子波動関数は

$$\Psi_\gamma^M(\boldsymbol{r}_1, \boldsymbol{r}_2, ..., \boldsymbol{r}_M) = \frac{1}{\sqrt{M!}}\langle\,\boldsymbol{r}_1, \boldsymbol{r}_2, ..., \boldsymbol{r}_M\,|\,\Psi_\gamma^M\,\rangle \quad \text{(A.15)}$$

で与えられることがわかる．演算子 $\hat{n}(\boldsymbol{r}) = \hat{\psi}^\dagger(\boldsymbol{r})\hat{\psi}(\boldsymbol{r})$ は $\sum_{i=1}^M \delta(\boldsymbol{r}-\boldsymbol{r}_i)$ を表す粒子数密度演算子であることがわかる．同様に，電子の運動エネルギー演算子は $\hat{T} = -\frac{\hbar^2}{2m}\int \hat{\psi}^\dagger(\boldsymbol{r})\nabla^2\hat{\psi}(\boldsymbol{r})d\boldsymbol{r}$ で与えられ，外部ポテンシャルの演算子は $\int v(\boldsymbol{r})\hat{n}(\boldsymbol{r})d\boldsymbol{r} = \int \hat{\psi}^\dagger(\boldsymbol{r})v(\boldsymbol{r})\hat{\psi}(\boldsymbol{r})d\boldsymbol{r}$ と書け，この期待値は式 (2.63) となる．これらより，1 体のハミルトニアンは式 (5.7) となることがわかる．同様に電子間相互作用エネルギーの演算子は $\hat{V} = \frac{1}{2}\int V(\boldsymbol{r}-\boldsymbol{r}')\hat{n}(\boldsymbol{r})\hat{n}(\boldsymbol{r}')d\boldsymbol{r}d\boldsymbol{r}'$ で与えられる．この期待値が $\langle\hat{V}\rangle = \int\left(\frac{1}{2}\sum_{i,j}^M V(\boldsymbol{r}_i-\boldsymbol{r}_j)\right)\left|\Psi_\gamma^M(\boldsymbol{r}_1, \boldsymbol{r}_2, ..., \boldsymbol{r}_M)\right|^2 d\boldsymbol{r}_1 d\boldsymbol{r}_2\cdots d\boldsymbol{r}_M$ に等しくなることは簡単に示せる．和の $i\,j$ の発散を取り除くために，電子間相互作用エネルギー演算子つまり 2 体相互作用ハミルトニアンを一般に式 (5.17) と書く．演算子の順番を並べ替えて再定義しただけである．

付録 B 第一原理計算ソフト

2021 年現在，入手可能な第一原理計算ソフトの主なものをいくつか紹介する．著者の力量不足ですべてのソフトを網羅することは全くできていないことをお断りしておく．他にも多数の優れたソフトがあり，公開されている．この点，切にお許し願いたい．

【LCAO 法】

Gaussian Gaussian 社が販売している GTO を用いた LCAO 法の統合的な全電子計算ソフト．高度な CI, CC, EOM-CC, CAS-SCF 計算なども可能．

GAMESS GTO を用いた LCAO 法の統合的な全電子計算フリーソフト．計算速度は Gaussian ほど速くはないが使いやすい．CI, EOM, TDDFT 計算が可能．

NWchem, **Psi4**, **ORCA** などの GTO を用いた全電子計算フリーソフトもある．

AmsterdamDensityFunctional STO を用いた LCAO 法の全電子計算ソフト．

DMol$^{\mathbf{3}}$ Bernard Delley 氏が開発したダッソーシステムズ社の数値軌道による孤立系・結晶用の LCAO 法の DFT 全電子計算ソフト．ソースコード非公開．

SIESTA スペインのグループが開発している孤立系・結晶用の数値軌道（内殻領域は多項式）LCAO 法の擬ポテンシャル計算フリーソフト．DFT で $O(N)$.

OpenMX 東京大学の尾崎泰助氏が開発している孤立系・結晶用の数値擬原子軌道 LCAO 法の擬ポテンシャル計算フリーソフト．DFT で $O(N)$．C 言語．

【平面波展開法】

VASP ウィーン大学の Georg Kresse 氏らのグループが開発している PAW 平面波展開法ソフト．有料永久ライセンス．DFT の他，GW 計算も可能．

CASTEP 英国ケンブリッジ大学の Michael C. Payne 氏らが開発したダッソーシステムズ社の擬ポテンシャル平面波展開法ソフト．遮蔽交換項の計算が可能．

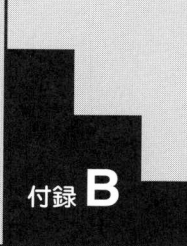

Berkeley GW カリフォルニア大学バークレイ校の Steven G. Louie 氏のグループが開発した GW (+BSE) 計算専用のフリーソフト．

Quantum Espresso プログラミングの教育用に開発された擬ポテンシャル平面波展開法フリーソフト．世界中から開発者が集まっている．DFT が基本．

ABINIT ベルギーの Xavier Gonze 氏らが中心に開発している擬ポテンシャル（または PAW）平面波展開法フリーソフト．GW (+BSE) 計算が可能．

STATE 大阪大学の森川良忠氏と東京大学の杉野修氏らが開発した擬ポテンシャル（または PAW）平面波展開法フリーソフト．DFT が基本．

PHASE 物質・材料研究機構の計算科学グループが開発した擬ポテンシャル平面波展開法フリーソフト．DFT が基本．

QMAS 産業技術総合研究所の計算科学グループが開発した PAW 平面波展開法ソフト．使用には個別契約が必要．DFT が基本．

OSAKA2000 大阪大学の白井光雲氏らが開発した教育用の擬ポテンシャル平面波展開法フリーソフト．DFT が基本．

【混合基底法】

CP2K チューリッヒ大学の Jürk Hutter 氏らが開発した孤立系・結晶用の GTO と平面波の混合基底擬ポテンシャル法フリーソフト．DFT が基本．

TOMBO 筆者グループが開発した孤立系・結晶用の全電子混合基底法ソフト．電子励起状態スタートの GW (+BSE) 計算が可能．実行形式はフリー．

【セル法】

Wien2k ウィーン工科大学の Peter Blaha 氏らが開発した FLAPW 法ソフト．有料ライセンス契約が必要．DFT が基本．

Elk もともと Graz 大学で開発された FLAPW 法フリーソフト．DFT が基本．

Machikaneyama(AkaiKKR) 大阪大学の赤井久純氏のグループが開発した KKR 法フリーソフト．DFT が基本．乱雑系の CPA 計算も可能．

SPR – KKR ミュンヘン大学の Hubert Ebert 氏らが開発した KKR 法フリーソフト．atomic sphere approximation (ASA) の DFT が基本．乱雑系の CPA 計算も可能．

参考文献

[1] M. Born and R. Oppenheimer: Ann. Phys. **84** (1927) 457.

[2] V. Fock: Z. Phys. A **63** (1930) 855.

[3] D. R. Hartree and W. Hartree: Proc. Royal Soc. London A **9** (1935) 9.

[4] I. Shavitt and R. J. Bartlett: *Many-Body Methods in Chemistry and Physics: MBPT and Coupled-Cluster Theory* (Cambridge, 2009).

[5] 大野かおる，中村振一郎，水関博志，佐原亮二：計算ナノ科学 – 第一原理計算の基礎と高機能ナノ材料への適用 (近代科学社, 2019).

[6] P. Hohenberg and W. Kohn: Phys. Rev. **136** (1964) B864.

[7] M. Levy: Proc. Nat. Acad. Sci. USA **76** (1979) 6062.

[8] W. Kohn and L. J. Sham: Phys. Rev. **140** (1965) A1133.

[9] J. F. Janak: Phys. Rev. B **18** (1978) 7165.

[10] C. -O. Almbladh and U. von Barth: Phys. Rev. B **31** (1985) 3231.

[11] E. Runge and E. K. U. Gross: Phys. Rev. Lett. **52** (1984) 997.

[12] U. von Barth and L. Hedin: J. Phys. C: Solid State Phys. **5** (1972) 1629.

[13] O. Gunnarsson and B. I. Lundqvist: Phys. Rev. B **13** (1976) 4274.

[14] O. Gunnarsson *et al.*: Phys. Rev. B **20** (1979) 3136.

[15] J. C. Slater *et al.*: Phys. Rev. **179** (1969) 28.

[16] R. Gaspar: Acta Phys. Acad. Sci. Hung. **3** (1954) 263.

[17] J. P. Perdew and A. Zunger: Phys. Rev. B **23** (1981) 5048.

[18] D. M. Ceperley and B. J. Alder: Phys. Rev. Lett. **45** (1980) 566.

[19] M. Gell-Mann and K. Brueckner: Phys. Rev. **106** (1957) 364.

[20] F. W. Averill and G. S. Painter: Phys. Rev. B **24** (1981) 6795.

[21] R. Kuwahara *et al.*: J. Chem. Phys. **141** (2014) 084108.

[22] D. C. Langreth and J. P. Perdew: Phys. Rev. B **21** (1980) 5469.
[23] J. P. Perdew and Y. Wang: Phys. Rev. B **33** (1986) 8800.
[24] J. P. Perdew: Phys. Rev. B **33** (1986) 8822.
[25] A. D. Becke: Phys. Rev. A **38** (1988) 3098.
[26] J. P. Perdew and Y. Wang: Phys. Rev. B **45** (1992) 13244.
[27] J. P. Perdew *et al.*: Phys. Rev. Lett. **77** (1996) 3865.
[28] J. P. Perdew *et al.*: Phys. Rev. Lett. **78** (1997) 1396.
[29] J. P. Perdew *et al.*: Phys. Rev. Lett. **82** (1999) 2544.
[30] J. Sun *et al.*: Phys. Rev. Lett. **115** (2015) 036402.
[31] V. I. Anisimov *et al.*: Phys. Rev. B **44** (1991) 943.
[32] E. Clementi and S. J. Chakravorty: J. Chem. Phys. **93** (1990) 2591.
[33] A. D. Becke: J. Chem. Phys. **98** (1993) 1372; 5648.
[34] K. Kim and K. D. Jordan: J. Chem. Phys. **98** (1994) 10089.
[35] C. Lee *et al.*: Phys. Rev. B **37** (1988) 785.
[36] S. H. Vosko *et al.*: Can. J. Phys. **58** (1980) 1200.
[37] J. P. Perdew *et al.*: J. Chem. Phys. **105** (1996) 9982.
[38] J. Heyd *et al.*: J. Chem. Phys. **118** (2003) 8207.
[39] I. Souza *et al.*: Phys. Rev. B **65** (2001) 035109.
[40] D. J. Chadi and M. L. Cohen: Phys. Rev. B **8** (1973) 5747.
[41] H. J. Monkhorst and J. D. Pack: Phys. Rev. B **13** (1976) 5188.
[42] S. G. Louie, *et al.*: Phys. Rev. B **19** (1979) 1774.
[43] A. B. Kunz: Phys. Rev. **180** (1969) 934.
[44] R. N. Euwema: Phys. Rev. B **4** (1971) 4332.
[45] K. Ohno *et al.*: Phys. Rev. B **56** (1997) 1009.
[46] S. Ono *et al.*: Comp. Phys. Comm. **189** (2015) 20.
[47] C. Herring: Phys. Rev. **57** (1940) 1169.
[48] R. A. Deegan and W. D. Twose: Phys. Rev. **164** (1967) 993.
[49] R. N. Euwema and D. J. Stukel: Phys. Rev. B **1** (1970) 4692.
[50] F. Herman and S. Skillman: *Atomic Structure Calculations* (Prentice-Hall, 1963).

[51] W. A. Harrison: *Pseudo-Potentials in the Theory of Metals* (Benjamin, 1966).

[52] D. R. Hamann: Phys. Rev. B **40** (1989) 2980.

[53] L. Kleinman and D. M. Bylander: Phys. Rev. Lett. **48** (1982) 1425.

[54] N. Troullier and J. L. Martins: Phys. Rev. B **43** (1991) 1993.

[55] X. Gonze *et al.*: Phys. Rev. B **44** (1991) 8503.

[56] D. Vanderbilt: Phys. Rev. B **41** (1990) 7892.

[57] G. Kresse and J. Joubert: Phys. Rev. B **59** (1999) 1758.

[58] P. E. Blöchl: Phys. Rev. B **50** (1994) 17953.

[59] J. C. Slater: Phys. Rev. **92** (1953) 603.

[60] O. K. Andersen: Phys. Rev. B **12** (1975) 3060.

[61] J. Korringa: Physica **13** (1947) 392.

[62] W. Kohn and N. Rostoker: Phys. Rev. **94** (1954) 1111.

[63] J. M. Ziman: Proc. Phys. Soc. **86** (1965) 337.

[64] J. C. Slater: Phys. Rev. **145** (1966) 599.

[65] M. Weinert *et al.*: Phys. Rev. B **26** (1982) 4571.

[66] P. H. Dederichs *et al.*: Physica B **172** (1991) 203.

[67] R. Car and M. Parrinello: Phys. Rev. Lett. **55** (1985) 2471.

[68] M. C. Payne *et al.*: Rev. Mod. Phys. **64** (1992) 1045.

[69] K. Ohno *et al.*: Nanoscale **10** (2018) 1825.

[70] B. F. E. Curchod and T. J. Martínez: Chem. Rev. **118** (2018) 3305.

[71] B. K. Kendrick *et al.*: Chem. Phys. **277** (2002) 31.

[72] R. B. Gerber *et al.*: J. Chem. Phys. **77** (1982) 3022.

[73] M. H. Beck *et al.*: Phys. Rep. **324** (2000) 1.

[74] W. Shockley: Phys. Rev. **78** (1950) 173.

[75] S. L. Adler: Phys. Rev. **126** (1962) 413.

[76] K. D. Bonin and V. V. Kresin: *Electric-Dipole Polarizabilities of Atoms, Molecules and Clusters* (World Scientific, 1997).

[77] F. Mauri and S. G. Louie: Phys. Rev. Lett. **76** (1996) 4246.

[78] F. Mauri *et al.*: Phys. Rev. Lett. **77** (1996) 5300.

[79] P. Giannozzi *et al.*: Phys. Rev. B **43** (1991) 7231.

[80] S. Baroni *et al.*: Rev. Mod. Phys. **73** (2001) 515.

[81] S. de Gironcoli: Phys. Rev. B **51** (1995) 6773.

[82] K. Parlinski *et al.*: Phys. Rev. Lett. **78** (1997) 4063.

[83] F. Giustino: Rev. Mod. Phys. **89** (2017) 015003.

[84] H. Fröhlich: Adv. Phys. **3** (1954) 325.

[85] M. Bernardi *et al.*: Phys. Rev. Lett. **112** (2014) 257402.

[86] W. H. Sio *et al.*: Phys. Rev. Lett. **122** (2019) 246403.

[87] X. Gonze and C. Lee: Chem. Phys. **55** (1977) 10355.

[88] R. Kubo: J. Phys. Soc. Jpn. **12** (1957) 570.

[89] 押山淳，天能精一郎，杉野修，大野かおる，今田正俊，高田康民：岩波講座「計算科学」第 *3* 巻『計算と物質』(岩波書店, 2012).

[90] D. A. Greenwood: Proc. Phys. Soc. A **71** (1958) 585.

[91] P. L. Silvestrelli *et al.*: Phys. Rev. B **55** (1997) 15515.

[92] R. Landauer: Philos. Mag. **21** (1970) 863.

[93] D. S. Fisher and P. A. Lee: Phys. Rev. B **23** (1981) 6851.

[94] A. D. Stone: Phys. Rev. Lett. **54** (1985) 2692.

[95] M. S. Green: J. Chem. Phys. **22** (1954) 398.

[96] J. M. Luttinger: Phys. Rev. **135** (1964) A1505.

[97] K. Esfarjani and H. T. Stokes: Phys. Rev. B **77** (2008) 144112.

[98] R. A. Cowley: Rep. Prog. Phys. **31** (1968) 123.

[99] S. Tamura: Phys. Rev. B **27** (1983) 858.

[100] E. Engel and R. M. Dreizler: Density Functional Theory II, Vol. 181 of *Topics in Current Chemistry*, (Springer, 1996), pp. 1 – 80.

[101] T. Nakashima and K. Ohno: Ann. der Phys. **531** (2019) 1900060.

[102] H. Terada *et al.*: J. Phys. B: At. Mol. Opt. Phys. **52** (2019) 165001.

[103] P. O. Löwdin: Phys. Rev. **97** (1955) 1474.

[104] K. Ohno *et al.*: J. Chem. Phys. **146** (2017) 084108.

[105] T. Nakashima *et al.*: Phys. Rev. B **104** (2021) L201116.

[106] A. J. Layzer: Phys. Rev. **129** (1963) 897.

[107] T. Kotani *et al.*: Phys. Rev. B **76** (2007) 165106.

[108] M. Shishkin *et al.*: Phys. Rev. Lett. **99** (2007) 246403.

[109] R. Kuwahara and K. Ohno: Phys. Rev. A **90** (2014) 032506.

[110] V. M. Galitskii and A. B. Migdal: Soviet Phys. JETP **34** (1958) 96.

[111] P. Nozières: *Theory of Interacting Fermi Systems* (Westview, 1997).

[112] L. Hedin: Phys. Rev. **139** (1965) A796.

[113] M. S. Hybertsen and S. G. Louie: Phys. Rev. B **34** (1986) 5390.

[114] R. W. Godby *et al.*: Phys. Rev. B **37** (1988) 10159.

[115] W. von der Linden and P. Horsch: Phys. Rev. B **37** (1988) 8351.

[116] G. E. Engel and B. Farid: Phys. Rev. B **47** (1993) 15931.

[117] W. Kang and M. S. Hybertsen: Phys. Rev. B **82** (2010) 085203.

[118] M. J. van Setten *et al.*: J. Chem. Theory Comp. **11** (2015) 5665.

[119] S. Ishii *et al.*: Mat. Trans. **51** (2010) 2150.

[120] Y. Noguchi *et al.*: Phys. Rev. B **81** (2010) 165411.

[121] T. Isobe *et al.*: Phys. Rev. A **97** (2018) 060502.

[122] L. J. Sham and T. M. Rice: Phys. Rev. **144** (1966) 708.

[123] G. Strinati: Phys. Rev. B **29** (1993) 5718.

[124] M. Rohlfing and S. G. Louie: Phys. Rev. B **62** (2000) 4927.

[125] S. Albrecht *et al.*: Phys. Rev. Lett. **80** (1998) 4510.

[126] T. Aoki and K. Ohno: Phys. Rev. B **100** (2019) 075149.

[127] J. Kanamori: Prog. Theor. Phys. **30** (1963) 275.

[128] Y. Noguchi *et al.*: Phys. Rev. B **77** (2008) 035132.

[129] K. Ohno *et al.*: ChemPhysChem **7** (2006) 1820.

[130] M. Springer *et al.*: Phys. Rev. Lett. **80** (1998) 2389.

[131] A. Grüneis *et al.*: Phys. Rev. Lett. **112** (2014) 096401.

[132] R. Kuwahara *et al.*: Phys. Rev. B **94** (2016) 121116.

[133] C. Dominicis and P. C. Martin, J. Math. Phys. **5** (1964) 31.

[134] A. Lande and R. A. Smith, Phys. Rev. A **45** (1992) 913.

[135] G. Baym and L. P. Kadanoff: Phys. Rev. **124** (1961) 287.

[136] G. Strinati: Nuovo Cimento **11** (1988) 1.

索　引

英数字

あ

か

さ

た

は

ま

や

ら

著者紹介

大野かおる（おおの　かおる）

1984 年　東北大学大学院理学研究科物理学専攻 博士後期課程 修了
　　　　理学博士
1990 年　東北大学金属材料研究所 助教授
2000 年　横浜国立大学工学部知能物理工学科（のちに大学院工学研究院）教授
2021 年－現在　横浜国立大学 名誉教授

専　門　物性物理学（理論）

主　著　『コンピュータシミュレーションによる物質科学』共著（共立出版，1996）
　　　　『ナノシミュレーション技術ハンドブック』分担執筆（共立出版，2006）
　　　　『計算と物質』共著（岩波書店，2012）
　　　　『計算ナノ科学』編集（近代科学社，2019）
　　　　"*Clusters and Nanomaterials*", Springer Series in Cluster Physics, 分担編集 (Springer, 2002)
　　　　"*Nano- and Micromaterials*", Springer Series on Advances in Materials Research, Vol. 9, 編集 (Springer, 2008)
　　　　"*Computational Materials Science. From Ab Initio to Monte Carlo Methods*", Second Edition, 共著 (Springer, 2018)

基本法則から読み解く 物理学最前線 27

第一原理計算の基礎と応用
―計算物質科学への誘い―

Basics and Applications of First-principles Calculations —Introduction to Computational Materials Science—

2022 年 5 月 30 日　初版 1 刷発行
2022 年 9 月 5 日　初版 2 刷発行

検印廃止

NDC 428, 501.4

ISBN 978-4-320-03547-8

著　者　大野かおる © 2022

監　修　須藤彰三
　　　　岡　真

発行者　南條光章

発行所　**共立出版株式会社**
東京都文京区小日向 4-6-19
電話　03-3947-2511（代表）
郵便番号　112-0006
振替口座　00110-2-57035
www.kyoritsu-pub.co.jp

印　刷
製　本　藤原印刷

一般社団法人
自然科学書協会
会員

Printed in Japan